RESEARCH

ON THE FORMATION MECHANISM AND CONTROL STRATEGY OF
THE COPS INNOVATION RISK

复杂产品系统创新的
风险生成机理

利益相关者网络视角

盛 亚 等著

浙江工商大学出版社

ZHEJIANG GONGSHANG UNIVERSITY PRESS

图书在版编目(CIP)数据

复杂产品系统创新的风险生成机理：利益相关者网络视角 / 盛亚等. — 杭州：浙江工商大学出版社，2017.6
ISBN 978-7-5178-1989-9

Ⅰ.①复… Ⅱ.①盛… ②李… Ⅲ.①知识创新－研究 Ⅳ.①G302

中国版本图书馆 CIP 数据核字(2016)第 305306 号

复杂产品系统创新的风险生成机理：利益相关者网络视角
盛 亚 等 著

责任编辑	谭娟娟　汪　浩
封面设计	林朦朦
责任印制	包建辉
出版发行	浙江工商大学出版社
	(杭州市教工路 198 号　邮政编码 310012)
	(E-mail:zjgsupress@163.com)
	(网址:http://www.zjgsupress.com)
	电话:0571－88904980,88831806(传真)
排　　版	杭州朝曦图文设计有限公司
印　　刷	杭州恒力通印务有限公司
开　　本	710mm×1000mm　1/16
印　　张	23.75
字　　数	365 千
版 印 次	2017 年 6 月第 1 版　2017 年 6 月第 1 次印刷
书　　号	ISBN 978-7-5178-1989-9
定　　价	49.80 元

目　录

第1章 绪 论

近年来,我国在高铁、大飞机、大型船舶、智能芯片等复杂产品系统开发与制造方面取得的显著成就,成为我国经济发展的新引擎,但是,这些产业在高速发展的同时,时有发生的重大风险事故也触及了社会的敏感神经。本书尝试以利益相关者网络视角揭示复杂产品系统创新风险的内在生成机理,进而提供有针对性的风险控制策略。本章主要概述本书的背景、意义、内容、方法和创新点等。

1.1 研究背景与意义

复杂产品系统(Complex Products and Systems,CoPS)最早由英国学者霍布戴(Hobday)提出,后经英国苏塞克斯大学科学和技术政策研究学院(SPRU)和布莱顿大学创新管理研究中心(CENTRIM)不断拓展,逐步在世界范围内引起了广泛关注。根据是否具有内嵌集成系统,CoPS分为复杂产品与复杂系统,复杂产品指飞机、大型船舶、高速列车、智能大厦等(Hanse et al.,1998),复杂系统包括通信技术系统、航空航天系统、军事系统、大型工程项目、专业化生产系统、化工设备、核动力设备、智能交通和大型ERP等(Miller et al.,1995;陈劲等,2005;Ren et al.,2006;盛亚等,2009)。与大规模制造的标准化产品不同,CoPS具有技术要求高、生命周期长、创新主体高度嵌入和双寡头垄断等显著特征。

从20世纪90年代开始,全球化步伐加快,全球工业布局重新调整,部分发展中国家抓住机会,奋起直追,创造了令人羡慕的经济成就,曾经的"亚洲四小龙"和当今的"金砖五国"就是其中的典型代表。但是,仔细分析这些国家的产业结构就会发现,占比最大的就是涉及粗加工、装配、调试和包装等生产环节的传统工业产品和服装、玩具、家电等中低端消费产品。相比之下，关系国计民生的民航客机、计算机芯片、人工智能、3D打印技术、清洁能源等高端产品技术则牢牢掌控在发达国家手中，"中国用 8 亿件衬衫才能换回美国波音一架飞机"就是这种产业结构的写照。

事实已经证明，这种以消耗资源、污染环境、低人工成本为主要特征的传统产业难以为继，我国经济发展模式的换挡势在必行。在此背景下，为了把我国由"制造大国"变为"制造强国"，国务院于 2015 年 5 月发布了制造业规划《中国制造 2025》，重点推动十大领域的突破发展，包括新一代信息技术产业、高档数控机床和机器人、航空航天装备、海洋工程装备及高技术船舶、先进轨道交通装备、节能与新能源汽车、电力装备、农机装备、新材料和生物医药及高性能医疗器械。显而易见，这十大领域大多属于 CoPS。CoPS 产业的前景虽然被看好，但是由于我国缺少 CoPS 产品研发和生产的相关经验，CoPS 风险事故频发，亟待引入与传统产品生产不同的新理论和新方法来研究 CoPS 风险问题，以助推我国 CoPS 产业健康快速发展，为新常态下的经济发展提供新动能。

1.1.1 我国 CoPS 快速发展的同时风险事故频发，亟待理论界关注

近年来，我国 CoPS 发展迅速，如中国高铁已经建成 1.9 万千米，在建 1 万多千米，高铁拥有量位居世界第一。[①] 国产大飞机 C919 已于 2017 年 5 月实现首飞。我国自主研发的三代核电"华龙一号"不仅在国内建设了示范工程，而且正在进军国外市场。[②] 另外，在深海钻井平台、特高压输变电设备、高端加工装备等方面，CoPS 也取得了不少成绩。可以预见在将来的较长时间里，我国 CoPS 依然会保持目前高速增长的势头。但是，我国 CoPS 快速发展的同时风险事故频发：2011 年 7 月 23 日，甬台温高铁事故造成 40 人死亡、172 人受伤；[③]2006 年公布的国产大飞机 C919 研发周期是 90 个月，截至 2016 年 12 月，研发周期已经超过了

---

① 数据来源于李克强总理在第十二届全国人民代表大会第四次会议上所做的《政府工作报告》。

② 详见人民网网页 http://paper. people. com. cn/zgnyb/html/2014-08/25/content _1470555. htm。

③ 详见国务院发布的《"7·23"甬温线特别重大铁路交通事故调查报告》。

122 个月;深圳、厦门、杭州等地在建地铁坍塌事故屡见报端,造成了巨大的人员和财产损失。因此,CoPS 风险问题应该引起理论界的高度重视。

1.1.2 创新参与主体的多元化是 CoPS 风险产生的根源

与简单技术创新由单个企业完成或少数企业联合完成不同,CoPS 创新具有高度的技术复杂性和不确定性,任何一个企业都不能在其内部拥有 CoPS 创新所需的全部资源,CoPS 创新必须从封闭走向开放。为降低 CoPS 创新的不确定性,系统集成商多采用"模块化分包"生产方式(陈劲,2007),形成"客户—系统集成商—多分包商—多供应商"这一关系模式,在该模式下以系统集成商为焦点企业,彼此可能存在联系的客户、分包商、供应商等均是对 CoPS 创新投入专用性资产的利益相关者,由此形成了"系统集成商—利益相关者"这一多主体网络。本书认为,创新参与主体的多元化是 CoPS 风险产生的根源,因此应该加强研究利益相关者主体及其构成的网络引致的创新风险生成机理。

1.1.3 CoPS 创新风险的生成机理研究需要引入利益相关者网络视角

现有 CoPS 创新风险研究大多在 Hobday(1998)等早期观点的基础上,从风险因素识别、风险评估、风险生成和风险管理等方面切入。但近年来,这一领域的研究似乎陷入了困境:一方面"关键风险因素"简单回归分析的研究方法难以揭示风险生成机理;另一方面风险因素大多关注客体因素,如技术、市场等,而主体行为常常被忽略。杭州地铁坍塌事故的直接原因是项目总承包商中铁集团安全生产管理不到位;甬台温高铁特大事故最主要的原因不是雷击等恶劣天气,而是通号集团作为通信设备总承包商履行职责不力,设备研发管理混乱,其下属通号设计院为温州南站提供的列控中心设备存在重大设计缺陷和安全隐患。尽管其中的风险生成存在高度垄断的制度缺陷,但多主体各自行为而疏于管理是一个不可忽视的因素。传统利益相关者个体分析、关系分析视角显然已经不能适应网络范式的研究需要,利益相关者理论的最新阶段——网络分析

(Rowley et al.,2003；林曦,2010)是 CoPS 创新风险研究的有力工具。基于 Hakansson et al.(1995)与罗利(Rowley)(1997)的观点,本书将"利益相关者网络"定义为,以资源获取为目的,以利益相关者的主体属性为基础,主体间关系嵌入及其行为所形成的具有一定结构特征的网络形态。

从利益相关者网络的结构和主体行为研究 CoPS 创新风险生成机理,不仅对丰富技术创新管理理论具有理论价值,还对我国 CoPS 的健康、快速发展意义重大,能为 CoPS 的系统集成商的风险控制提供理论依据与实证支持。

1.2 研究内容

全书共 11 章,其中第 1～3 章是本书的基础理论部分。第 4 章是本书研究的理论模型逻辑起点。第 5～7 章则重点从利益相关者主体的专用性资产投入(第 5 章和第 6 章)和人力资本产权(第 7 章)视角探讨了 CoPS 创新的风险生成机理,提出了相应的利益相关者机会主义行为的防御策略。第 8～11 章则将研究聚焦于网络视角。其中,第 8～9 章分别从利益相关者网络的关系强度和嵌入性视角研究了 CoPS 创新风险的生成机理;第 10 章对 CoPS 创新利益相关者的网络权力进行了研究;第 11 章重点从 CoPS 创新过程的动态视角,研究基于利益相关者网络视角的 CoPS 创新风险控制策略,本章是本书研究的最终落脚点。各章的逻辑关系如图 1-1 所示。

```
┌─────────────────────┐
│   第1章　绪　论        │
└─────────────────────┘
          │
┌─────────────────────┐
│  第2章　研究综述       │
└─────────────────────┘
          │
┌───────────────────────────┐
│ 第3章　利益相关者网络的要素与结构 │
└───────────────────────────┘
          │
┌─────────────────────────────────────┐
│ 第4章　基于利益相关者权利关系的CoPS创新风险生成机理 │
└─────────────────────────────────────┘
```

┌────────────────────────┐   ┌────────────────────────┐
│ 第5章   │   │ 第8章   │
│ 利益相关者的资产专用性与   │   │ 网络关系强度视角下的   │
│ 机会主义行为   │   │ CoPS创新风险生成机理   │
│ 第6章   │   │ 第9章   │
│ 利益相关者机会主义行为   │   │ 网络嵌入性视角下的   │
│ 的防御策略   │   │ CoPS创新风险生成机理   │
│ 第7章   │   │ 第10章   │
│ 人力资本产权视角下   │   │ CoPS创新利益相关者的   │
│ 的CoPS创新风险生成机理   │   │ 网络权力影响机制   │
└────────────────────────┘   └────────────────────────┘

┌─────────────────────────────────────┐
│ 第11章　利益相关者网络视角的CoPS创新过程风险控制策略 │
└─────────────────────────────────────┘

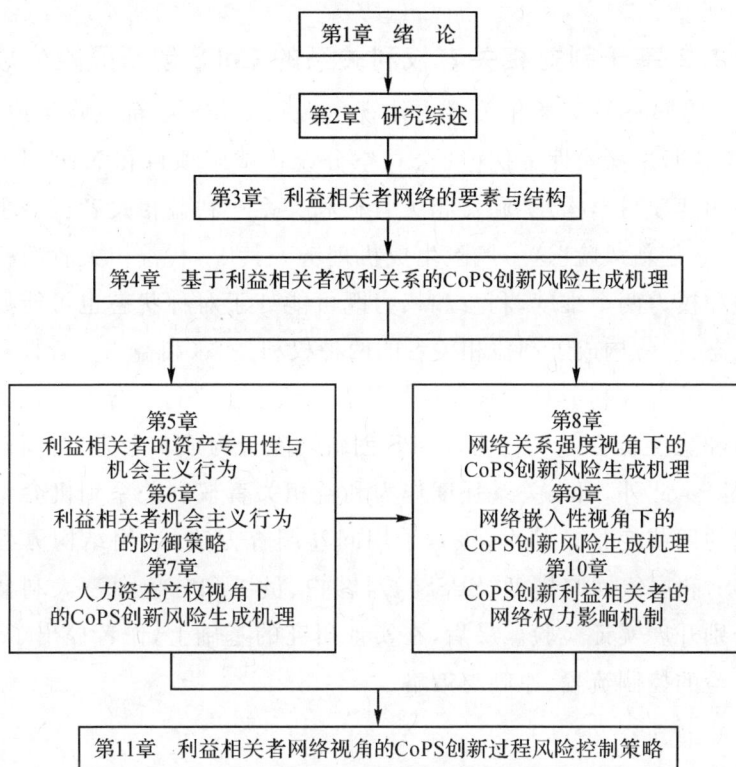

图 1-1　本书各章的逻辑关系图

1.2.1 利益相关者网络的要素与结构

第3章运用"主体、资源、行为"三要素构成的网络分析范式,分析利益相关者网络构成要素与结构。一是利益相关者主体。作者提出权利对称是利益相关者的内在诉求,这种诉求根源于自身所具有的不完全界定性、不易分割性、价值变化性和转换的时间滞后性。本书还梳理了利益相关者权利对称实现方式的演变过程和实现途径。二是利益相关者资源。作者对利益相关者在企业中投入的资源进行了分类,具体分为专用性资产与专有性资产、资源性专用资产与能力性专用资产、专用性人力资产等。三是利益相关者行为。鉴于本书试图打开 CoPS 创新风险的黑箱,因而更加关注利益相关者的机会主义行为。为此,本书梳理了机会主义行为的定义,对机会主义行为进行了分类,分析了造成机会主义行为的前因后果及治理方法。

1.2.2 基于利益相关者权利关系的 CoPS 创新风险生成机理

第 4 章试图从利益相关者主体视角揭示 CoPS 创新风险生成机理。首先,该章通过探索性案例(H 公司空分设备咸阳项目和 X 公司大型电梯设备印度项目),构建"利益相关者权利关系—利益相关者机会主义行为—CoPS 创新风险"这一风险生成机理链。其中,利益相关者的权利分为利益和权力两个维度,利益和权力既可能处于对称状态也可能处于不对称状态,这就构成了利益相关者的两种权利关系(利益相关者权利对称和利益相关者权利不对称);利益相关者的机会主义行为分为显性机会主义行为和隐性机会主义行为;CoPS 创新风险分为成本上升、时间延误和质量下降。此外,引入关系强度作为利益相关者权利关系和机会主义行为之间的调节变量。其次,该章采用问卷调查方法,运用结构方程模型(AMOS)和层级回归模型(SPSS),对客户、员工和分包商三大利益相关主体分别开展实证检验。最后,在实证研究的基础上,作者提出了 CoPS 创新风险的控制流程、原则与策略。

1.2.3 利益相关者的资产专用性与机会主义行为

第 5 章尝试从资源角度揭示诱发利益相关者机会主义的原因。考虑到研究的可行性,该章将利益相关者在企业中投入的资源分为能力性专用资产和资源性专用资产[①],研究了这两类专用性资产与机会主义行为(违背合同逃避责任、强制谈判修改合同、中断或限制资源供给和联合抵制退出合作)的关系,探讨了权利对称关系的中介作用。在此基础上,该章通过问卷调查对上述理论模型进行了实证研究。除此之外,鉴于现有研究在资产专用性与机会主义行为的关系问题上,分别基于交易成本理论和关系交换理论得出两种截然相反解释的问题,该章提出单边资产专用性和双边资产专用性的概念,研究这两类资产性质与利益相关者机会主义行为的关系,并采用案例研究和编码技术对单边资产专用性和双边资产专用性与利益相关者机会主义行为的关系进行了分析,力图弥合两种矛盾解释。

---

① 资源与资产的区别详见第 3 章。

1.2.4 利益相关者机会主义行为的防御策略

现有理论主要从一体化、正式契约、关系契约等视角出发,研究了利益相关者机会主义行为的治理与防御策略,这些策略虽然取得了一定效果,但是,现实中机会主义行为仍时有发生。在此背景下,第 6 章提出两个新的防御策略:互惠性投资与弥补性投资,构建"利益相关者机会主义行为防御策略—相互依赖—防御效果"逻辑链。该章采用问卷调查方法,先用小样本调查方法对问卷进行测试,然后再展开大样本实证,通过信度和效度分析、相关分析、回归分析,对问卷数据进行实证检验,并将研究结果跟现有理论进行对比分析,最终得出利益相关者机会主义行为的防御策略。

1.2.5 人力资本产权视角下的 CoPS 创新风险生成机理

人力资本既与其他专用性资产存在共性也存在明显差异,因此,人力资本所有者对 CoPS 创新风险的影响机理势必与其他专用性资产所有者存在一定差异。为此,第 7 章把人力资本作为一种特殊专用性资产,尝试从人力资本产权视角揭示 CoPS 创新风险。在探索性案例(上海地铁追尾事故和杭州地铁坍塌事故)分析的基础上,该章构建了利益相关者产权实现不足、利益相关者机会主义行为与 CoPS 创新风险之间的逻辑关系。其中,利益相关者产权实现不足分为利益相关者人力资本使用权实现不足和利益相关者人力资本收益权实现不足两个维度,利益相关者机会主义行为分为显性机会主义行为和隐性机会主义行为,CoPS 创新风险分为成本上升、时间延误和质量下降。在此基础上,该章通过问卷调查方法展开大样本调查,运用 SPSS 和 AMOS 对实验数据展开信度与效度检验、相关分析、回归分析、中介效应检验和调节效应检验等,对提出的理论模型和假设进行验证。

1.2.6 网络关系强度视角下的 CoPS 创新风险生成机理

第 8 章以利益相关者主体权利属性为控制变量,从网络关系强度视角揭示 CoPS 创新风险生成机理。关于利益相关者关系强度与利益相关者机会主义之间的关系，现有研究存在正向关系和负向关系之争。与现有研究不同，该章假设利益相关者关系强度与机会主义行为呈"U"型关系，利益相关者机会主义行为在利益相关者关系强度与 CoPS 创新风险之间起中介作用。在此基础上，该章构建"利益相关者关系强度（互动频率、互惠性和投入资源）—利益相关者机会主义行为—CoPS 创新风险（成本上升、时间延误和质量下降）"这一逻辑链，并把利益相关者权利属性作为利益相关者关系强度的控制变量。该章采用问卷调查方法，先用小样本调查方法对问卷进行测试，然后再展开到大样本实证。该章通过相关分析、回归分析，对员工、用户、分包商和合作机构四大利益相关者分别开展实证检验，并将研究结果跟现有理论进行对比分析。

1.2.7 网络嵌入性视角下的 CoPS 创新风险生成机理

第 9 章从利益相关者网络结构（嵌入性）视角揭示 CoPS 创新风险生成机理。CoPS 创新的利益相关者通过投入专用性资产，建立合作关系，形成 CoPS 创新网络，嵌入在网络中的利益相关者又受所在结构位置和关系的影响。该章把利益相关者网络结构分为结构维度（网络中心度和网络密度）和关系维度（关系强度），把利益相关者机会主义行为分为公然机会主义行为（敲竹杠和退出网络）和合法机会主义行为（道德风险和拒绝适应），把 CoPS 创新风险分为成本上升、时间延误和质量下降。在此基础上，该章结合经典的 S-C-P 研究范式，提出假设。通过分析广深港高速铁路的案例，对原有模型进行细化和修正，接着采用问卷调查法，并通过 SPSS 对利益相关者网络（网络密度、网络中心度、关系强度）、利益相关者机会主义行为（敲竹杠、退出网络、道德风险、拒绝适应）和 CoPS 创新风险之间的内在联系进行验证。

1.2.8 CoPS 创新利益相关者的网络权力影响机制

近年来，通过众多 CoPS 创新风险事件我们可以发现，很多事件起因是企业网络权力不足而遭受到网络成员的机会主义行为。在此背景下，第 10 章研究系统集成商网络权力的影响机制。该章结合文献研究方法和两个探索性案例（H 公司空分设备咸阳项目和 S 公司的民用客机 A 项目)研究,提炼出网络权力的前置影响因素:核心成员网络位置和核心成员知识价值性。进一步地,把核心成员网络位置细分为点中心性和中介中心性两个维度,把核心成员知识价值性细分为知识重要性、知识稀缺性和知识不可替代性,同时,该章认为核心企业知识价值性和网络密度在核心企业网络中心性与核心性网络权力之间起到调节作用。在此基础上,该章通过问卷调查方法展开大样本调查,运用 SPSS 和 AMOS 对实验数据展开信度与效度检验、相关分析、回归分析、中介效应检验和调节效应检验等,对该章提出的理论模型和假设进行验证。

1.2.9 利益相关者网络视角的 CoPS 创新过程风险控制策略

CoPS 创新过程是一个研发与生产相融合的过程,整个过程可以细分为不同阶段,每一阶段又会涉及不同的利益相关者,进而会形成不同的利益相关者网络结构。第 11 章把 CoPS 创新过程划分为创新思想、任务分解、外包选择、模块开发、集成联调和交付用户跟踪完善六个阶段,把利益相关者网络分为有核紧密型(高中心性高网络密度)、有核松散型(高中心性低网络密度)、无核紧密型(低中心性高网络密度)和无核松散型(低中心性低网络密度)四种类型。在此基础上,该章综合运用第 4 章至第 9 章的 CoPS 创新风险生成机理,从利益相关者网络视角,构建基于"系统集成商—利益相关者"网络的 CoPS 创新过程风险管理模式,有针对性地提出相应的风险控制措施,以降低风险发生的概率或减少风险造成的损失,并把该风险管理模式运用于杭州杭氧股份有限公司的五万等级化工型内压缩空分装置的研究开发项目和杭州汽轮机股份有限公司的1 000MW全容量给水泵汽轮机项目。

1.3 研究方法与主要创新点

1.3.1 研究方法

本书主要采用文献研究、案例研究、问卷调查和纵向案例研究这四种研究方法,各章所使用的研究方法见表 1-1,详见下文。

表1-1 各章的研究方法汇总表

研究方法 ＼ 章	2	3	4	5	6	7	8	9	10	11
文献研究	√	√	√	√	√	√	√	√	√	√
案例研究			√	√		√		√	√	
问卷调查			√	√	√	√	√	√	√	
纵向案例研究										√

（1）文献研究。第3章（同时在相关各章还对该章研究直接相关的经典文献进行了综述）对CoPS创新风险理论、利益相关者理论、创新网络理论、机会主义行为理论等领域的经典和最新文献、研究报告和统计资料进行了收集、整理和分析，为变量选取和界定、维度划分和测量、关系模型构建和假设提出提供了扎实的理论依据。

（2）案例研究。在文献研究的基础上，根据各章所关注的研究内容，作者走访了中国典型的CoPS集成商，进行初步访谈调研，这些CoPS集成商包括中国商用飞机有限责任公司、深圳港铁集团、杭州杭氧股份有限公司、杭州汽轮机股份有限公司等。访谈对象主要是企业高层领导、部门负责人、项目经理和高级工程师等。根据初步访谈调研结果，作者选择了具有代表性的CoPS创新项目，对每个项目涉及的客户、分包商、竞争者、合作者、员工、政府科研机构等利益相关者进行深入调研，了解CoPS创新过程中所遇到的问题、困难及造成的项目风险等。在此基础上，结合文献研究成果，作者为各章研究构建理论模型并提出假设。

（3）问卷调查。问卷调查是通过书面形式，以严格设计的问卷测量项目或问题，向研究对象收集研究资料和数据的一种方法。2012年至2016年期间，作者首先借鉴主流国际期刊广泛使用的成熟量表，并与自制量表相结合，通过与学术界专家、企业界专家讨论对其进行修订，再进一步通过小样本测试对题项进行纯化。在这一过程中，研究团队首先针对第4章至第10章的研究共设计调查问卷7份。接着，采取调研现场发放、邮寄和网上发放等多种形式，向浙江、北京、上海、江苏、山东、安徽等地发放问卷1 800余份，共回收有效问卷1 708份。其中，为第4章的研究回收214份，为第5章的研究回收153份，为第6章的研究回收213份，为第7章的研究回收266份，为第8章的研究回收325份，为第9章的研究回收

221份,为第10章的研究回收316份。最后,利用AMOS和SPSS软件对数据进行信度和效度分析、相关分析、回归分析等。值得注意的是,为聚焦CoPS创新项目,问卷调查对象必须是参与CoPS创新项目的企业研发、生产或销售人员,最好担任管理职务,并且参与的项目要满足以下两条标准:以单件或小批量定制的方式进行生产或服务,实行项目制管理;单件产品价格高(万元级),技术复杂(有软件控制系统),项目订单执行需要较长时间(1个月以上)才能完成。

(4)纵向案例研究。第11章提出基于创新过程风险管理模式,并把该模式应用于杭州杭氧股份有限公司的五万等级化工型内压缩空分装置项目、杭州汽轮机股份有限公司的1 000MW全容量给水泵汽轮机项目,对这两个CoPS创新项目进行跟踪研究,采取半结构访谈、问卷调查和实地走访等方法对该模式的应用效果进行了考察。

1.3.2 主要创新点

(1)研究视角创新。将利益相关者主体因素引入CoPS创新风险研究。通过对已有文献的系统回顾,发现现有研究主要有两点不足:一是对CoPS创新主体多元化特征认识不够;二是关注技术性因素而对主体行为缺乏考察。本书认为,CoPS创新的高度复杂性,决定了其为降低复杂性而采取模块化分包生产方式,进而导致参与主体的多元化,多主体的行为协调对于项目成败极为关键;客体因素固然会对项目绩效产生影响,但外因往往通过内因起作用,客体因素会通过影响人的行为而作用于CoPS创新绩效。本书从利益相关者主体出发,结合创新网络理论,形成利益相关者网络视角,研究CoPS创新的风险生成机理。利益相关者网络视角是将利益相关者的主体和创新网络分析的整体结合起来,弥补了关注个体的利益相关者理论和关注整体的创新网络理论之间的割裂,这是本书最突出的创新之处。

(2)研究内容创新。本书重点揭示CoPS创新风险的生成机理。现有的CoPS创新风险研究可分为两大思路。一是借鉴传统风险管理的研究思路,沿着"风险识别—风险评估—风险控制"的思路展开;二是着重突出风险生成机理问题,沿着"风险因素—风险生成—风险控制"的思路进行研究。风险管理思路是将传统风险管理领域的技术性工具应用于

CoPS 风险管理上，具有一定的情境创新。但在实际应用过程中，这种风险管理缺乏针对性，日益受研究者的质疑，目前 CoPS 创新风险问题研究正逐步由风险管理向风险生成机理问题深化。在此背景下，本书重点揭示 CoPS 创新风险的生成机理，全书用 8 章内容（第 4 章至第 11 章），分别从利益相关者的主体权利属性视角和网络视角，揭示"利益相关者（主体权利属性和网络属性）—利益相关者机会主义行为—CoPS 创新风险"之间的内在逻辑关系，在此基础上，有针对性地提出 CoPS 创新风险的控制策略。

（3）研究方法创新。注重（纵向）案例研究方法和问卷调查方法的结合。问卷调查方法可以进行大规模的调查，便于统计处理和分析，但是应用过程中往往存在调查面广而不深的缺点。案例研究不但可以对现象进行翔实的描述，而且可以对现象背后的原因做深入的分析；既可以回答"怎么样"和"为什么"的问题，也有助于研究者把握事件的来龙去脉和本质。但是，案例研究方法不易归纳为普遍性的结论，外部效度容易受到质疑。已有 CoPS 创新风险研究主要采用问卷调查方法。考虑到本书的研究目的是揭示 CoPS 创新风险生成机理，本书第 4 章、第 7 章、第 9 章、第 10 章和第 11 章采用了案例研究方法，为构建 CoPS 创新风险生成机理理论模型提供了现实基础。在此基础上，本书也同时采用了调查问卷方法以克服案例研究法外部效度不高的缺点。

第 2 章　研究综述

本章主要涉及 CoPS、利益相关者、创新网络等研究领域,围绕本章主题,重点就 CoPS 特征、CoPS 风险、利益相关者的主体属性、权利对称性、创新网络等核心概念展开综述,为后面章节提供理论基础。后续章节中,还将直接针对与该章有关的研究进行综述。

2.1 CoPS 研究

简要介绍 CoPS 的定义与特征,重点是界定 CoPS 创新风险的概念,并从"风险管理思路"和"风险生成思路"对 CoPS 创新风险已有的研究成果进行梳理。

2.1.1 CoPS 的定义

作为与传统大规模制造产品有重大差异的产品类型,CoPS 的概念最早由英国学者霍布戴(Hobday)提出,后经英国萨克西斯大学科技政策研究所和布莱顿大学创新管理研究中心联合创办的 CoPS 创新中心逐步完善和发展。Hobday(1998,1999)把 CoPS 定义为一组生产商共同提供的产品,具有工程密集、成本高、包含子系统等特点,同时这类产品通常还包含新技术元素,即体现创新的特点。汉森(Hansen)和拉什(Rush)(1998)的定义与霍布戴相近,强调 CoPS 工程密集、成本高、包含子系统等特点,同时还提出 CoPS 一般是为顾客定制的产品。普伦奇佩(Prencipe)(2000)提出鉴别产品是否是 CoPS 应考虑其成本、项目周期、复杂程度、技术不确定性、系统层次、定制化程度、风险、元器件种类、知识和技能种类、软件应用范围等要素。陈劲等(2004)从构成 CoPS 的三个方面:元件、子系统和集成系统间的作用机理来说明它的复杂性,并且从产品和系统自身的物理结构特性出发，提出从技术深度和宽度两个维度，将所有的产品和系统划分为四个产品类型：复杂产品、高新技术产品、组合产品和简单产品。

由此可见，CoPS 技术复杂、成本高、定制化程度高等特点受到了多数学者的认可。本书结合前人的研究成果，将 CoPS 定义为用户定制、规模大、研发成本高、技术密集、单件或小批量生产的，关乎国计民生的大型系统、产品、服务和基础设施。

2.1.2 CoPS 的特征

（1）技术要求高。CoPS 的复杂性在于其对技术深度与宽度、新知识运用程度要求高，CoPS 通常由许多不同技术领域先进的元件或子系统所集成。（Prencipe，2000）CoPS 创新越复杂，相应地，对设计、开发和系统集成的技术要求也越高。由于不同技术来源的企业，其技术能力成长存在路径依赖现象（杨志刚等，2003），所以只有当众多的企业都有一定的技术深度时，才可能集成为创新度较高的 CoPS。如高铁技术涉及机械、电子、信息、航天航空、材料、能源和环境保护等多种学科和技术领域，集中反映了当今世界铁路机车车辆、通信信号、工务工程和运输管理等方面的技术进步。（王伯铭，2008）

（2）研发和生产成本高。波音公司开发 A380 型客机花费了数百亿美金，我国开发和谐号动车组及系列高铁列车花费了接近千亿人民币，在国内建造一座核电站平均需要 500 亿及以上人民币。为什么 CoPS 如此昂贵？传统大规模制造产品往往都是由许多零部件简单组合而成，而 CoPS 必须由众多的子系统高度集成才能实现预期功能，而且这些子系统都是定制的，它们有着复杂的界面，为了适应不同的用户需求，通常需要调整和更换众多定制元件才能完成对整个系统的调整。另外，有越来越多的新材料、新技术应用到 CoPS 中，而这些新材料和新技术的研发成本也抬高了 CoPS 的研发和生产成本。

（3）生命周期长。CoPS 的生命周期可长达几十年，产品投入使用后，供应商需根据技术变化和客户要求对产品进行升级改造，这与传统大规模制造产品的简单淘汰有较大不同，所以供应商要对其产品进行全生命周期管理，这要求供应商兼顾研发的创新性、生产的可行性和升级改造的便捷性。同时,要注意开发智能系统,对运行中出现的问题进行快速的监控、分析、解释和控制。(Venkatasubramanian,2005)

(4)创新主体高度嵌入。CoPS 创新往往涉及众多创新主体(系统集成商、分包商、供应商和用户等)(Hobday,1998),从接受订单,任务分包,产品研发、调试、交付到升级维护的一系列过程都需要各类主体参与其中(Brady et al.,2003)。此外,交易成本理论认为,需要主体投入一定数量的专用性资产才可能加入一个研发和生产网络,而 CoPS 产品的技术复杂性、定制化程度高等特点使得专用性资产的投入进一步提高,CoPS 创新主体不可能像大规模制造产品那样,在没有代价或低代价的情况下退出创新网络。

(5)双寡头垄断特征。CoPS 所处行业具有双寡头垄断的典型特征,出于安全(如大型运输系统、核武器计划等)、统一国际标准(如电信系统)、维护专用权,以及其他战略或军事理由,政府在 CoPS 中涉足的程度较深,常规的市场交换较少发生(Hobday,1998;Davies et al.,2005),能够购买和使用 CoPS 的最终用户多为大型专业用户(如电信、电力、航空部门)或者政府机构、军事部门等。政府往往在 CoPS 的研究开发、采购及推广过程中起着重要的推动作用。(Hansen et al.,1998)以大飞机市场为例,供应端是波音和空客两家寡头,用户端主要为各国航空公司及飞机租赁公司等。

(6)项目型组织。Hobday(2000)认为,项目型组织结构(Project-Based Organization)更能满足 CoPS 单件或小批量定制化需求。相对职能型组织结构而言,项目型组织结构形式作为一种临时性组织,在 CoPS 网络中更具优势(杨志刚等,2003),它更有利于供应商、客户、专业团体和监管机构对研发和生产中的各项关键问题达成共识(Miller et al.,1995;Hobday,1998)。此外,系统集成商需要对不同类型的资源进行整合,调整和改善产品结构和组织结构,项目型组织结构更能满足这些需求。

2.1.3 CoPS 创新风险研究[①]

（1）CoPS 创新风险的内涵。一般的风险管理学者对风险的概念定义主要可以分为三类：第一类是只把风险定义为不确定性事件；第二类强调这种不确定性及其所造成的损失；第三类将风险定义为预期目标与实际结果之间的差距。本书旨在揭示 CoPS 创新风险生成机理，注重解决"Why"和"How"的问题，并不从概率角度关注传统的不确定性问题，故结合 Hobday（1995,1998）、Prencipe（2000）等早期学者的研究成果，同时参考国内学者陈劲（2007）的观点，将 CoPS 创新风险定义为，在 CoPS 创新过程中，因利益相关者的机会主义行为诱发创新结果与预期目标产生偏差，进而造成的质量下降、成本上升和时间延误等损失。

（2）CoPS 创新风险的研究思路。现有 CoPS 创新风险研究主要遵循以下两条思路：一是沿着"风险识别—风险评估—风险控制"的传统"风险管理思路"展开研究；二是沿着"风险因素—风险生成—风险控制"的"风险生成思路"进行研究。风险管理思路下的相关研究文献是将传统风险管理领域的技术性工具在 CoPS 创新风险管理上进行再应用，具有一定的情境创新，这方面研究的代表性文献参见表 2-1。但在实际应用过程中，学者发现这种风险管理缺乏针对性（景劲松，2005），对风险生成机理缺乏深入探讨，很难"对症下药"地提出风险控制策略。该视角的研究往往停留在对表面现象的考察，只是就现象谈方法，缺乏研究深度。由于对"风险生成思路"的研究更具有深入研究的价值，对其关注的学者日益增多（Ren et al.，2006；Zhou et al.，2006；陈劲等，2005；李煜华等，2010），研究上也由风险因素识别向生成机理逐步深化。

表 2-1　风险管理思路研究成果

研究内容	研究现状	代表性文献
风险识别	增强项目管理人员的风险意识；风险因素识别；专家调查、概率估计和情景分析等方法的使用。	Hobday（1999）；景劲松（2005）

---

① 盛亚、王节祥、吴俊杰：《复杂产品系统创新风险生成机理研究：利益相关者权利对称性视角》，《研究与发展管理》2012 年第 3 期，第 110—116 页。

续　表

研究内容	研究现状	代表性文献
风险评估	主要体现在风险评估方法上,除传统的财务风险评估方法、层次分析法、模糊综合评价法外,仿真建模、神经网络等也有使用。	谢科范(1999);曾经莲等(2008);冯强等(2009);Abhulimen(2009)
风险控制	提出了基于调控矩阵的全局 CoPS 创新风险控制,基于人工神经网络的风险应对方法;强调控制的全程性;风险预警管理等。	苏越良等(2008);张立志等(2009)
全过程风险管理	基于风险管理的全过程,构建 CoPS 风险全程管理框架,称为 CoPS 风险管理能力成熟度模型。	Ren et al.(2006)

(3)CoPS 创新风险生成思路。CoPS 创新风险研究是从"关键风险因素"识别着手,将风险因素分为两类:风险来源视角和风险过程视角。风险来源视角下的风险因素包括组织因素(Halman et al.,2001;Hobday,2000)、技术因素(Cooper,1981)、市场因素(苏越良等,2008)、环境因素(陈劲等,2005)和资金因素(Hellstr,2009)等。应该说,关键影响因素的研究导向涉及 CoPS 创新风险的诸多方面。多数文献强调了风险因素对系统风险的影响,适合于研发项目启动前的风险预测、评估,然而风险管理伴随在创新的整个过程,现有文献中缺乏针对风险动态管理的研究。风险过程视角弥补了这一不足,陈劲等(2006)指出,应该结合 CoPS 创新流程来分析 CoPS 创新管理问题。CoPS 创新技术风险应该通过产品技术风险因素和产品研发过程两个维度来识别,以此建立 CoPS 创新风险管理体系框架。(Hoecht et al.,2006;陈明等,2009)基于创新过程的串联风险因素正是 CoPS 创新风险研究向生成机理层面深入的表现。

CoPS 创新风险是由项目复杂性、利益相关者诉求不一致性等多方面原因共同作用的结果,风险管理至关重要,但具体实践又是十分困难的。(Hobday et al.,1999)在解释风险生成机理方面,国外较有代表性的研究是基于多方契约视角,采用交易成本理论、委托代理理论和关系交换理论来解释风险的生成和识别(Aubert et al.,2002;Lui et al.,2009),计量建模、风险矩阵、结构方程等研究方法亦有采用(Abhulimen,2009)。国内比较典型的研究有:陈劲等(2005)首次对风险因素和风险损失进行了实证分析；景劲松（2005）则从关键风险因素识别、CoPS 创新风险的特征来综合考虑风险生成，构建风险生成机理模型，是较为全面的代表性研究。在此基础上，Zhou et al.（2006）采用结构方程建模的方法对 CoPS 创新风险生成机理开展了实证研究。但深入研究这些文献能够发现，一方面，相关的理论研究并未具体到 CoPS 创新的风险问题，只是一般意义上的风险生成；另一方面，专门针对 CoPS 创新风险生成机理的研究缺乏理论深度，进而降低了说服力。此外，与 CoPS 创新风险研究较为相关的领域也值得后续研究的关注，如丛国栋（2008）从套牢等风险因素出发，采用计量模型研究企业 IT 外包风险生成机制；程菲琼等（2010）根据 Das et al.（1996）的观点分析了联盟关系风险的生成机理等。

2.2 利益相关者研究

利益相关者研究沿着"个体视角—关系视角—网络视角"不断深化，寻找利益相关者的主体属性是个体视角的一个重点研究内容。本节将从利益相关者的主体属性、主体属性的维度及测量、测量结果的使用，以及个体视角、关系视角和网络视角下的利益相关者权利与行为等方面展开综述。

2.2.1 理论回溯：个体视角、关系视角到网络视角

利益相关者理论兴起于 20 世纪 60 年代，Freeman（1984）的专著出版标志着该理论正式创立。随后，围绕利益相关者概念的界定、分类、行为解释和管理策略，研究不断深化。

斯坦福研究院是第一个给利益相关者下定义的机构，该机构指出利益相关者是一些团体，没有其支持，组织就不可能生存。之后，很多机构和学者陆续给出了不同定义，其中 Freeman（1984）给出的定义影响最为深远。他认为，从广义上讲，利益相关者能够影响一个组织目标的实现，或者他们自身受到一个组织实现其目标过程的影响；从狭义上讲，利益相关者是组织为了实现其目标必须依赖的人。另外，克拉克森（1994）认为，利益相关者是指那些已经在企业中投入了一些实物资本、人力资本、财务资本或一些有价值的东西，并由此承担了某些风险的组织或个人。盛亚

(2009)认为,利益相关者是指那些对企业投入专用性资产并承担风险,进而影响企业目标实现的个人和团体。在研究中,学者们渐渐意识到对企业利益相关者做出抽象界定是不够的,不同类型的利益相关者对企业的影响显然存在差异,必须给出可操作化的利益相关者分类。在分类研究中米切尔等(1997)的确定型、预期型和潜在型的分类应用最为广泛,国内学者陈宏辉等(2005)也对利益相关者的分类进行了研究。随着对利益相关者的概念和分类识别问题的深入研究,学者开始试图对利益相关者行为做出解释和提出相应管理策略。Freeman(1984)根据利益相关者合作意愿和竞争威胁提出了参与、监控、协作和防御四种管理策略。国内学者基于本国实际对利益相关者管理策略开展研究。江若尘(2006)根据利益相关者权利的来源和权利指标来判断利益相关者对企业的重要程度,提出了关键利益相关者、保持满意、保持沟通和最小努力管理策略。上述研究遵循的是 Freeman(1984)的研究框架,主要是从个体视角和关系视角出发的内容。

随着网络研究范式的兴起(Tichy et al.,1979;Borgatti et al.,2003;张闯,2011),利益相关者理论也在向网络视角拓展,代表性的学者是罗利(Rowley),其研究认为,网络结构将影响利益相关者的行为和企业的应对策略。(Rowley,1997;Rowly et al.,2003)Pajunen(2006)把焦点企业中的网络结构和利益相关者的资源属性联系起来,对利益相关者的显著性进行了研究,他把占有关键资源多且处于网络中心位置的利益相关者定义为显著的利益相关者,把占有资源少且处于网络边缘的利益相关者定义为次要利益相关者,处于两者之间的利益相关者是潜在的利益相关者。Valk et al.(2011)等从创新角度出发,把创新网络和创新资源有机地联系起来,并对荷兰两个医药研发项目进行了实证研究。网络中心位置不仅可以带来"接近"价值信息的优势,还可以为组织带来基于从属关系的优势。(Podoiy,2001)节点在网络中的特殊位置赋予节点占据者权力,网络权力代表的就是网络位置,是一种社会结构属性,各个节点因其占据的位置的不同进而获得大小不一的网络权力。(Wasserman et al.,1994;Brass et al.,1993)Yamagishi et al.(1988)指出,网络权力是不同的网络参与者,在不同的位置发生各种联系作用而产生的,而并非参与者的个人知识属性。景秀艳(2008)研究发现,节点的权力来源于主体在整体网络中的特殊位置关系，主体因自身位置的不同而获得大小不一的权力，这既是结构属性，又是网络属性。

林曦(2010)正式明确指出利益相关者理论发展上遵循着"个体—关系—网络"的路径，并指出网络视角的研究拓宽了利益相关者理论的研究视野。但现有研究过于强调网络结构而抛弃了利益相关者理论一贯坚持的主体属性分析。此外，利益相关者理论也从战略管理向商业伦理(Freeman et al. ,2007)、企业社会责任(Friedman et al. ,2006；Freeman et al. ,2010)、技术创新(盛亚等,2006；盛亚等,2009)等领域扩展。

2.2.2 利益相关者的主体属性：个体视角[①]

利益相关者内生的某些属性及其动态变化，是产生利益相关者行为的内在原因，识别利益相关者的属性、测量属性的变化情况是利益相关者研究的核心问题。利益相关者的主体属性视角重点关注利益相关者的主体属性、主体属性的维度及测量、测量结果的使用等问题。

(1)主体属性的内涵。学者们对利益相关者的主体属性观点各异：Munzer(1992)认为，利益相关者的主体属性是财产属性；以米切尔(Mitchell)为代表的学者把资源视为利益相关者的主体属性；周其仁(1996)、杨瑞龙等(1998)、陈宏辉(2006)、盛亚等(2009)则将专用性资产作为利益相关者的主体属性。

20世纪80年代，对利益相关者的研究逐渐升温，但是，传统企业理论学者坚持认为具有焦点企业所有权的组织或个人才具有企业利润的支配权。利益相关者若不具有焦点企业所有权，当然也不应享有焦点企业利润的支配权，现实中即使有焦点企业拿出一定利润分配给利益相关者，那也纯属道德行为而非责任或义务。Munzer(1992)是第一位从主体属性出发为利益相关者辩护的美国经济学家。他认为，利益相关者不具有法律意义上的所有权，但是拥有事实上的财产权并把部分财产投入到了焦点企业中，只要焦点企业对利益相关者财产的使用满足三项基本原则，即功利和效率、正义和平等、劳动和应得，利益相关者对焦点企业的利润

---

① 盛亚、李春友：《利益相关者显著性的整合研究框架——主观感知与主体属性》，《商业经济与管理》2016年第1期，第36—42页。

享有一定的支配权就是完全合法的。因此，Munzer(1992)认为，利益相关者的主体属性是财产属性。

Munzer 的理论基础是利益相关者拥有财产，但是，他没能指明顾客、社区等利益相关者的财产是什么。在这一点上，Donaldson et al.(1995)对 Munzer 的理论进行了完善，他们指出财产是一组权力和责任束，员工的努力、社区的需要、顾客的满意都是财产的具体表现形式。因此，Donaldson et al. 他们也坚持认为，利益相关者的主体属性是财产属性。

Mitchell et al.(1997)认为，利益相关者的第一主体属性是资源属性，由于利益相关者掌握了焦点企业生存与发展所必需的资源，利益相关者就获得了权力，当这种资源越是稀缺时，利益相关者的权力也就越大。除 Mitchell 等外，Jones et al.(2007)，Brickson(2007)，Crilly(2013)，Pandher et al.(2013)，Mori et al.(2014)也持有相同观点。周其仁(1996)、杨瑞龙等(1998)、陈宏辉(2006)和盛亚等(2009)的思想基本一致，他们都认为，专用性资产是利益相关者的主体属性。因为利益相关者向焦点企业投入了专用性资产并承担了经营风险，所以焦点企业应该由利益相关者共同治理，并让其共享剩余索取权。

虽然学者们对利益相关者主体属性的认识存在一定差异，但是他们的理论基础都是资源依赖理论。(Phillips et al.,2003；Crilly,2013；Frooman,1999；Pajunen,2006；Barnett,2014)因为企业的生存和发展必须依靠环境，所以外部环境影响和控制企业行为就是必然。(Pfeffer et al.,2007)Pajunen(2006)认为，资源依赖理论中的环境就是利益相关者，本质上，利益相关者与焦点企业之间的关系就是资源的不对称交换关系，利益相关者会根据焦点企业对其资源的依赖情况动态地选择影响和控制策略。盛亚等(2009)进一步指出，利益相关者对焦点企业的影响程度取决于利益相关者与焦点企业所投入专用性资产的比例关系，影响程度随比例关系的变化而变化。

（2）主体属性的维度。关于利益相关者主体属性的维度，米切尔等(1997)的划分方式最具代表性。Mitchell 等把利益相关者属性分为权力性、合法性和紧急性三个维度，并根据占有维度的个数，把利益相关者划分为仅有一个维度的潜在型利益相关者（根据维度不同又可细分为静态型、自主型和苛求型）、占有两个维度的预期型利益相关者（根据维度不同又可细分为支配型、危险型和依赖型）和占有三个维度的确定性利益相关者。

Mitchell 等关于利益相关者三个维度的划分得到了学术界广泛认可，后来很多学者在此基础上对三个维度进行了深入研究。Parent et al. (2007)通过案例研究发现，在现实情境下，对于利益相关者显著性的判断，权力性要明显优先于合法性和紧急性。Mitchell et al. (2013)在家族企业背景下探讨了权力性、合法性和紧急性的适用性问题，他们认为，利益相关者的精神身份（Spiritual Identity）在家族企业中具有特别重要的作用，并将家族企业的利益相关者的维度调整为规范的权力性、基于遗产权的合法性和基于继位权的紧急性。

也有学者对 Mitchell 等的研究提出了质疑。Eesley et al. (2006)认为，Mitchell 等划分的三个维度无法解释很多现实问题，例如，有的企业把环保组织视作显著的利益相关者，但是，企业依然可能采取污染环境的做法。他们构建了利益相关者"要求属性"的三个维度：相对权力、要求合法性和要求紧急性，并通过 600 个利益相关者行动对这三个维度进行了实证研究。Driscoll et al. (2004)则认为，Mitchell 等划分的三个维度是不充分的，他们建议把邻近性作为判断标准的第四个维度。

与 Mitchell 等创造性地构建三个全新维度不同，杨瑞龙等（1997，1998）、陈宏辉（2006）和盛亚等（2009）等学者则从产权理论中借用了两个经典维度——剩余索取权和剩余控制权，来刻画利益相关者的主体属性。他们认为，最有效的公司治理结构应该是剩余索取权和剩余控制权分散对称分布于利益相关者，而不是传统企业理论所主张的，剩余索取权和剩余控制权集中对称分布于物质资本所有者。

（3）主体属性维度的测量及结果应用。主体属性维度的测量方法包括客观统计法和主观评分法。Eesley et al. (2006)用焦点企业和利益相关者的总金融资产比值测量相对权力的大小，盛亚等（2009）主张用利益相关者专用性资产投资比例测量其剩余索取权的大小。其他学者均采用主观评分法对主体属性维度进行测量。所谓主观评分法就是向特定人群发放调查问卷，由其对主体属性的各个维度进行主观打分，根据每个维度的得分情况确定利益相关者的显著性。

具体分值计算，现有的研究可以分为求和法和比值法。米切尔等是求和法的典型代表,求和法对利益相关者显著性的判断基于以下两点:一是占有维度的多少;二是维度值的高低。一般地讲,拥有维度越多且每个维度值都较高的利益相关者为显著的利益相关者。所谓的比值法就是计算二元维度(剩余索取权和剩余控制权)的比值是否接近于 1,接近 1 代表对称状态,远离 1 代表非对称状态。盛亚等(2008)、盛亚等(2013)和陈宏辉(2006)是比值法的代表学者,他们认为,求和法容易导致焦点企业的管理者关注规模大的利益相关者而忽视规模小的利益相关者,因为只有规模大的利益相关者才可能同时满足上述条件。他们的研究显示,主体属性的维度是否对称才是判断利益相关者是否显著的关键,因为无论利益相关者规模大小如何,只要存在非对称情况,利益相关者实施机会主义行为的概率就会提高。

2.2.3 利益相关者的权利对称和行为:个体视角、关系视角到网络视角

权利对称和行为是研究利益相关者主体属性不可回避的焦点问题,其中包括个体视角、关系视角和网络视角下的权利对称和行为问题。

(1)个体视角。个体视角的权利来源于专用性资产,遵循经济学逻辑,投入资产享有利益,利益需要相应权力保障。权利对称就是两权在个体上的配置问题,弗里曼(1984)的“利益—权力”界定较为全面,但也比较宽泛不利于操作化定义。杨瑞龙(2000)将利益相关者理论与经济学的契约理论联系起来,大大强化了利益相关者理论的理论基础。Werder(2011)在发表于 *Organization Science* 上的论文中提出,权利配置是利益相关者机会主义行为实际发生的情境因素(Situational Factors)。现实中权利配置往往是不对称的(Hart et al.,2008;Porter et al.,2011),不对称的权利配置会进而诱发利益相关者的诸多行为。Savage et al.(1991)较早地笼统分析了利益相关者对企业的“威胁”行为。米切尔等(1997)分析了利益相关者参与政治行动、呼吁管理层良知、采取暴力手段等行为。此外,公司治理领域的研究(Berle et al.,1932;刘有贵等,2006;冯根福,2004)则从经济学角度考察了利益相关者代理人事前逆向选择和事后道德风险等机会主义行为。(Williamson,1975,1985)

(2)关系视角。当将个体权利推向关系层面考察,权利将不再只是个

体投入资产的衍生。依据资源依赖理论(Pfeffer et al.,1978;菲佛等，2006)，由于组织的性质、规模及资源禀赋等的差异，企业与利益相关者之间存在着彼此依赖的关系，而依赖的程度将决定谁将拥有更大的权力。Emerson(1962)认为，权力是依赖的函数，在研究中为了将问题简化，Emerson 提出 A 对 B 的依赖就是 B 对 A 的权力。在此基础上，菲佛和萨兰基克 1978 年出版的《组织的外部控制——对组织资源依赖的分析》一书成为资源依赖理论(Resource Dependence Theory)的开山之作。资源依赖理论认为，一个组织对另一个组织的依赖水平可以从以下几方面衡量：一是资源的稀缺性；二是资源的重要性，这主要取决于需要方的主观评价；三是资源的不可替代性，主要体现在市场上同类资源拥有者的数量及可获得性两方面。(雷昊,2004)只要组织不能完全控制实现某一行动，并从该行动中获得期望结果的所有必要条件，就一定对外界存在依赖，随着专业化分工细化，这种依赖程度会不断增强。(菲佛等,2006)

关系视角下的行为动机不再只是来自个体投入资产的衍生，关系的依赖程度将对行为产生重大影响。Frooman(1999)分析了企业与利益相关者之间制约与被制约的多元互动关系，认为，利益相关者可能采取中断资源供应、限制供应和退出合作等行为；Hendry(2005)则分析了非营利组织利益相关者的谈判、联合抵制和写信运动等行为；瓦特内(Wathne)等(2000)按照行为和情境将利益相关者行为划分为四类，包括逃避责任、拒绝适应、违背合同和强制再谈判。

(3)网络视角。按照社会网络的嵌入性观点(Granovetter,1985)，关系嵌入在更大的网络背景下，结点在网络中的位置结构将影响其权力和利益获取。伯特(Burt)(1992)的结构洞理论认为，占据结构洞位置意味着拥有获得更多有价值资源的优势。景秀艳(2008)提出网络位置不仅是占据资源的表现，也是与网络权力中心距离的直观表现。林南(2005)认为，社会结构呈金字塔状，层次越高，占据人群越少。Dennis(2001)也认同林南的观点，并补充道，层级越高的占据者就越接近权力的中心。从网络权力的大小来看，网络中心位置的节点属于高权力阶层，周边的节点是低权力阶层，高权力阶层运用依赖性满足自身意愿，低权力阶层很容易受到控制和影响。(Markovsky,1992)除了网络结构，网络中心性也与权力有关，某个个体依靠其所占有的关键的、稀缺的、不可替代的异质性资源在网络中占据有利位置,成为网络核心。(Castells,1996)而成为网络核心,就自动匹配了其治理网络的能力,成为网络实际的管理者,从而能按照自己的意愿来影响和操控其他节点的各种决策。另外,主导者可以按照对自己利益最大化的方向引入新的网络成员,排斥不符合自己利益的网络成员。

网络视角下,随着主体的权利来源进一步拓展,主体行为也会相应改变。罗利(1997)从网络视角对利益相关者的信息沟通、协同行动、结盟等行为进行了深入分析。此外,战略联盟研究(Das et al.,1996;Das,2004;Das et al.,2010;龙勇等,2011)也是网络视角下利益相关者行为研究的重要领域,他们关注联盟网络利益相关者的短视、知识锁定等行为。网络视角的行为分析还受到来自社会网络理论的影响(Granovetter,1985;Burt,1992;Scott,2000),如结构洞网络结构利于信息控制活动,齐美尔结构利于信息交流行为。(Zaheer et al.,2009;Phelps,2010)

2.3 创新网络研究

创新网络研究是社会网络研究在技术创新领域的应用,是本书涉及的一个重要研究领域。

创新网络概念是弗里曼(1991)正式提出的,他认为,创新网络是为了系统性创新的一种基本制度安排,网络架构的主要联结机制是企业间的创新合作关系。后续研究从网络主体角度(Jones et al.,2001)、交易费用角度(沈必扬等,2005)和管理过程角度(程铭等,2001)对其进行了考察,其中从管理过程角度做出的定义被广为接受。创新网络是各种行为主体之间为了实现创新的目标,在交换资源、传递信息的过程中建立的各种关系的总和。(王大洲,2006;刘兰剑等,2009)

创新网络研究主要关注联结强度(强联结和弱联结)、网络结构(紧密型和松散型)、中心性和结构洞及它们之间的不同组合对创新绩效的影响。Mariotti et al.(2012)认为,过去研究创新网络主要围绕强联结和弱联结展开,但是,强联结易产生信息冗余问题,弱联结易产生信息过载问题。Mariotti et al.(2012)引入两种新的联结方式:潜联结和隐联结。这两种新联结能够克服信息冗余和信息过载问题,使企业获得强联结和弱联结产生的双重优点。Elfring et al. (2007)认为,强联结和弱联结各有优缺点,关注两者的动态变化及对其进行整合才是关键。联结的变化包括联结增加、联结升级和联结下降,此三者的结合产生了三种网络变化方式:网络进化、网络更新和网络变革。Sytch et al. (2014)认为,企业所在的当地社区(紧密型网络)与桥连接(Bridging Tie)结合能够给企业提供巨大的价值创造潜力。因为紧密型网络有成本低、协调性好和创新生产率高等优点,而桥连接可以带来异质性的知识、信息和资源。Capaldo (2007)对意大利家具行业的三家大型企业进行调查发现,企业初创期,强联结有利于深化双向知识交流,深化各方社会关系,促进关系专用性投资,并能够促进形成一个良性循环,对企业的创新能力有正影响。随着时间的推移,强联结产生恶性循环(成员之间的接触数量减少、与新成员合作的灵活性降低、对新市场发展趋势的响应能力消失)对企业的创新能力产生负面影响,最后形成一个小的、同质的封闭网络。Capaldo 认为,双元网络结构(Dual Network Architecture),即核心—边缘结构,既能增加接触的机会又能增加网络的多样性,有利于构建一个大的、多样的、开放的创新网络结构。Lin et al. (2007)研究发现,处于网络中心或少结构洞位置的企业追求双管齐下策略(利用式创新和探索式创新混合策略)可以提高其绩效,处于网络边缘或多结构洞位置的企业适合采取聚焦策略(选择利用式创新和探索式创新中的一种)。

目前,创新网络分析存在两大问题:一是过于强调整体网络结构分析,忽视对网络中结点和关系的分析(Uzzi, 1997;Galaskiewicz, 2007);二是网络主体固然受它所处网络结构的影响,但是社会网络分析显然忽视了对网络要素的分析,进而无法回答"网络生成""网络动态演化"等问题,Hakansson et al. (1989)提出的"主体、资源和行为"构成是网络要素的经典范式,网络要素会对网络结构产生反作用(Simon et al. , 2011)。解决这些问题也是网络研究后结构主义学派努力的方向。(Kilduff et al. , 2003;张闯,2011)

2.4 文献评述

通过对已有文献的梳理可知,从总体上看,相对日益增多的 CoPS 创新风险事件而言,理论界对 CoPS 创新风险的研究还处于初级阶段。本章在尊重现有文献的基础上,将 CoPS 创新风险这一领域的研究按"风险管理"和"风险生成"两大研究思路进行划分。"风险管理思路"的研究多是把传统风险管理工具应用于 CoPS 创新情境,这种研究视角值得商榷。CoPS 创新与传统产品创新相比,具有技术要求高、研发周期长、双寡头垄断、多主体嵌入等突出特征。如果忽视这些特征,强行将传统风险管理工具应用于 CoPS 创新领域,得出的结论很难让人信服。

在此背景下,"风险生成思路"日益受到关注,学者们试图打开 CoPS 创新风险生成机理的黑箱,进而对 CoPS 创新风险对症下药。从目前情况看,在"风险生成思路"研究中,大多数学者应用简单的数理统计方法,试图找到造成 CoPS 创新风险的关键影响因素,而找到的关键风险因素又大多是客观因素。作者承认,由于技术的高度复杂性,CoPS 创新容易受到客观因素的影响。但是,外因终归是通过内因起作用的,外界条件的很多改变是通过 CoPS 创新参与主体的行为而最终影响项目绩效的,因而在复杂产品系统创新中,多利益主体的行为应该得到风险理论研究的高度重视。引入利益相关者理论,能够为 CoPS 创新风险机理研究带来崭新的视角。

利益相关者理论关注行为主体,强调利益相关者内生的主体属性及其动态变化,是产生利益相关者行为的内在原因,这为从主体行为视角打开 CoPS 创新风险的黑箱提供了很好的理论视角。通过对文献的梳理可以看出,利益相关者理论正沿着"个体视角—关系视角—网络视角"不断深化,也已经取得了丰富的研究成果。然而对利益相关者的研究也遭遇了困境:现有网络研究范式重视整体分析而忽视构建利益相关者网络的主体属性分析。虽然现有的利益相关者网络视角的研究实现了对二元关系视角的超越,为利益相关者管理领域的研究带来了发展和突破,但却过分强调了利益相关者网络的整体性分析,忽略了利益相关者理论所一贯坚持的主体属性分析方法,这使得网络节点间互动关系中丰富的行为和结构要素无法进入研究者的视野,造成了利益相关者管理理论发展从关系视角向网络视角跃迁的逻辑链条的断裂,无法真实全面地反映利益相关者网络的现实状况。

本书认为,将利益相关者理论主体分析与创新网络理论结构分析相融合是利益相关者网络理论研究的正确方向,也是研究 CoPS 创新风险生成机理很好的理论切入点。一方面，基于对利益相关者理论的详细陈述，发现利益相关者的主体权利、资源和网络结构是利益相关者产生各种行为的因素，而利益相关者的行为有可能诱发 CoPS 创新风险；另一方面，按照创新网络理论观点，利益相关者又是嵌入在一定网络结构之中，其行为势必受到网络结构的约束和影响。综合这两个方面，利益相关者理论和创新网络理论的融合成为可能，这也为打开 CoPS 创新风险生成机理的黑箱提供了理论基础。

第3章　利益相关者网络的要素与结构

根据网络的三要素理论(Hakansson et al. , 1989),本书认为,CoPS创新的利益相关者网络是由三个要素构成:主体、资源和行为。其中,主体是指具有权利属性的利益相关者,资源是指利益相关者投入到 CoPS创新中的各类资产,行为包括利益相关者在网络中的各种行为,从 CoPS创新风险角度看,本书中的行为主要是指利益相关者的机会主义行为。本章将从这三个要素入手,对其逐一论述,然后给出利益相关者网络的概念并对其结构类型进行分析,这可以为本书研究提供理论基础和研究的逻辑思路。

3.1 利益相关者资源

马克思在《资本论》中写道:"劳动和土地,是财富两个原始的形成要素。"恩格斯在《劳动在从猿到人的转变中的作用》中写道:"其实,劳动和自然界在一起它才是一切财富的源泉,自然界为劳动提供材料,劳动把材料转变为财富。"马克思和恩格斯既指出了自然资源的客观存在,又把人(包括劳动力和技术)的因素视为财富的另一不可或缺的来源。可见,资源的来源及组成,不仅是自然资源,而且还包括人类劳动的社会、经济、技术等因素,还包括人力、人才、智力(信息、知识)等资源。所谓资源指的是一切可被人类开发和利用的物质、能量和信息的总称,它广泛地存在于自然界和人类社会中,是一种自然存在物和能够给人类带来财富的财富。或者说,资源就是指自然界和人类社会中一种可以用以创造物质财富和精神财富的具有一定量的积累的客观存在形态,如土地资源、矿产资源、森林资源、海洋资源、石油资源、人力资源和信息资源等。资产是指由企业过去经营交易或各项事项形成的,由企业拥有或控制的,预期会给企业带来经济利益的资源。本书用相对狭义的资产(特别是专用性资产)代表利益相关者向企业投入的各种资源。

3.1.1 资产专用性

资产专用性是指资产只能服务于特定产品和劳务生产,一旦改作它途,其经济价值将大为降低。(Williamson,1985)与资产专用性对应的概念是资产通用性,所谓资产通用性是指一项资产可以在不发生明显贬值的情况下实现重新配置。资产专用性具有两方面的特征:高效率性和低适应性。(刘京等,2005)所谓的高效率性是指,由于专用性资产是按照生产、经营的特殊要求设计的,并且经过了长期的适应和磨合,所以可以实现可重复的高效率、高质量,满足专业生产要求。但在企业的技术创新中,专用性资产往往因不能适应而严重贬值,这就是所谓的低适应性。

资产专用性理论把企业契约的不完全性作为逻辑分析的起点,把专用性资产投资当成逻辑的核心变量,把治理机制安排看成是逻辑的结果,整个理论在"契约不完全—资产专用性—治理机制"这一分析框架中运行。(苑泽明等,2009)在交易的一方进行了专用性资产投资之后,交易另一方就可能以终止交易进行威胁,去争夺可占用性准租,威廉姆森将之称为机会主义行为。

3.1.2 资产专用性与资产专有性

(1)资产专用性。威廉姆森认为,资产专用性(Asset Specificity)是"将资产重新配置于其他用途或由他人使用而不降低其生产价值的程度"(Williamson,1985),即对已经投入生产的资产进行再配置的难易程度。专用性(Specific/Idiosyncratic)投资是专门为支持某一特定的团队生产而进行的持久性投资,因为具有较高的资产专用性,一旦形成再转作他用,其价值将大跌。(杨瑞龙等,2001)专用性投资一方面能在特定的合作关系中创造较高的价值,另一方面在被转做他用的过程中也要付出一定的代价,包括沉没成本和转换成本等。

资产专用性概念的内涵主要包括以下几方面内容:①为特定交易关系的定制化程度;②资产的独特性;③交易双方身份的重要性;④投入资

产的可转移性;⑤资产在特定交易外的价值;⑥价值创造依赖于关系的持续。(De et al.,2011)我国学者赵根宏在对人力资本与控制权配置关系的研究中,用几何形式对资产专用性的概念内涵进行了表达:如果某种资产在与其他团队成员合作中的价值为 Z,离开团队后用于其他用途的价值为 $(1-\alpha)Z$,那么 α 就 $(0<\alpha<1)$ 表示资产的专用性。(赵根宏,2009)这一几何表达形式虽然简单,但有助于将资产专用性抽象的概念具体化。

威廉姆森最初将资产专用性划分为 4 个维度:①人力资产专用性(Human Asset Specificity);② 物质资产专用性(Physical Asset Specificity);③地理(区位)专用性(Site Specificity);④专属(特供)资产专用性(Dedicated Asset Specificity)。(Williamson,1985)随后又补充了⑤品牌(商誉)专用性(Brand Name Capital Specificity)(Williamson,1985),其他学者在此基础上增加了⑥时间专用性(Temporal Specificity)(Malone et al.,1987;Masten et al.,1991)和⑦流程专用性(Procedural Specificity)。(Zaheer et al.,1995)其中,最为常见的是物质资产专用性与人力资产专用性。我国学者出于本土化的考虑,认为人情、面子、友谊等也是企业获取资源的重要手段,并且这种投资一旦投入也难以退出并转为他用,具有专用性投资的特征。因此在对国内企业专用性投资的研究中也将其考虑在内,并称之为关系专用性投资。(许景等,2012)。

(2)资产专有性。资产专有性是指这样一些资源,一旦它们从企业中退出,将导致企业生产力下降、组织租金减少甚至企业组织解体。在企业生产中越关键,在市场上越稀缺,越难被替代的资源所具有的专有性越强。(杨瑞龙等,2001)专用性和专有性是资产的二重性,资产的专用性是投资者为了获得资产的专有性而付出的代价和必须承担的风险。一旦企业通过弥补性投资为投资者创造更多价值,逐渐建立起自身的专有性,将成为投资者难以替代的价值来源,能因此在很大程度上降低投资者机会主义行为发生的可能性。

3.1.3 专用性资产分类:资源性与能力性

(1)资源性专用资产。已有专利、已有知识产权、投入的物质资产、已有的研发成果和通用性人力资本等都是资源性专用资产。根据交易成本经济学,利益相关者会利用资源性专用资产带来的锁定效应,实现对可占用性准租的侵占。由于事前的契约很难约定完全，所以利益相关者会利用资产专用性的投入，采用机会主义行为侵吞投资。（刘婷等，2012）资源性专用资产很难转作他用这一特点也为合作方采取机会主义行为提供了可能。合作双方均有机会主义倾向，从而导致合作关系破裂。（庄贵军等，2010）一方投入的资源性资产的专用性越强，机会主义行为产生的可能性就越大。（高维和，2008）

（2）能力性专用资产。隐性知识、创新中的例行程序、相关能力（管理和创新）、专用性人力资本和社会资本等都属于能力性专用资产。技术创新中，由能力性专用资产投入产生的信任抑制了机会主义行为的发生。（徐和平等，2004）同时，创新实现了隐性知识等在合作伙伴之间的传递，一定程度上降低了机会主义行为发生的可能性。（白鸥等，2012）也有研究认为，在以共享为主的合作关系中存在互惠主义倾向（易余胤等，2005），会直接抑制机会主义行为的发生。即便是创新网络中的竞争，也是建立在合作基础上的竞争。竞争的结果是以增强相互之间的竞争力为前提的（谢永平等，2012），从而促进彼此之间的产出合作。创新主体从创新中获取的能力性资产加深了相互之间的合作，使得更换合作伙伴的成本变高。由于更换合作伙伴面临的利益不确定和风险，投入能力性资产的主体更愿意维持原有的关系。（常红锦等，2013）能力性资产的专用性不仅可以实现资源整合重组，而且也是创新合作剩余产生的重要部分。企业与利益相关者之间的能力性资产专用性越强，意味着关系越紧密，这不仅能加深相互之间的依赖程度，而且能形成更好的感情契约水平和共识（常红锦等，2013），这种基于能力性资产的承诺可以实现对双方机会主义行为的抑制（汪涛等，2004）。

（3）专用性人力资产。专用性人力资产与其他能力性专用资产一样具有高效率性和低适应性等，但还具有自己鲜明的特征：①高度异质性。专用性人力资产的形成主要是通过人力资本投资获得的，不同的人力资本投资会形成不同的人力资产。由于每个人的天赋各不相同，哪怕是同样的人力资本投资，在不同的人身上形成的专用性人力资产也是不同的。同时，人力资本以各种不同的形式存在于人体之中，换言之，一个人可能拥有不同形式的专用性人力资产，而这些形式的专用性人力资产存量也各不相同。②与其所有者不可分离。区别于其他任何形式专用性资产的最本质特征是,人力资产存在于人体之内,不能离开其承载者而独立存在,几乎所有的学者都承认这一点。(周其仁,1996)③不能直接转让或出租。由于专用性人力资产存在于人体之中,并与其承载者不可分离,因此不能够直接转让或买卖,即便通过契约(企业合同)等方式被出租,或转让人力资本的使用权,但人力资本的终极使用权归属于所有者。专用性人力资产作为一种主动的资产,它的所有者(个人)完全控制着资产的开发利用。(周其仁,1996)④可以被激励。当人力资本所有者将相应的专用性人力资产"关闭"起来,人力资本所有者可能通过"偷懒"提高自己的效用,或者可以通过"虐待"非人力资本使自己受益(张维迎,1996),这些都会使得专用性人力资产的经济价值一落千丈。专用性人力资产的这种激励性使得专用性人力资产在遇到"刺激"时能够做出较非人力资产更为复杂和不确定的反应。⑤具有团队性。由于专用性人力资产的高度异质性,不同人拥有不同类型的专用性人力资产;由于社会分工导致人力资产高度专业化,它们只有在团队生产中才能发挥作用,彼此互补,产生1+1>2的效果。"干中学"形成的专用性人力资产充分显示了人力资本的团队性特征。团队中的专用性人力资产需要监督和激励,因为团队性会导致部分专用性人力资产的闲置(偷懒等行为)。

3.2 利益相关者的主体权利属性

本书所称的权利对称指的是利益与权力对称。利益和权力是众多学科的基础性概念,古今中外许多思想家从不同领域和不同视角给出了纷繁众多的定义。《新帕尔格雷夫经济学大辞典》指出,当关系到个人时,利益这个概念的含义范围有时非常广,包括名誉的利益、光荣的利益、自重的利益,甚至身后的利益;而在另一些时候(当关系到各阶级和各利益集团时)其含义又完全限于为了经济上的好处而进行的竞赛。(伊特韦尔等,1996)另外,利益具有两大特征:自我中心状态,即行动者主要为自己而注意任何经过考虑的行动后果;合理计算,即系统地估价预期的费用、效益、满足等。(伊特韦尔等,1996)本书以《新帕尔格雷夫经济学大辞典》中有关利益的概念为蓝本,将利益定义为基于利益相关者在企业中所下赌注的收益权及由赌注衍生的其他好处,同时把权力定义为利益相关者实施利益保护或避免利益受到侵害的能力或力量。本书所称的权利对称是指利益相关者的应得利益和保障应得利益能够兑现的权力处于对称或近似对称的状态。

3.2.1 利益相关者权利对称的根源

利益相关者的权利对称诉求，源于赌注自身所具有的四点特性：不完全界定性、不易分割性、贡献变化性和转换的时间滞后性。

(1)不完全界定性。要想界定清楚赌注的全部属性需要成本和时间，在时间或成本受限的情况下，只能界定清楚赌注的部分属性，这就是赌注的不完全界定性。赌注的不完全界定性在技术、人力资本、优惠政策和扶持等方面体现得尤为明显。在技术日新月异的今天，当合作者或内部员工发明的一项新技术推向市场时，对它的功能和市场价值的认识往往是模糊的，要想认识清楚，必须花费高昂成本或等待一段时间。以微信为例，2010年张小龙带队研发微信时，腾讯公司对微信的功能和市场潜力并不清楚，即使在推向市场的初始阶段，腾讯公司也并不认为微信能够成为可以和QQ并列的核心产品。高管和员工提供的人力资本同样具有不完全界定性，虽然很多人才测评工具可以部分地测评高管和员工的性格、能力等内在素质，日后高管和员工的表现可能与当初的测评结果一致，也可能存在较大的差别。还有一种情况是，当初未被认识到的员工的某种内在素质在日后工作中取得了很好的业绩，如从事技术岗位的员工有优秀的管理、营销等其他才能。相对于技术和人力资本，政府提供的优惠政策和扶持的作用更难界定。近几年，我国经济下行压力很大，各级政府出于稳定财政收入、增强企业生存能力、促进就业等目的，出台了很多优惠政策，加大了对辖区内企业的扶持力度，这些优惠政策和扶持对企业的作用，不像货币、设备、原材料等那样容易被界定和直接观察到。

关键的问题是，不能完全界定的赌注属性仍然在创造着价值。技术和人力资本可以被低估，但是，这并不代表被低估的技术和人力资本不再创造价值。政府的优惠政策和扶持，其作用很难被量化，但是，这并不代表政府的优惠政策和扶持没有作用。当意识到价值是由未被界定的赌注属性创造时，利益相关者就会要求对这部分价值进行分配。那么，这部分价值该如何分配？巴泽尔(1997)认为，谁的未被界定的赌注属性贡献更大,谁就应该成为更大的剩余价值索取者。本书认为,这种原则并不能被自动地实施,为了防止利益相关者的那部分未界定的赌注属性及其所创造的价值被其他利益相关者过度使用或侵吞,利益相关者应该有保障其利益兑现的权力。因此,权利对称是赌注不完全界定性的内在要求。

(2)不易分割性。同一利益相关者群体中的多个个体或多个利益相关者群体共同占有相同的赌注是很常见的。有些赌注分割相对容易,如股东占据的股权比例及股权变化情况都很清楚;有些赌注较难分割,如合作创新中,企业与合作者投入的专用性资产就是比较难分割的。正因为比较难分割,专用性资产被锁定在特定关系中,一旦合作关系破裂,专用性资产的价值将面临很大的损失。(Williamson,1985)社会资本可以与货币、设备、原材料等一样创造价值,但是与货币、设备、原材料等不同的是,社会资本具有共生性,只有在利益相关者之间或者在利益相关者网络结构之中才可能存在社会资本。例如,企业与社区之间的良好关系可以给企业带来很多便利,任何一方的退出都可能造成社会资本的瞬间消失,这也就造成了社会资本可以为企业所用,但不能为企业所独有。像社会资本这样具有共生性的赌注,企业与利益相关者该如何分割是个很大的难题。

由于赌注的不易分割性,致使共同拥有者的生产率不可能被直接地、单独地和低成本地观察到,这就产生了生产率监督难题和以生产率为基础的分配难题。(王节祥等,2015)在这种情况下,利益相关者的贡献与获得的回报就很难保持平衡,致使某些利益相关者发生违背合同、逃避责任等机会主义行为。针对上述问题,Alchian et al.(1972)从团队生产的视角出发,提出赋予拥有剩余收益的团队成员以监督权,可以激励其更好地发挥监督职能,提高团队绩效。Zatton(2011)把这种剩余收益权和监督权对称思想做了更一般化的处理。他指出,要想获得积极而持久的团队业绩,必须创造一种环境,使团队成员的利益与权力相对称,在这里,团队成员既包括监督者也包括被监督者,利益与权力的内涵也要大于 Alchian et al.(1972)所讲的剩余收益权和监督权。

无论是 Alchian et al. 还是 Zatton,他们提出的利益与权力对称仅限于人力资本所有者。本书认为,只要同一赌注被同一利益相关者群体中的多个个体或多个利益相关者群体所共有,利益相关者都应该被赋予与利益相对称的权力以避免利益受到侵害。

（3）贡献变化性。贡献变化性是指赌注对价值的贡献随时间而变化，这种变化主要由三方面原因引起：①专用性投资。利益相关者在签约之前与之后进行了专用性投资，例如，员工在工作之余认真钻研技术知识，使自己迅速成长为企业的技术骨干，与学习前相比，员工的人力资本能够创造更多的企业价值。②团队生产方式。新加入的供应商在经过一段适应和调整的时间后，在团队生产中，与企业及其他供应商之间的协作会逐渐变好，生产效率也会得到提高，与之前相比，供应商可以为企业创造更多的价值。③宏观环境。例如，利益相关者以土地入股，但随着房地产市场的升温，土地市场价格逐渐上涨，利益相关者投入的土地可以换来更多的抵押贷款，进而创造更多的价值。

赌注的贡献随时间而变化是供应商与企业之间、合作者与企业之间、用户与企业之间等关系中普遍存在的现象。这就是 Hart et al.（2008）所讲的，事前合同也只是事后再谈判的一个参照点，相对于事前合同这个参照点，如果利益相关者感到自己的利益受损了，就可能减小贡献。这是合同的静态化特点与赌注的贡献变化性之间的矛盾，解决此问题的关键是赋予利益相关者与利益相对称的权力以避免利益受损。

（4）转换的时间滞后性。在《资本的类型》一文中，布迪厄从社会学角度，把资本划分为经济资本、社会资本和文化资本，并指出这三类资本具有可转换性。（格兰威特等，2014）利益相关者所下的赌注也具有可转换性。债权人和供应商可以通过债转股，把原来与企业间的债务债权关系转变为与企业间的持股关系。类似的，高管和员工可以通过员工持股计划把人力资本转换成企业股份。虽然形式不同，实际上都是债权人、供应商与股东之间，高管、员工与股东之间赌注的转换。

赌注之间可以相互转换，但完成转换所需要的时间存在明显的差异，也就是时间滞后程度不同。债权人、供应商与股东之间，高管、员工与股东之间赌注的转换规则是明确和透明的，等值的赌注在同一时刻易手。但对于某些利益相关者与企业之间赌注的转换，转换规则是模糊和隐蔽的，赌注的转换需要很长时间才能完成。例如，政府一般会给予招商引资企业很多优惠政策和扶持，待企业形成一定规模后，政府希望企业能够承担起拉动地方经济增长、促进产业转型升级和吸纳本地剩余劳动力的责任。又如,为了获得社区居民对企业合法性的认可,以万科和百步亭为代表的房地产企业,积极参与所在社区的建设工作,在社区内成立长者学堂、社区文联和慈善援助会等组织。

由于赌注之间的转换存在时间滞后性,这就给转换的双方或多方之间带来了很高的不确定性,而且转换时间越长,不确定性就越大。在这种情况下,本书认为,利益相关者应该拥有与利益相对称的权力,以避免在赌注转换期间其利益受到侵害。

随着赌注的不完全界定性、不易分割性、贡献变化性和转换的时间滞后性等特性由程度低向程度高演变,利益相关者权利对称的实现方式也经历了以下演变:显性合同→剩余索取权与剩余控制权对称→利益与权力对称,赌注特性与权利对称实现方式的逻辑关系如图3-1所示。

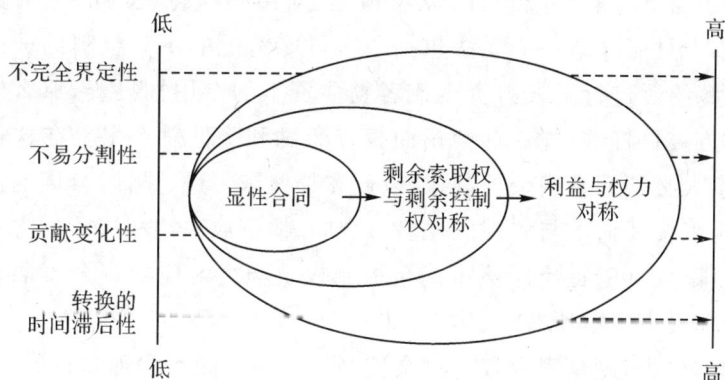

图3-1 赌注特性与权利对称实现方式的逻辑关系图

3.2.2 从显性合同到剩余索取权与剩余控制权对称

(1)显性合同的局限性。现代产权理论学者一般把合同分为显性合同(Explicit Contract)和隐性合同(Implicit Contract)。(Klein et al.,2012)Boatricht(2002)对这两种合同进行对比发现,显性合同有三个特征,即明确规则、市场化的交易和以合同为保护利益的手段;而隐性合同关系的特征则为默认规则、非市场化的交易和以信任为保护利益的手段。从一般意义上讲,像股东、高管、员工、债权人、用户、合作者和供应商等利益相关者以合同为载体,通过市场交易与企业建立的是显性合同关系。有些利益相关者,如政府、社区、媒体、环保组织和特殊利益集团等,在一般情况下，它们既不以合同为载体，也不通过市场进行交易，它们与企业建立的就是隐性合同关系。

不难看出，利益相关者与企业、利益相关者与利益相关者之间广泛存在的显性合同是实现权利对称的有效方式，但是，显性合同也存在局限性。如图 3-1 所示，当赌注的不完全界定性、不易分割性、贡献变化性和转换的时间滞后性等特性都偏弱时，当事人之间比较容易达成一份权利对称的显性合同。随着赌注越来越难以界定和分割时，贡献变化程度越来越大，完成转换所需要的时间越来越长，显性合同的不完全性问题也会愈加凸显，此时，利益相关者想通过显性合同实现权利对称就变得很困难。甚至当赌注的不完全界定性、不易分割性等达到一定程度时，签订显性合同已是不可能的，利益相关者之间只能达成隐性合同。

由于当事人的有限理性，以及预见、缔约和执行契约的三类交易费用，当事人只能缔结一个无法包括所有可能情况的不完全契约。如果当事人在签约后进行了人力资本或者物质资本的专用性投资，那么他将面临被对方敲竹杠的风险，这会扭曲投资激励和降低总产出。在这种情况下，当事人必须拥有剩余控制权，以便在那些未写进（显性）合同的情况出现时，可以按任何不与先前的（显性）合同、惯例或法律相违背的方式做出决策，Hart(2006)提出应该将剩余控制权及与之对应的剩余索取权统一配置给非人力资本所有者。

本书认为，剩余索取权与剩余控制权是对合同的完善和拓展。一是，剩余索取权与剩余控制权承认利益相关者投入的赌注，会因显性合同的不完全性而外溢出赌注的剩余利益与剩余权力，而传统合同理论认为，利益相关者是完全理性的，能够在事前与企业达成一份涵盖所有情况及对策的显性合同，不会出现剩余利益与剩余权力外溢的情况。二是，无论是剩余索取权与剩余控制权的集中对称配置给非人力资本所有者还是人力资本，都是承认（除股东外）两权对称分布能够鼓励他们的专用性投资和提高企业的总产出。

（2）剩余索取权与剩余控制权对称的局限性。一是强调由专用性投资引起的企业剩余分配问题,忽视赌注的其他特性所引起的企业价值①分配问题。当企业价值的全部或一部分被分配给对价值创造做出贡献的利益相关者时,才变成利益相关者的利益。当然,这个价值既可以是货币形式也可以是其他形式。值得注意的是,专用性投资是造成赌注贡献变化的一个原因,而贡献变化性只是造成企业价值不易分配的原因之一。除此之外,赌注不完全界定性、不易分割性和转换的时间滞后性也是造成企业价值不易分配的原因。二是强调显性合同利益相关者,忽视隐性合同利益相关者。Hart及以后的学者,在讨论剩余索取权和剩余控制权配置时,主要集中于非人力资本和人力资本。本书认为,无论是非人力资本还是人力资本都属于与企业能够建立显性合同关系的利益相关者,而政府、社区、媒体、环保组织和特殊利益集团等隐性利益相关者也都应在讨论范围内。三是强调效率,忽视公平。把所有赌注的剩余索取权和剩余控制权集中对称配置给少数几个非人力资本所有者或人力资本所有者,可以鼓励专用性投资和提高企业总产出,这是典型的效率优先的观点。那么对于那些没有获得剩余索取权和剩余控制权的多数利益相关者来说,若与企业虽然存在显性合同关系,但赌注的剩余收益和剩余权力已经溢出了不完全合同,其公平性就会受到质疑。

3.2.3 从剩余索取权与剩余控制权对称到利益与权力对称

(1)由赌注特性引起的利益与权力对称。考虑到已有大量文献研究了由专用性投资引起的赌注贡献变化性问题,本书将分析的重点放在赌注的其他三个方面。一是追求规模经济和范围经济的传统企业逐渐被人力资本密集型和技术资本密集型企业所取代。这意味着利益相关者向企业投入更多的是人力资本、技术等非物质形态赌注,界定清楚这类非物质形态赌注,要比界定资金、设备、原材料等物质形态赌注困难得多。二是垂直整合企业逐渐被横向合作模式所取代。在垂直整合企业里,赌注的分割显得不那么急迫,实在不行还可以通过行政命令强行分割,然而在横

---

① 企业价值的概念要比企业剩余宽泛,企业剩余一般是指企业总收益与合约报酬的差值。不难看出,企业剩余主要指的是货币,而企业价值是由利益相关者的赌注所创造的价值。

向合作模式中,赌注的分割就显得尤为重要,甚至成为合作能否成功的关键。三是交易方式变化引起赌注转换时间的变化。在传统经济下,利益相关者与企业、利益相关者与利益相关者之间赌注转换更接近现货交易,而如今的赌注转换更接近于期货交易,尤其是那些能够影响企业生存和发展的重要赌注更是如此。有些赌注的转换时间变长了,如对高管实施的年薪制和期权制;对专有技术由一次性购买方式变成技术入股或技术分成模式等。企业发生的这些变化都造成企业价值不易分配,利益与权力对称势必成为利益相关者的诉求。

(2)权利主体扩大至所有的利益相关者。剩余索取权和剩余控制权的配置对象只是与企业存在显性合同关系的利益相关者,而与企业存在隐性合同关系的利益相关者,如政府、社区、媒体、环保组织和特殊利益集团等,他们的权利容易被忽视。

政府、社区、媒体、环保组织和特殊利益集团等的权利应该得到重视。2015年,国务院发布了《中国制造2025》,把新一代信息技术产业、高档数控机床、机器人和航空航天装备等十大领域列为重点发展领域,政府将对相关领域内的企业提供优惠政策和各种补贴。政府希望提供这些优惠政策和补贴,能够促进相关企业快速健康成长,进而从企业成长中换回经济转型升级、就业规模扩大、税收增加等红利。很多社区之所以能够忍受高耗能高污染企业的存在,就是希望这些企业能够解决本地就业、带动本地经济增长、为社区建设做贡献等。环保组织深入企业举办环保宣传活动,对企业环境责任建言献策甚至进行监督,希望换回的是企业对环境问题的关注和对环境责任的坚守。值得注意的是,政府、社区、媒体、环保组织和特殊利益集团等向企业的投入,既可以促进其发展,也可以遏制其发展。例如,政府的优惠政策和支持有利于企业生存和发展,而过重的税费负担则妨碍企业的发展。又如,在企业IPO过程中,有些媒体利用所掌握的信息私下要挟企业,要求其支付"封口费"以换取媒体的有偿沉默。(方军雄,2014)因此,本书特别强调以下两点:一是本书所称的权利主体是指投入的赌注有利于企业生存和发展的利益相关者;二是只要利益相关者向企业投入了有利于其生存和发展的赌注,无论该利益相关者是否与企业存在显性合同关系,都是权利主体。

(3)从效率优先到兼顾效率与公平。强调效率是因为剩余索取权和剩余控制权的配置对象是少数几个利益相关者,可以避免由决策主体多元化带来的效率低下问题。忽视公平是指对于与企业存在隐性合同关系的多数利益相关者,它们不拥有剩余索取权和剩余控制权,或即便部分拥有但两者存在严重的不对称。本书提出的利益与权力对称兼顾了效率与公平,因为当企业利益相关者数量较少时可以共同参与企业治理(共同参与治理并不代表每个利益相关者的话语权相同)。这既有利于提高效率,也容易实现公平。

3.2.4 利益相关者权利的对称途径

本书从利益和权力两个维度,把利益相关者分成四种类型:高度权利对称型、低度权利对称型、权力大于利益型和利益大于权力型。高度权利对称型和低度权利对称型利益相关者都属于权利对称的利益相关者。不同类型的利益相关者实现权利对称的途径如图 3-2 所示。

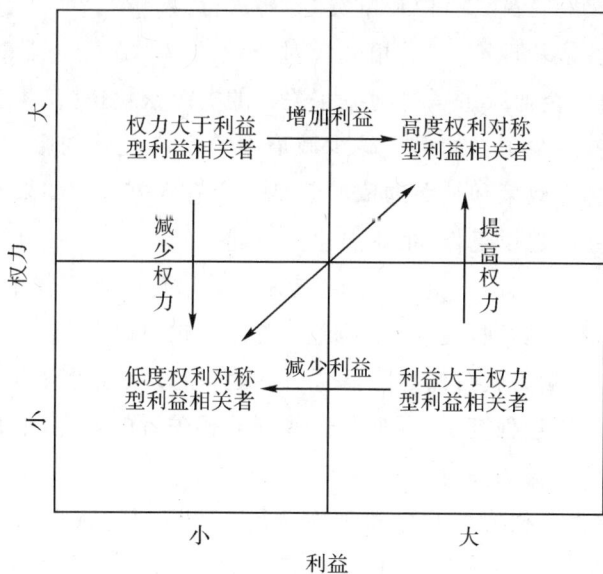

图 3-2　利益相关者实现权利对称的途径

(1)权力大于利益型的权利对称途径。可以通过增加利益转变为高度权利对称型利益相关者,或者通过减少权力转变为低度权利对称型利益相关者。

通过增加权力大于利益型利益相关者的利益,可以使企业和利益相关者之间建立更为紧密的联系,促使利益相关者更多地运用手中的权力为企业发展创造良好的经营环境而非抑制其发展。如果享受了政府的优惠政策和补贴,企业就应该主动、积极地增加政府的合法利益,如与当地政府积极互动,在产业转型升级、技术创新、节能减排等方面主动调整企业战略以适应当地发展需要;雇用更多当地的劳动力以缓解当地的就业压力等。如果社区对企业的权力很大,企业应该积极参与所在社区的建设工作,尤其像矿山、石化、核电等离不开社区群众支持和包容的行业更应如此。企业可以通过绿化社区环境、组织社区文化活动、资助社区医疗等多种方式,反哺所在社区以平衡社区权力。企业应主动回应媒体的合理诉求,比如,邀请媒体参观生产现场以了解企业产品特点和企业最新动态,定期向媒体发布企业信息,寻求与媒体进行合作等。特别强调的是,本书所主张的增加利益相关者的利益是法律所允许的正常商业行为,而不是指贿赂政府官员、支付"封口费"等违法行为。

根据资源依赖理论,利益相关者对企业的权力源于企业对利益相关者的资源依赖,企业减少了对利益相关者的资源依赖,利益相关者对企业的权力自然就减少了。如果想减少政府对其日常经营的影响,企业减少对政府各种优惠政策和补贴的依赖就是一个有效方式。如果不想参与或少参与所在社区建设工作,企业强化自身建设,减少对自然环境和周边居民生活环境的影响就是一个不错的选择。如果想降低媒体的影响力,企业守法经营,规范管理,提高产品质量,更加注重口碑营销,减少对媒体的依赖,媒体的影响力就自然地降低了。总之,通过减轻对权力大于利益型利益相关者的依赖程度,可以削弱这些利益相关者的权力,把它们变成低度权利对称型利益相关者。

（2）利益大于权力型的权利对称途径。可以通过减少利益转变为低度权利对称型利益相关者,或者通过扩大权力转变为高度权利对称型利益相关者。

减少利益既可能是企业的主动行为,也可能是利益相关者的主动行为。利益相关者减少利益的方式无外乎两种:第一种是合法合理地逐步减少与企业的交易,直至完全退出,最终达到减少利益的目的;第二种是在与企业交易的过程中,通过实施限制或中断供给、降低工作表现等隐性机会主义行为来实现。利益相关者主动减少在企业中的利益可能会给企业带来很多不可控因素。第一种情况使企业失去了重要的合作伙伴,第二种情况则会使企业出现潜藏危机。Das et al.(1996)研究发现,当利益相关者感知到自己的隐性知识难以得到保护时,有保留地向企业或其他利益相关者提供隐性知识或者直接拒绝提供,就成为利益相关者的理性选择。逃避责任的例子更为常见,一般员工由于职位较低,参与企业管理的机会较少,相对于职位层次更高的管理人员,更多表现出的是情绪低落等特征。

扩大利益相关者的权力可以有直接和间接两种方式。直接方式主要是指让某些利益相关者代表进入董事会和监事会,直接参与企业决策过程。我国《公司法》虽然允许利益相关者担任董事和监事,然而从实践看,担任董事和监事的主要是股东代表、职工代表和专家(主要担任独立董事),其他利益相关者担任董事和监事的案例还较少。在这方面,美国、英国和德国的做法值得学习,美国和英国企业在董事会为合作伙伴、供应商、用户和员工等利益相关者代表留有席位。根据企业规模,德国企业的监事会一般由3～21人组成,其中一半必须是经选举产生的工人代表(至少包括一名高层管理者),另一半则是股东代表和利益相关者代表。间接方式是指利益相关者间接参与企业决策,如在企业内部常设或临时设置由利益相关者代表组成的委员会,一方面为企业重大决策提供咨询服务,另一方面代表利益相关者与企业及其他利益相关者讨价还价。无论是直接方式还是间接方式,都扩大了利益大于权力型利益相关者在企业中的权力,使它们逐步成为高度权利对称型利益相关者。

(3)高度权利对称型与低度权利对称型的相互转化。不同利益相关者的赌注对企业的重要性随时间而变化,这就涉及高度权利对称型与低度权利对称型利益相关者的相互转化问题。例如,企业计划推出一款新产品,而这款产品需要某一特定供应商提供的零部件,那么企业就可以将该供应商的地位由普通供应商提升为关键供应商。一段时间后,当新产品变成老产品时,企业对该零部件的需求可能已不再强烈,那么企业可以将该关键供应商再次降为普通供应商。值得注意的是,要把高度权利对称型利益相关者转变为低度权利对称型利益相关者,关键是同时减少利益和削弱权力;把低度权利对称型利益相关者转变为高度权利对称型利益相关者,关键是增加利益的同时扩大权力。利益与权力的任何不对称调整,都会把权利对称型利益相关者变为权力大于利益型或利益大于权力型利益相关者。

3.3 利益相关者的机会主义行为

3.3.1 机会主义行为的内涵

近现代经济学对机会主义行为的关注可以追溯到亚当·斯密,他认为,机会主义是妨碍交易成功的重要因素。(符加林,2008)机会主义行为研究的集大成者是 Williamson,他将机会主义行为定义为"一种基于追求自我利益而采取的狡诈式策略行为",即"损人利己"行为。(Williamson,1975)在以后的文献中他又对机会主义做了进一步的补充,认为机会主义指的是"欺骗性地追求自利,这包括(但不仅限于)比较明显的形式,如说谎、偷盗、欺骗。机会主义行为涉及更复杂的欺诈形式,包括主动的和被动的形式,事前的和事后的形式"。更一般地,机会主义指不完全的或扭曲的信息揭示,尤其是有目的的误导、掩盖、迷惑或混淆,再加上不确定性,机会主义使经济组织问题更加复杂化了。(Williamson,1985)威廉姆森对机会主义行为的定义获得了广泛认可。但机会主义行为的定义依然属于比较宽泛的概念,至今没有得到统一(Wathne et al.,2000),如表 3-1 所示。

表 3-1 机会主义行为的定义

机会主义行为的定义	作者(年份)
挑衅的自私自利和漠视他人的行为。	Williamson(1975)
狡诈地追寻自我利益,不完全或扭曲的信息揭示,尤其是有目的的误导、歪曲、含糊其辞或其他形式的混淆,它导致真实的或人为的信息不对称。	Williamson(1985)
个体理性的,但产生了一个集体次优的结果。	Parkhe(1993)
违反被称作关系契约的行为。	Moschandreas(1997); James(2005)

续 表

机会主义行为	作者(年份)
许多微妙的、复杂的欺骗形式,比如偷窃、欺诈、违反合同、不诚实、歪曲事实、模糊问题、搞乱交易、逃避责任、虚假威胁、虚假承诺、走捷径、掩盖真相、伪装、保留信息、使用诡计及误导他人等行为。	Wathne et al.(2000)
一方以另一方成本上升而使得自身利益增加的行为。	Luo(2007)
具有侵略性的自我中心行为,不考虑行为对他人的影响。	Hawkins et al.(2008)
有意识地通过欺骗追求私利,以牺牲另一合作伙伴的利益为代价获得收益。	Das et al.(2010)
成员以一种有悖于正式的或非正式的契约要求的方式,追求自身利益的行为。	赵昌平等(2003)
一方通过不完全或歪曲的联盟项目信息揭示,尤其是有目的的误导、撒谎、扭曲、假装、含混其词或其他形式的混淆,导致了真实的或人为的信息不对称,利用契约项目不完全性而获取私利。	陆奇岸(2005)
信息不完整或受到歪曲后被透露出去,尤其是指旨在造成信息方面的误导、歪曲、掩盖、搅乱或混淆的蓄意行为。	刘燕(2006)
交易一方利用对方的信息劣势或某种弱点,违反显性或隐性契约,有目的地以隐瞒、欺骗或敲诈等方式寻求自利的行为。	符加林(2008)
交易中的成员以一种有别于正式和非正式契约要求的行为标准来追求自身利益的行为,它是基于合约的不完全性和信息的不对称性,拥有信息优势的一方通过偷懒、欺诈等手段来获取自己的利益。	彭雷清等(2008)
追求自我利益的行为,这些行为已经超越了简单形式地追求自我利益,而达到了为了实现自我利益而耍手段的程度。	郑雁玲等(2010)
交易参与方为了获取自身利益,扭曲和隐瞒信息、违背合同、逃避履行承诺,当环境发生变化时拒绝进行调整的自利行为。	刘婷等(2012)
靠狡诈来寻求自我利益的投机性行为。	刘群慧等(2013)
成员以契约的不完全性、成员间的信息不对称为客观条件,以获取自身利益最大化为动机,进而采取损害其他成员利益的行为。	周海军等(2014)

3.3.2 机会主义行为的分类

机会主义作为一个经济学术语,由于其广泛存在,渐渐也受到管理学界的关注。其中,研究较多的领域是公司治理中的委托代理问题、战略管理中的战略联盟稳定性问题和营销渠道中供应商、制造商及分销商之间的机会主义行为问题等。随着企业两权分离的出现,公司治理研究的核心议题之一就是管理激励问题,如何设计最优制度防止代理人的事前逆向选择和事后道德风险等机会主义行为成为主要研究内容。当然,对委托代理问题的研究也在被逐步拓展,股东与经理、大股东与小股东、经理与经营团队等都属于委托代理问题研究的范畴。(冯根福,2004)

Das 和 Teng 是战略联盟稳定性研究的代表人物,尤其是 Das,至今仍在这一领域屡有新作。他们关注的就是由于各种因素导致联盟主体机会主义行为而引发的联盟风险(Das et al.,1996)。同时,他们基于机会主义行为作用的时间和引发的关系风险程度将机会主义行为划分为四类,包括扭曲信息、敲竹杠和没收隐性技术知识等具体行为。(Das,2004)

另一个对机会主义行为给予关注的是营销渠道领域的研究,瓦特内等(2000)按照行为和情景两个维度将机会主义行为划分为四类,包括逃避、拒绝适应、违背和强制再谈判等,如表 3-2 所示。该文是管理学研究中为数不多的对机会主义行为做出明确划分的经典文献,尤其是他们把机会主义行为划分为主动机会主义行为和被动机会主义行为,被大量后续研究作为参考。(刘婷等,2012)。另外,按照不同的产生原因,机会主义行为可归结为基于信息不对称的逆向选择和道德风险、基于资产专用性的敲竹杠、基于集体行动的搭便车和基于博弈次数的短期化行为。(刘燕,2006)

表 3-2　机会主义行为的分类

情境(Circumstance)　　　行为(Behavior)	现有情境 (Existing)	新情境 (New)
被动行为 (Passive)	逃避 (Evasion)	拒绝适应 (Refuse to Adapt)
主动行为 (Active)	违背 (Violation)	强制再谈判 (Forced Renegotiation)

资料来源:Wathne et al.,2000。

3.3.3 机会主义行为的前因、后果与治理

(1)机会主义行为的前因。作为机会主义行为发源地,交易成本理论认为,由于有限理性导致契约不完全和专用性资产投入的客观存在,诱导具有自利性的个体采取机会主义行为赚取准租。(Williamson,1985)"专用性资产导致了机会主义行为的发生"也由此成为主流观点,并得到实证研究的支持[①]。但这一观点近年来向两个方面发展:一是,专用性资产不是机会主义行为产生的唯一原因。按照 Williamson(1985)对机会主义行为的初始定义,逆向选择和道德风险亦属于其范畴,因而信息不对称也是机会主义的前因。此外,搭便车和短视化行为的前因"集体行动"和"单次博弈"也应在机会主义行为产生原因的范围内。(刘燕,2006)而在战略联盟研究中,Das et al.(2010)则将引发联盟主体机会主义行为的原因归结为经济的(Economic)、关系的(Relational)和时间的(Temporal)因素。可见,关于机会主义行为产生原因的研究不再局限于资产专用性。二是,专用性资产并不一定导致机会主义行为。合作方之间的专用性资产投入十分常见,按照原有逻辑,合作将被机会主义行为摧毁,那么为什么合作还得以进行呢? 与原有观点相反,根据关系交换理论,专用性资产投入将有利于关系双方信任的建立。(Lui et al.,2009)此外,Werder(2011)的观点十分具有启发性,他认为,不完全契约和专用性资产导致组织利益相关者拥有机会主义行为这项"期权",而利益相关者到底会不会行权则取决于情境因素,例如权力配置(Power Distribution)。

(2)机会主义行为的后果。机会主义行为之所以在各个领域被广泛研究,主要是由于其对交易双方及创新绩效会造成难以估量的风险及损失。对于机会主义行为后果的研究主要从两个视角展开:一是经济学视角。遵从交易费用经济学经典研究范式,机会主义行为的发生会增加交易费用(交易成本)(Williamson,1985;Buvik et al.,2000),如经销商的机会主义行为会影响特许授权单位的议价成本、监督成本和适应不良成本。(Dahlstrom et al.,1999)二是管理学视角。如利益相关者的机会主义行

---

① 经典案例是费雪—通用一体化案例,参见 Klein et al.(1978)、聂辉华等(2008)的相关论述。

为会引起 CoPS 创新的质量下降、成本上升和工期延误（盛亚等，2013），导致员工的消极怠工、跳槽等（鲍贤玮，2016），以及出现联盟失败和解散的现象（Hagedoorn et al.，2008）。技术创新联盟中的机会主义行为会诱发其成员冲突、破坏内部和谐与组织发展和知识产权风险等。

（3）机会主义行为的治理。早期的交易费用经济学者们普遍认为，监督和激励是预防或治理机会主义行为的有效机制。（Williamson，1975）后来也有研究表明，机会主义行为可以通过选择（交易伙伴）和社会化的努力（实现目标均衡）来进行管理。（Ovchi，1980；Stump et al.，1996）总之，通过组合各种防御策略能合理控制战略联盟中的机会主义行为。（赵昌平等，2003）在激励机制方面，溢价能够有效确保产品质量，减少供应商机会主义行为，增加绩效奖励，也可以有效抑制机会主义倾向。在监督机制方面，建立经济约束、法律约束和道德约束机制能够有效抵制联盟中的机会主义行为（罗宜美等，2000），重复博弈可以成功治理产学研合作中的机会主义（杨得前等，2006），关系准则、关系资本、信任等因素也是防范机会主义行为的关键（徐二明等，2012）。

3.4 资产专用性、专有性与机会主义行为[①]

本节从资产的专用性与专有性出发，研究其对组织间权力—依赖关系的影响，以及不同权力—依赖关系中权力使用倾向与方式对机会主义行为的影响。

3.4.1 概念模型

从资源依赖视角重新审视专用性投资与机会主义行为之间的关系，并以相互依赖关系作为中介变量，能对单边、双边专用性投资对机会主义行为的不同影响做出很好地解释：在特定的交易关系中，单边专用性投资使投资方 A 依赖于与另一方 B 的长期合作，双方之间不平衡的依赖关系使 B 具有了相应的权力，并且可以通过对这一权力的使用或者威胁使

① 盛亚、张文静：《资产性质、权力—依赖关系对机会主义行为的影响》，《科技进步与对策》2014 年第 23 期，第 22—27 页。

用,迫使 A 按照自己的意愿行事,甚至不惜以牺牲 A 的利益为代价为自己牟取利益,因此单边专用性投资与机会主义行为息息相关;而双边专用性投资不仅能够加深合作双方的相互依赖程度,使彼此之间的利益联系更为紧密,提升双方的合作意愿,还能有效减小双方之间的权力差距,使权力优势方迫使权力劣势方按照自己意愿行事的能力下降,因此双边专用性投资能够有效抑制机会主义行为的发生。

如果上述推理成立,那么影响组织间相互依赖关系的因素都能间接地影响机会主义行为。除了专用性这一资产性质之外,专有性[1]也能通过 A 对 B 的依赖而赋予 B 相应的权力。专有性是资源[2]的价值性、稀缺性、不可模仿性、不可替代性及其在特定合作关系中重要程度的体现,在很大程度上反映了该资源在其他合作关系中的可获得性;专用性则反映了该资源的适用范围及转向替代交易关系的成本。埃莫森认为,A 对 B 的依赖程度与 B 所占有的资源对 A 目标实现的重要程度呈正比,与 A 从 A-B 关系以外获取该资源的可能性呈反比,即使存在替代资源,若 A 转向替代资源的成本过于高昂,也会迫使 A 仍然留在原来的交换中。(Emerson,1962)这两个因素构成了特定交换关系中权力—依赖关系的决定因素(林曦,2010),而资产的专有性和专用性分别对应于以上两个因素,本书所研究的资产性质即特指资产的专用性和专有性这两方面特征。

交易成本经济学(TCE)和关系交换理论(RET)对专用性投资分别引发机会主义行为与合作行为的研究,体现了两者分别从经济人假设与社会人假设出发构建理论的特点。前者更加关注机会主义行为发生所需具备的必要能力,而默认行动者具有机会主义行为的意愿;后者主要以良好的行为意愿为主线,分析了善意、承诺、信任、互惠与行为规范对合作行为的影响,而忽视了机会主义行为的潜在威胁。在以上两种理论对行为分析的基础上,我们认为,相互依赖关系的两个维度(联合依赖和权力不

---

① 关于两种资产性质的详细陈述,参看杨瑞龙、杨其静:《专用性、专有性与企业制度》,《经济研究》2001 年第 6 期,第 3—11 页。

② 严格地说,资产和资源是有区别的。资产是稀缺且被特定主体控制或拥有的那部分资源。资产都是资源,反之则不然。详见郭继强:《专用性资产特性、组织剩余分享与企业制度》,《经济学家》2005 年第 6 期,第 68—74 页。就本书所研究问题的主旨而言,暂不考虑两者的差异。

对称)能从侧面反映出主体行为的意愿与能力：联合依赖程度反映了双方的价值创造能力、利益联系、合作意愿与关系强度；权力不对称程度则反映了双方行为的自主性及强制力大小，尤其是在价值分配过程中的讨价还价能力。两个维度能够有效地反映出特定交易双方的竞合关系，并进一步影响双方之间的行为策略。据此提出如图 3-3 所示的概念模型。

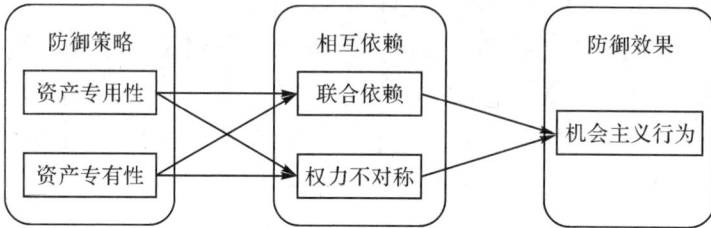

图 3-3　概念模型

3.4.2 资产性质与机会主义行为

在专用性投资的相关研究中，只要没有出现"Bilateral""Reciprocal"等字眼明确表示其研究对象是"双边"专用性投资关系，一般均默认其研究对象是交易中的一方做出专用性投资的"单边"专用性投资关系。专用性资产是专门为支持某一特定的团队生产而进行的持久性投资，一旦形成，再转作他用，其价值将大跌。或者说，专用性资产的价值在事后严重依赖于团队的存在和其他团队成员的行为，因此"机会主义行为"和"专用性"密切相关。资产专用性越强，转作他用或为他人所用的价值贬损也就越大，即可占用准租越大，越容易被锁定在特定的交易关系中，所面临的机会主义风险也就越大。

Williamson 对互惠型投资(Reciprocal Investments)的研究在很大程度上拓展了其原始模型。互惠型投资使交易双方在相互质押基础上建立了相互依赖关系，双方都更倾向于自愿履行正式契约所规定的责任与义务，有利于关系契约的形成，因此能够有效减少合作中出现的诸如搭便车和敲竹杠等机会主义行为。(林曦，2010)

在专用性投资防御机制的研究中，海德和约翰认为，对于已经投入专用性资产却无力进行一体化的小企业而言，弥补性投资(Offsetting Investments)能够为其提供有效的防御。(Heide et al.，1988)国内学者曲洪敏等(2008)对渠道关系的实证研究也表明,分销商在与供应商的合作关系中进行专用性投资,如果与此同时,对购买供应商产品的客户也进行投资(即所谓的弥补性投资),通过为客户提供高价值的服务,使客户转移到另一分销商或直接从供应商处购买产品具有较高的转移成本,就能增强客户及供应商对自己的依赖,使供应商更可能具有长期导向,以此保护自身对供应商做出的专用性投资。弥补性投资的实质是通过专用性投资建立自身的专有性。颜光华等(2005)认为,资产的专用性是投资者为了获得资产的专有性而付出的代价和必须承担的风险,弥补性投资的相关研究中虽然没有出现"专有性"的表述,但已初步反映了专有性的概念内涵。

同时,学术界对包含专用性与专有性的研究大多集中于公司治理领域,探讨两者在公司控制权争夺及租金分配中的讨价还价能力,较少涉及两者的共同作用对机会主义行为的影响,双边视角的研究就更加匮乏。由于同时考虑交易双方资产的专用性与专有性对机会主义行为的影响,较多变量带来的不确定性可能导致研究结果缺乏规律性。然而,现有双边视角的研究已经发现,对称性关系比非对称性关系更具稳定性(Anderson et al.,1989),比合作伙伴专用性投资少的公司倾向于在合作关系内发生机会主义行为(Gundlach et al.,1995),反映了双边专用性投资也并不必然起到防御机会主义行为的作用,双边关系的对称与否也是一个影响组织间行为的重要因素。

在现实生活中,由于合作双方地位不平等或其他原因的存在,单边专用性投资的现象也颇多,也并不是都面临较高的机会主义风险。弥补性投资作为单边专用性资产投资的典型代表,也能通过培养对方对自身的依赖性而降低对方机会主义行为发生的可能性。因此,资产性质与机会主义行为之间并没有明显的直接关系,而在相互依赖关系的中介作用下,两者之间会表现出更加明显的间接关系。虽然也有研究认为,专有性资本甚至有能力对其他资本进行敲竹杠并榨取其"准租金",但由于相关研究较少,且本书篇幅有限,暂不予以考虑。现有文献中资产性质对机会主义行为影响的代表性研究如表3-3所示。

表 3-3   资产性质对机会主义行为影响的代表性研究

研究视角 资产性质	单 边	双 边
专用性	（正向） Williamson(1975)； Klein et al. (1978)	（负向） Williamson(1985)； 高维和(2008)； 王国才等(2011)
专用性和专有性	（负向） Heide et al. (1988)； 曲洪敏等(2008)	（未知） 本书认为，两者之间的关系取决 于中介变量——相互依赖关系

因此，得到：

命题 1：单边专用性投资正向影响合作伙伴的机会主义行为；在单边专用性投资基础上，合作伙伴的互惠型专用性投资负向影响其机会主义行为；单边专用性投资方的资产专有性负向影响合作伙伴的机会主义行为；在双边专用性投资关系中，资产专用性与专有性总量负向影响合作双方的机会主义行为。

3.4.3 资产性质与组织间相互依赖关系

专用性和专有性之间并没有必然的联系，现实中大多数专用性资产同时也是专有性资产，既依赖于其他团队成员同时也被他人所依赖。专用性反映了某种资源的价值依赖于其他团队成员，而专有性强调某种资源被其他团队成员所依赖。（杨瑞龙等，2001）颜光华等(2005)认为，专用性与专有性是资产的二重性，专用性总是绝对的，而专有性则是相对的，两者之间并不一定是正相关关系。他们以专用性和专有性两个维度将资产划分为四种类型。赵根宏(2009)在人力资本控制权配置的研究中，对专用性和专有性进行了几何表达，也用这两个维度将人力资本划分为四种类型，并分析了不同类型人力资本之间的相互转化。在此基础上，我们以专用性和专有性为两坐标轴，将特定合作关系中的双方视为坐标系中的两点 $A(S_a, E_a)$，$B(S_b, E_b)$，如图 3-4 所示。

图 3-4 中点的绝对位置反映了资产所有者的绝对权力，特定组织可以据此选择改善自身地位的方式；相对位置反映了交易关系双方的相对权力，能够影响双方之间的行为策略。借鉴资产性质的动态变化观点，我

们认为,特定交易关系中任意一方资产的专用性或专有性发生变化,都会使两点之间的相对位置发生变化,即影响组织间的相互依赖关系。这些变化通过相互依赖关系的两个维度可以予以量化。

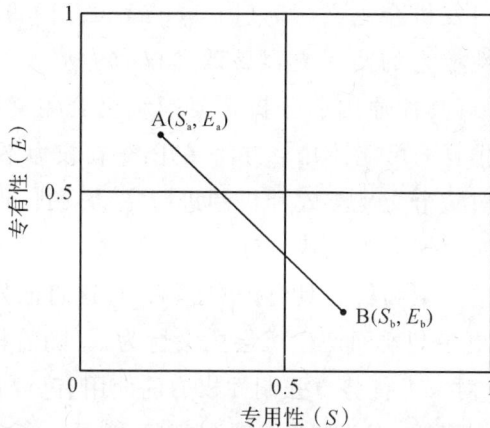

图3-4 资产专用性和专有性基础上的双边关系

对于特定交易关系中的 $A(S_a, E_a)$,$B(S_b, E_b)$来说,A 的资产专用性 S_a 能够增强 A 对 B 的依赖,A 的资产专有性 E_a 能够增强 B 对 A 的依赖。因此,两者之间的相互依赖程度,即两者的依赖之和,可以表示为 $MD = S_a + E_a + S_b + E_b$。假设 A 对 B 的权力等于 B 对 A 的依赖,两者之间的权力不对称程度,即两者的权力(依赖)之差可以表示为 $PA = |(E_a + S_b) - (S_a + E_b)|$,$E_a + S_b$ 表示 A 对 B 的权力,$S_a + E_b$ 表示 B 对 A 的权力;前者大于后者时,A 占据权力优势地位,反之亦然。

因此,得到:

命题2:任意一方的资产专用性正向影响双方之间的联合依赖程度;任意一方的资产专有性正向影响双方之间的联合依赖程度;权力优势方的资产专有性正向影响双方之间的权力不对称程度;权力优势方的资产专用性负向影响双方之间的权力不对称程度;权力劣势方的资产专用性正向影响双方之间的权力不对称程度;权力劣势方的资产专有性负向影响双方之间的权力不对称程度。

3.4.4 组织间相互依赖关系与机会主义行为

权力是人们之间相互作用的一种状态,而利益则是人们相互作用的原动力。埃莫森在权力理论中突出强调的核心观点即权力优势方为了获取超额收益会使用权力。渠道权力理论对权力使用的方式及影响进行了大量研究,认为在权力不对称的情况下,权力优势方对权力的强制性或非强制性使用都会引发机会主义行为(Provan et al.,1989;Frazier et al.,1991),并且强制性权力的使用更容易诱发权力劣势方的机会主义行为(陈少丹,2009)。对具体原因的分析主要围绕机会主义行为的动机、机会、能力、收益及报复的可能性几个方面展开:①在权力不对称的条件下,权力优势方能够对整个交易方式和机制进行主动安排,而这种相对单方面的安排则不可避免地会体现其为自身牟利的动机(张闯,2007);②权力优势方对另一方的决策和行为具有潜在影响力,这将激发其通过行使权力在交易中牟取更多利益而产生机会主义行为;③随着权力不对称程度加深,权力劣势方对权力优势方强制性权力的使用有更高的容忍度,并且对公平的要求也会降低,因此较少发生报复行为(Frazier et al.,1991),这在很大程度上减少了权力优势方的后顾之忧,也更容易纵容权力优势方的机会主义行为。

权力优势方不管以什么方式行使权力,强制的或非强制的,都有能力让权力劣势方按照自己的意愿行事。但强制性权力的使用更容易影响权力劣势方的公平性感知,降低双方之间的信任和承诺水平,并引发权力劣势方的报复,以机会主义行为来弥补自身的损失。非强制性权力与强制性权力都是权力优势方为自己牟取利益的一种手段,非强制性权力的使用相对不易被人觉察,因而与隐性机会主义行为有着紧密联系。强制性权力的使用大多较为明显,容易引发权力客体的强烈感知,因此与显性机会主义行为密切相关。

Kumar et al.(1995)的研究发现,当其他情况不变时,权力不对称程度加深会增加渠道冲突,降低双方之间的信任和承诺水平,而联合依赖程度加深则能起到相反的作用。Gundiach et al.(1994)对渠道关系的研究也发现联合依赖程度加深会降低剩余冲突水平。在其他条件不变的情况下,联合依赖程度提高意味着双方的利益更加趋同,退出成本也随之增高,一方做出有损另一方利益的行为如果受到对方的报复,会使自身的利益遭受重大损失。因此,双方都倾向于维护好这一合作关系,提高彼此之间的信任与承诺水平,形成良好的合作氛围与互惠规范,保证合作关系长期稳定地进行。在这种情况下,关系契约对双方的行为起到明显的约束作用,通过自我执行协议降低了机会主义行为发生的可能性。

因此,得到:

命题 3:权力不对称程度正向影响双方的机会主义行为;联合依赖程度负向影响双方的机会主义行为。

3.5 利益相关者网络结构

将社会网络作为一种社会学研究方法始于德国社会学家齐美尔,并因冷战的开始和西方普遍出现的社会动乱于 20 世纪 60 年代得到广泛关注。社会网络分析不把人看作是由个体规范或者独立群体的共同活动所驱动的,相反它关注的是人们的联系如何影响他们行动中的可能性和限制。20 世纪 30 年代到 60 年代,越来越多的学者开始在心理学、社会学、人类学、数学、统计学及概率论等研究领域构建"社会结构"概念,认真思考社会生活的"网络结构",各种网络概念(如中心性、密度、结构平衡性、结构均衡性、区块等)纷至沓来,"社会网络"一词渐渐进入学术领域。随后,对社会网络分析的理论、方法和技术的研究日益深入,社会网络已成为一种重要的社会结构研究范式。

社会网络主要关注关系强度(强联结和弱联结)、网络结构(紧密型和松散型)、中心性和结构洞及它们之间的不同组合。

3.5.1 关系强度

在传统社会里,每个人接触最频繁的是自己的亲人、同学和同事等,这是一种十分稳定的,但传播范围有限的社会认知,这是一种"强联结"(Strong Ties)现象。同时,还存在另外一类相对于前一种社会关系更为广泛的,然而却是肤浅的社会认知。例如,一个被人无意间提到或者打开收音机偶然听到的一个人,格兰诺维特把后者称为"弱联结"(Weak Ties)。格兰诺维特的研究发现,其实与一个人的工作和事业关系最密切的社会关系并不是强联结,而常常是弱联结。人们通常都会认为,强联结比弱联结更有用处,而格兰诺维特的调查结果表明,在找寻工作方面,弱联结的机会要比强联结高得多。事实上,在信息的扩散传播方面,弱联结和强联结起着同样的作用。同时,强联结易产生信息冗余问题,而弱联结易产生信息过载问题。(Mariotti et al.,2012)Mariotti et al.(2012)引入两种新的联结方式:潜联结和隐联结,这两种新联结方式能够克服信息冗余和信息过载问题,使企业获得强联结和弱联结产生的双重优点。

强联结和弱联结各有优缺点,关注两者的动态变化并对其进行整合才是关键,联结的变化包括联结增加、联结升级和联结下降,此三者的结合产生了三种网络变化方式:网络进化、网络更新和网络变革。(Elfring et al.,2007)焦点企业和伙伴形成的强联结是焦点企业不能适应不连续创新环境的三大主因之一,这种强联结使焦点企业对环境变化缺乏敏感性,进而降低了环境适应能力。(Birkinshaw,2007)Capaldo(2007)对意大利家具行业的三家大型企业的调查发现,开始时,强联结(有利于深化双向知识交流,深化各方社会关系,促进关系专用性投资)能够促进良性循环的形成,对焦点企业的创新能力有正影响。但是,随着时间的推移,强联结产生恶性循环(成员之间的接触数量减少、与新成员合作的灵活性降低、对新市场发展趋势的响应能力消失),对焦点企业的创新能力产生负面影响,最后形成一个小的、同质的封闭网络。作者建议,企业可以采用双元网络结构(Dual Network Architecture),即核心—边缘结构,既能增加接触的机会又能促进网络的多样性,有利于构建一个大的、多样的、开放的网络结构。

3.5.2 结构洞

结构洞(Structural Holes)就是社会网络中的空隙,即社会网络中某个或某些个体与有些个体发生直接联系,但与其他个体不发生直接联系,即无直接关系或关系间断,从网络整体看,好像网络结构中出现了洞穴。如果两者之间缺少直接的联系,而必须借助第三者才能形成联系,那么行动的第三者就在关系网络中占据了一个结构洞。显然,结构洞是针对第三者而言的。(博特,1992)博特认为,个人在网络的位置比关系的强弱更为重要,其在网络中的位置决定了个人的信息、资源与权力。因此,不管关系强弱,如果存在结构洞,那么将没有直接联系的两个行动者联系起来的第三者就拥有信息优势和控制优势,这样能够为自己提供更多的服务和回报。因此,个人或组织要想在竞争中保持优势,就必须建立广泛的联系,同时占据更多的结构洞,掌握更多信息。博特(2007)阐述了相对于群体之间的观念和行为,群体内部更具同质性,所以占据结构洞位置的中介者将会更熟悉另一个群体的观念和行为,从而将经济行为变为社会资本。

结构洞有利于创新,但不利于创新成果的扩散,紧密型网络结构利于合作而不利于创新,但以下三点可以弥补这一不足:中心创新者或其合作者拥有丰富的经验;中心创新者有在多组织工作的经历;合作者拥有外部合作者。在合作创新中,以利益相关者竞争关系为主导的自益性结构洞固然在某些方面有利于创新,但以利益相关者合作关系为主导的共益性结构洞更有利于创新。(盛亚等,2009)

3.5.3 网络结构

焦点企业所处的网络结构可分为紧密型和松散型,这两种类型是结构上相反与功能上相互依赖两者的融合,即双元网络结构能提高焦点企业的创新绩效。进一步地,McFadyen(2009)根据联结强度(强联结和弱联结)和网络密度(紧密型和松散型)把自我中心网络分为四种类型:弱联结松散型、弱联结紧密型、强联结松散型、强联结紧密型。实证研究结果显示,强联结松散型网络结构最能促进知识创造,弱联结紧密型对知识创造也有正影响。(McFadyen,2009)如果加入结构洞检验自我中心网络三要素(强联结、弱联结和结构洞)对焦点企业创新绩效的影响,可以发现,焦点企业与伙伴企业的强联结、弱联结和结构洞对创新绩效都有正影响,但是,随着结构洞增加结构洞的影响会变为负影响。(Ahuja,2000)Ahuja(2000)进而给出了三种网络结构:专属网络(Exclusive Network)、紧密网络(Cohesive Network)和非冗余网络(Non-Redundant Network)。专属网络有利于控制伙伴企业;紧密网络有利于增进信任,促进合作,抑制机会主义行为;非冗余网络有利于获取新信息和新技术。选择哪种网络结构依焦点企业的目的而定,没有普遍使用的唯一最优选择。

3.5.4 利益相关者网络结构类型

本书将"利益相关者网络"界定为,以资源获取为目的,以利益相关者主体属性为基础,主体间关系嵌入及其行为所形成的具有一定结构特征的网络形态。该定义结合社会网络理论和利益相关者理论，既突出了社会网络的结构和整体思想，又体现了利益相关者的主体属性特征。本书进一步把利益相关者网络结构划分为四种结构：有核紧密型、无核紧密型、有核松散型和无核松散型。

（1）有核紧密型。有核紧密型也可称为高中心性高密度结构型网络，是指系统集成商处于利益相关者网络结构的中心位置，同时，利益相关者网络结构密度也较大。

学者们一般用节点在网络中的中心性高低来衡量其权力的大小。在这里需要指出的是，权力可分为正式权力和网络权力。正式权力一般指一个人在企业内，因其所处的不同层级结构和其自身所具有的特质而具有的权力。中心性与这种正式权力无关，而与网络权力有关，网络权力来自于节点所处的网络位置，高中心性意味着对其他节点的影响力大。（Ibarra，1993）学者一般用点度中心性、中间中心性和接近中心性三个指标描述节点中心性的高低。节点的点度中心性可以用该节点与其他节点的联结数量来衡量，点度中心性高意味着该节点可以更容易地寻找到信息、资源等的替代提供者。接近中心性是指节点独立地接近其他节点的能力，可以用该节点到其他节点的最短路径之和来测量。接近中心度越低意味着节点与其他节点越接近，在信息传播过程中信息中转次数越少、传播时间越短和传播成本越低。相反地，当一个节点的接近中心度很高时，意味着该节点只有通过其他节点才能传播消息，更容易受制于其他节点。如果一个节点处于众多路径上，可以认为该节点中间中心性高，因为该节点具有控制其他节点沟通交流或交换资源的能力，换言之，中间中心性高的节点扮演着"中介者"或者"守门员"的角色。这三种测量方法都在试图识别一个节点是否处于可以对其他节点施加影响的重要或显著的位置上。本书认为，相对于点度中心性和接近中心性，中间中心性能更好地刻画节点在信息流中所处的位置及对信息流动的控制能力，相对于边缘位置的利益相关者，中间中心性高的系统集成商可以扭曲信息甚至阻止信息流动。通过此种方式，可以更好地引导或控制利益相关者的行为，也可以更好地应对利益相关者的反抗行为。

网络密度是一个刻画整体网络特性的指标，是个比率概念，用网络中存在的联结数量之和与最大可能联结数量之比来衡量。网络密度的最大值是1,表示所有节点都有直接联结。网络密度从两方面影响节点之间的行为。第一,网络密度越大,信息传播效率越高。得益于节点之间众多的联结,信息可以被所有节点所共享,这是在具有群落和派系特征的网络结构中不可能实现的。第二,网络密度大有利于形成共有的行为规范。每个节点都在试图塑造"守规矩"的形象,从而希望被其他节点所接受。节点之间进行广泛的联结,这容易形成和传播行为预期,久而久之,在一个高网络密度的利益相关者网络中,每个节点的行为都有趋同效应。高网络密度带来的两个结果——有效的信息沟通和共有的行为规范,这对系统集成商影响很大。因为存在利益相关者共同认可的行为规范,所以当系统集成商想在利益相关者中寻找同盟者以对抗其他利益相关者或者系统集成商希望"拉一帮打一帮"时,会发现利益相关者不愿意配合,这对系统集成商的行为产生了很强的约束作用。另外,高网络密度使利益相关者对系统集成商的监督更为有效,因为高网络密度使信息交流更为顺畅,当利益相关者发现系统集成商存在不符合期望的行为时,利益相关者更容易形成联盟,这给系统集成商造成了很大的外部压力。

总之,在有核紧密型网络中,利益相关者可以约束系统集成商的行为,系统集成商也可以反抗利益相关者的约束行为,结果就是,任何一方都可以影响另一方的行为。根据资源依赖理论,组织决策者偏好在一个确定的、稳定的和可预期的环境下做决策。因此,在有核紧密结构下,系统集成商与利益相关者一般会通过协商以减少不确定性。

(2)无核紧密型。无核紧密型也可称为低中心性高密度结构型网络,是指系统集成商处于利益相关者网络的非中心位置或边缘位置,同时,利益相关者网络密度又较大。

高密度结构使利益相关者之间的沟通更为顺畅。系统集成商因为处于边缘位置,不能影响信息与资源的流动与交换过程,因此,系统集成商处于弱势地位。在利益相关者网络结构中,各利益相关者所拥有的权力与其自身接近信息和资源的能力有关,一个处于边缘位置的系统集成商,由于其接近信息和资源都异常困难,所以权力很小。在此种结构下,系统集成商只能服从于或从属于具有良好沟通结构的利益相关者,按照这些利益相关者的已经建立起来的行为规范或者期望行事,处于从属位置的系统集成商不可能反抗这些利益相关者的压力。以C919大飞机研发为例，2008年中国商用飞机有限责任公司（以下简称中国商飞）成立，负责C919的研发和生产，在中国商飞构建起的利益相关者网络中，既有实力雄厚的西飞、沈飞等国内公司，也有处于全球垄断的霍尼梅尔、汉威等国外公司。2008年前，西飞、沈飞等国内企业已经与霍尼梅尔、汉威等公司建立了紧密的合作关系，中国商飞虽是系统集成商，但在利益相关者网络中处于非中心位置。2008年至2012年间，由于受经济危机影响，世界航空市场萧条，各主要供应商看到了中国市场的巨大吸引力，因此，积极配合中国商飞的研发计划。但是，2012年后，世界航空市场开始复苏，各主要供应商，尤其是国内供应商把研发力量投入波音、空客等公司的订单中，中国商飞多次试图改变这种情况，但都无果而终，致使C919整机组装和试飞时间一推再推。

（3）有核松散型。有核松散型也可称为高中心性低密度结构型网络，是指系统集成商处于利益相关者网络的中心位置，同时，利益相关者网络密度又很小。

低密度网络结构阻碍了信息的流动，不利于利益相关者对系统集成商的监督，更难以形成共有的行为规范。同时，网络中心位置赋予系统集成商更多的操作空间和更少的外部约束，系统集成商不仅能够抵抗来自利益相关者的压力，而且有利于系统集成商引导利益相关者行为。长期博弈的结果就是，权力向系统集成商逐步集中，最终，系统集成商成了"发号施令者"，极力地想控制信息的流动，极力地引导利益相关者的行为，极力地同化利益相关者。当面对系统集成商的压力时，在松散结构下，利益相关者很难联合起来。此时，利益相关者是被动的和无力的（Minitzberg，1983），零散的利益相关者或呈块状分布的利益相关者群体不能对系统集成商施加统一的压力。（Jacob，1974）

现实中有核松散型网络结构十分常见，沃尔玛利用自己零售业霸主地位，不断压低采购价格，虽有极少数量的制造商出来反抗，但是由于孤立无援，最终被沃尔玛踢出供应商名录。在这种情况下，其他的利益相关者即使无奈，也要按照沃尔玛的要求降价。中国高铁建设也是这方面的典型代表，最近几年中国高铁迅猛发展，发展速度令世界震惊，在这涉及上千家企业的利益相关者网络中，原铁道部（现更名为中国铁路总公司）无疑处于网络的中心位置，其他企业零散地分布于原铁道部的周围。在推进高铁建设过程中,原铁道部以自身的政治和经济资源,迅速而强有力地整合众多的企业资源,让这些企业按照原铁道部的总体进度计划安排企业的科研和生产工作。在铁路这样相对封闭的系统中,原铁道部具有绝对优势,可以整合分散资源,这是我国高铁取得成功的关键因素[①]。

(4)无核松散型。无核松散型也可称为低中心性低密度结构型网络,是指系统集成商处于利益相关者网络的非中心位置或边缘位置,同时,利益相关者网络密度又很小。

无核松散型网络结构对系统集成商有很大影响,具体表现在以下几个方面。首先,由于不能占据影响其他利益相关者的重要网络位置,因此,系统集成商也就无法建立和实施统一的行为规范。其次,由于利益相关者的联结是松散的,所以系统集成商面临的利益相关者的压力也会很小。最后,由于信息不能在整个利益相关者网络中无障碍地流动及利益相关者对系统集成商的监督也很困难,系统集成商的一些行动可能不会被利益相关者所注意。换句话说,由于系统集成商与其他利益相关者联结较少,系统集成商的行动是不易被察觉的。

一个处于松散网络边缘的系统集成商有可能和有能力采取相对孤立的行事风格,避免企业信息过度地被披露,这也避免了股东、政府等利益相关者对企业经营事项的不必要干预。(Oliver,1991)例如,因为德国很多家族企业不通过股市融资,所以德国企业比美国企业受到的外部干预要少得多,可以有效排除外部干扰,追求更长远的战略目标。需要说明的是,系统集成商无论如何都需要与利益相关者发生联系以获得必要的资源,所以孤立状态很难保持较长时间。过度地追求孤立只有在极少数特殊情况下才会发生,例如,航天、军工等特殊行业,在凝神聚力发展特定项目时,如发射卫星,才会减少与外界的联系,专注于攻克核心技术。除此之外,过度地追求孤立不仅会抑制系统集成商的未来发展而且不利于系统集成商的内部稳定。

综合上述,把利益相关者网络的三要素(主体、资源、行为)和结构类

---

① 详见路风教授撰写的报告《中国高铁 10 年发展:以市场换技术说法不符事实》,《瞭望》,2013 年 12 月 2 日,http://news. xinhuanet. com/politis/2013-12/02/c 125792582. htm。

型的理论阐述和推演，运用于 CoPS 创新情景下的风险研究的逻辑思路
如图 3-5 所示。

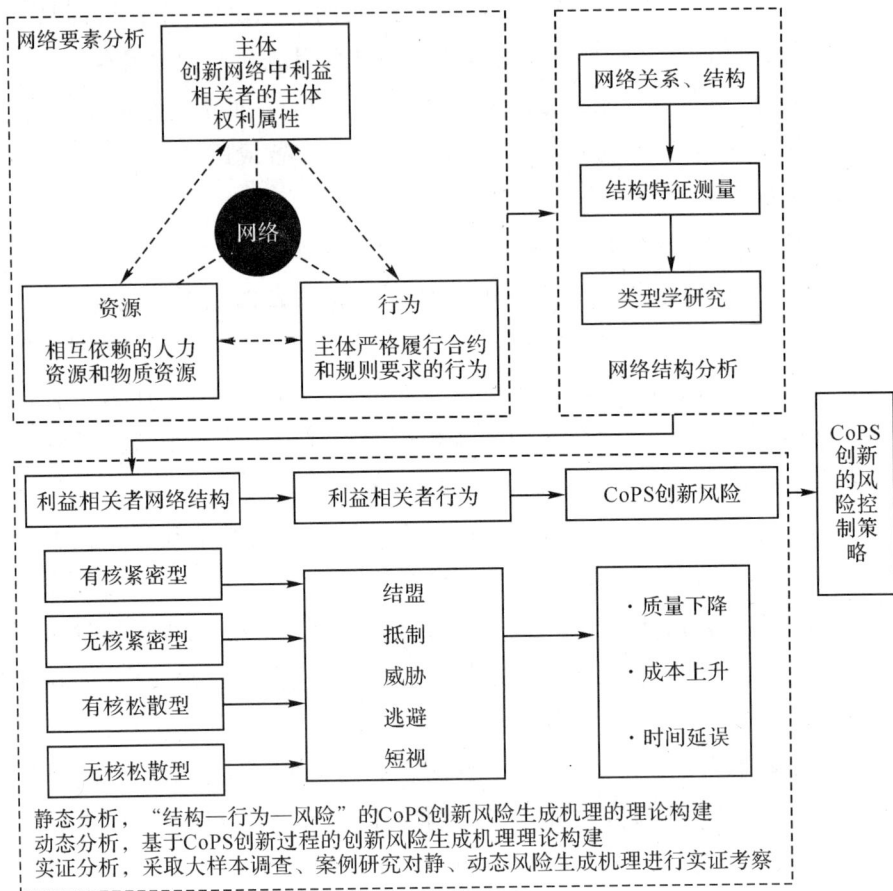

图 3-5 本书的逻辑思路图

第4章　基于利益相关者权利关系的 CoPS 创新风险生成机理[①]

本章综合利益相关者理论、产权理论和交易成本经济学,构建起"权利关系—机会主义行为—CoPS 创新风险"理论模型,采用问卷调查方法,运用结构方程模型(AMOS)和层级回归模型(SPSS),对客户、员工和分包商三大利益相关主体分别开展实证检验。本章从利益相关者主体权利属性角度研究了 CoPS 创新风险的生成机理,是本书后续研究的逻辑起点。

4.1 初始模型构建

4.1.1 逻辑推演

CoPS 本质特征在于其复杂性(Davies et al.,2005;Hobday et al.,1999),其内嵌技术众多且系统集成对软件应用水平要求极高(盛亚等,2011)。CoPS 中的许多零部件和子系统需要定向研发和生产,这可能提高研发成本,更可能增加风险。此外,CoPS 的生产特征是单件或小批量的模块化分包生产,由于高度定制化,CoPS 的研发和生产往往融合在一起,研发的成功也就意味着生产的结束,整个系统也只能采取单件或小批量的生产方式。(陈劲,2007)由于产品的高度复杂性,现实中为降低复杂性多采用"模块化分包"的生产方式(肖灵机等,2010),系统集成商拿到CoPS 项目后,将根据客户需求设计总体方案对整个项目进行系统模块分解,并寻找相应分包商完成具体模块。系统集成商作为分包商的客户,将与分包商一道共同完成"客户"交予的模块生产任务。

[①] 本章部分研究成果参见盛亚、王节祥:《利益相关者权利非对称、机会主义行为与 CoPS 创新风险生成》,《科研管理》2013 年第 3 期,第 31—40 页。

利益相关者机会主义行为是风险生成的关键问题所在。如第 3 章所述，以往 CoPS 创新风险的研究思路是关键影响因素研究（Ren et al.，2006），较多考虑外部环境等客体因素给 CoPS 创新所带来的影响。但是，外因是事物发展的外部条件，是第二位的原因，内因才是第一位的。工程项目管理实践早已达成共识，"人"是影响工程项目绩效的第一因素。(Kerzner，2013)汉森等(1998)、霍布戴等(1999)等的经典研究中就曾指出，多主体目标不一致性及由此所导致的行为是问题产生的根源所在。实际上，在涉及多利益相关者的创新中（如研发联盟、合作创新等），机会主义行为是一个无法回避的问题，大量实证研究证实，机会主义行为是影响合作创新绩效的关键所在。(Das et al.，2010；Luo，2007)

利益相关者理论是关注多主体行为分析的理论（Freeman，1984；Freeman et al.，1990），它认为利益相关者行为是由利益相关者自身权利关系所决定的。利益相关者向企业投入专用性资产，因此应该享有相应利益，而利益需要权力作为保障，所以各利益相关者权利应该处于对称状态。(盛亚等，2009)当权利关系处于不对称时，利益相关者出于利益诉求，将利用自身权力做出相应追求自身利益的行为，而这一行为符合威廉姆森所说的机会主义行为的定义，"一种基于追求自我利益而采取的狡诈式策略行为"（Williamson，1975）。由此，从问题出发，作者逆向构建起"CoPS 创新风险—机会主义行为—利益相关者权利关系"的风险生成逻辑机理。

4.1.2 变量定义

在理论模型构建之前，本书需要对"权利关系""机会主义行为"和"CoPS 创新风险"给出的具体定义。

（1）权利关系。本章所指的权利关系来自利益相关者理论，利益相关者理论认为，"利益—权力"是利益相关者的基本诉求，而权利（利益—权力）对称配置方能带来高效率。(Freeman，1984；Milgrom et al.，1992)对于利益—权力的来源，传统利益相关者理论认为，各利益相关者向企业投入专用性资产，由此成为企业产权所有者，而产权是剩余索取权和剩余控制权的统一。因此，从产权理论角度看，利益—权力近似地对应于剩余索取权—剩余控制权。但是深入分析"权利"的定义不难发现，权利具有关系属性。资源依赖理论认为，关系双方依赖不对等时，一方将对另一方产

考虑。案例研究所选案例应具有非同寻常的启发性,或是极端的范例,或是其研究机会难得(Yin,2009),两个项目都符合 CoPS 特征,并且项目延期较长(咸阳项目一年半,印度项目在本研究完成之前未执行完毕),成本较原计划大幅提升,因而以此为研究对象有充分的素材可以挖掘。②调研便利,研究者所在研究团队与 H 公司和 X 公司前期有一定的关系基础,这有利于案例访谈和资料获取。

(3)数据收集方法。案例研究数据来源于文献、档案记录、访谈、直接观察、参与性观察和实物证据六个方面。考虑到企业生产经营的特殊性及作者专业、时间精力的限制,本研究不采取实地观察的方法,主要通过文献资料搜索、档案记录和访谈来收集数据。①文献资料搜索。通过搜索网站资料、相关新闻报道及前人研究来收集案例背景材料,为案例的深入访谈做准备工作,并对结论给出一些表层的印证。②档案记录。主要来自企业的财务报表、项目合同等资料。其中,财务报表来自上市公司年报,这些资料能够提供一些关于项目的定量描述和项目执行效果的信息。③访谈法。在文献梳理的基础上,形成了初步的概念模型,并以此为基础设计了访谈提纲(参见附录 1),开展了多次半结构化访谈,每次访谈前,都会征求被访者意见,如果被访者不反对,会对每次访谈过程进行录音。

(4)数据分析方法。在数据收集后,对数据进行初步分析和深入分析,其中初步分析是对原始资料的整理,主要包括填写接触摘要单(参见附录 2)和访谈札记的编码。①接触摘要单。接触摘要单是对访谈过程的一个概括,研究者依靠记忆,将现场接触的主要问题及其回答填入其中。(Miles et al.,1994)为了保证访谈资料的准确性,必须在每次访谈后的 24 小时内填写访谈接触摘要单。②扎根理论编码方法。扎根理论编码方法区别于扎根理论研究方法,扎根理论研究方法由 Glaser 和 Strauss 于 1967 年率先提出,目的在于平衡极端实证主义与完全相对主义,“扎根精神”的实质体现于“理论源于实践”的思想,因而扎根理论要求作者在事先抛开对事物的任何认识,完全从实际出发建构理论,因而事先不应存在理论模型。扎根理论编码方法则是扎根理论研究方法中处理数据的具体技术,包括开放式编码、主轴式编码和选择性编码三个步骤。近来研究的一个趋势是将扎根理论编码方法运用于案例研究数据处理中,以提高案例研究数据处理的可信度和可复制性。(张霞等,2012)

4.2.2 H公司空分设备咸阳项目案例

(1)案例基本信息。H公司是Z集团有限公司分立式改制设立的国内最大的空分设备和石化设备开发、设计、制造成套的企业，以设计、制造、销售大、中型空分设备、石化设备及销售工业气体为核心业务。H公司咸阳项目是在陕西咸阳承建的一个2套4.3万等级的空分设备，总价约1.2亿元。

项目客户是L公司，合同于2009年初签订，规定2009年12月交付使用。从项目准备、投标到合同签订由销售部指派专人负责，研究设计院负责技术支持，合同签订后再由研究设计院制订具体的技术方案交由生产工厂开展生产。以款项支付进度为依据，整个项目划分为四个阶段：预付款阶段（付款30％后进行模块开发生产）、进度款阶段（付款30％后公司对产品集成联调准备交付）、货款阶段（付款30％，交付设备给用户）和质保阶段（质保金10％）。合同签订后，H公司根据客户需求对项目进行了模块分包，将40％～50％的工程量外包。由于客户、分包商和员工的各种原因，这一项目成为公司的"烂尾"项目，原定于2010年初完工的项目到2012年6月都未彻底执行完毕，约有20％的货款未支付，整个产品的实际制造能力只达到了设计时的50％，H公司也由于项目工期的拉长造成了大量损失。

围绕项目基本情况、项目风险（成本、工期和质量）情况和项目风险发生前后经过及原因，我们对相关人员进行访谈，将形成的访谈材料和收集的二手资料整理成文本资料，并对这些资料进行编码化处理。

(2)开放式编码（Open Coding）。开放式编码主要是将资料分解、提炼、概念化和范畴化的过程[①]。（Srauss et al.，1998）本章通过对搜集资料的分解提炼，从资料中抽象出78个概念（Concepts），并再次对这些概念进行相互比较，按照逻辑关系归纳整理为32个范畴（Categories）[②]，表4-2

[①] 在具体编码指导上，本章参照该书的中译本（繁体），2001年由我国台湾地区中正大学吴之仪和廖梅花翻译，涛石文华事业有限公司出版。

[②] 也有译为"类别"，下文主范畴与副范畴也有翻译为主类别和次类别，本章参照周江华等（2012）的译法。

汇总了几个开放式编码的示例。

表 4-2　开放式编码示例

典型引用	概念化	初始范畴
上这个项目的时候，国内甲醇项目特别好……拿下项目后开始订货赶上国内材料价格上涨……甲醇项目不景气……（国内销售负责人）	市场行情	外部环境
确实有这方面原因，因为我们的激励只是跟订单挂钩，而具体执行得如何就不怎么重要了，干不干也就无所谓了……（生产部门负责人）	项目制激励不足	员工激励
一开始设备没给他们的时候他们会跟你说，你们把设备拿过来吧，我们这边资金很充足，实际上他们资金根本不充足（国内销售负责人）	隐瞒信息	客户行为
其实一般来说公然违背合同的情况不多，但那么大的系统，你要挑几个小毛病进而拖延货款就是很容易的事了，褪色了也可以算是毛病……（研究设计院副院长）	挑毛病	

　　（3）主轴式编码（Axial Coding）。主轴式编码的目的是将在开放式编码中被分割的资料再加以类聚起来，主要是发现和寻找范畴之间的逻辑关联。（Srauss et al.，1998）例如，原材料价格上涨，客户资金不足，为了防止 H 公司借口延迟交货，客户隐瞒了这一信息，等交货后才告知 H 公司无法付款，进而致使 H 公司蒙受资金损失。因此，外部环境、客户行为等范畴可以归结为机会主义行为。依此，最终将 32 个范畴归纳到 6 个主范畴当中，详见表 4-3。

表 4-3　主轴式编码结果

副范畴	主范畴
买方市场、供应商替代性、员工沟通重要性等	主体权力
订单式激励、项目制激励缺乏、知识产权独享等	主体利益
关系持续时间、合同明确程度、合作次数等	关系强度
供应商研发，供应商选型、开发与应用分离	技术成熟度
显性机会主义行为、隐性机会主义行为	主体机会主义行为
成本上升、工期延长、质量下降等	项目风险

　　（4）选择式编码（Selective Coding）。选择式编码主要是选择核心范

畴,将其系统地与其他范畴予以联系。核心范畴的选择是关键,案例访谈中如下现象值得关注:①客户行为——条款苛刻、隐瞒信息。在合同签订并开始实施时,H 公司就知道执行项目将十分困难,原因在于这是一次"不对等"的签约,咸阳项目是国内这一行业内的超大型项目,多家公司(包括国际产业巨头)参与投标,竞争激烈,客户方 L 公司则是这一设备需求的大客户之一。在这一博弈过程中,客户方 L 公司处于明显的权力优势地位,因而制订了条件极为苛刻的合同条款。此外,客户还存在隐瞒信息行为,在该项目实施过程中,客户始终向 H 公司声称自身资金充足,让 H 公司加快生产进度,一定按期支付阶段货款。但当 H 公司加快生产进度,提前交付设备后,L 公司的货款(第 3 阶段款项)却迟迟不肯支付。这种隐瞒信息行为的原因在于一旦公司告知客户资金紧张信息,其自身又没有设备生产的控制,H 公司必然会做出对客户不利的调整,实际上是出于利益—权力考量,但这类隐瞒信息行为给 H 公司整个项目的资金链和成本控制造成很大影响。②员工行为——追求数量忽视质量。在项目的具体实施过程中需要公司内部的销售、研发和生产员工共同协作,员工对于项目执行的成败影响很大,享有一定的控制权。H 公司实行销售部专人跟踪,但是在访谈中注意到 H 公司并没有针对项目制的激励机制,员工年终考核会将参与项目数和金额纳入考核,但并不考核项目绩效,这导致员工特别追求项目数量,而相对忽视项目执行。最明显的问题在于项目执行到生产阶段,生产部门需要与客户沟通,但这需要通过销售部项目专员进行中间协调,而此时项目专员的权力大于利益,在缺乏激励的情况,往往会出现怠工行为,这将给项目执行带来很大风险。

　　通过上述分析,已经清楚的是利益相关者机会主义行为将引发 CoPS 创新风险的发生,而这种行为发生背后的驱动机制则是主体的利益—权力考量。由于各种外部条件的改变,导致利益相关者权利关系处于不对称状态,各利益相关者为追求自身收益将做出不利于项目整体的行为即机会主义行为。(Williamson,1975)由此选择核心范畴"CoPS 利益相关者权利不对称—CoPS 利益相关者机会主义行为—CoPS 创新风险"将研究资料逻辑串联,整个案例编码的过程和结果如图 4-2 所示。

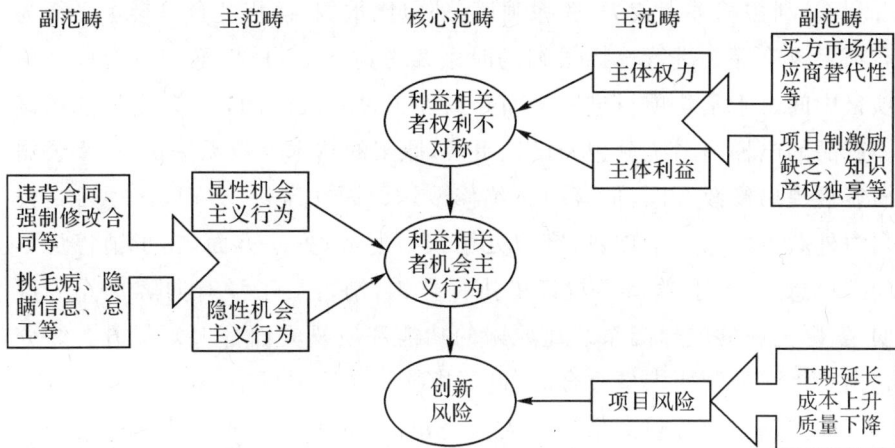

图 4-2　H 公司案例的编码过程与结果

4.2.3 X公司大型电梯印度项目案例

多案例研究的挑战是在限定的篇幅内展示研究内容,对每个案例进行完整连贯的分析不大可行,原因在于可能引发理论埋没和文章长度急剧膨胀的问题。解决的方法是分段形成理论,即理论命题可以得到某一案例的一些资料支持即可。(Eisenhardt,1989)鉴于此,X公司大型电梯项目案例研究将注重突出重点,适当简化内容。

X公司是世界最大的电梯、自动扶梯和自动人行道制造商、安装商和服务商之一,公司目前产品覆盖全球 70 多个国家,公司拥有 48 亿元资产和 3 700 余名员工。印度项目是公司海外签订的第一个总额超过千万元的项目,25 台电梯,单价为 50 万元,合计 1 250 万元。电梯是专门为印度地铁系统服务,由于地质条件等因素,导致电梯在占用空间和安全系统等技术参数上具有极大的定制化特点,需要定向研发。合同签订时间是 2007 年 12 月,约定交货时间是 2008 年 11 月,2009 年初进入试运行。截至 2012 年底,该项目仍未执行完毕,仅在汇率差价方面就给企业带来巨大损失,导致项目成本大幅上升。

从项目风险入手,将二手数据和访谈材料整理为文本资料,进行开放式编码、主轴式编码和选择式编码化处理。开放式编码从文本中得出 57 个概念,划归为 25 个范畴。主轴式编码得到 6 个主范畴,包括利益相关者利益、利益相关者权力、关系强度、外包比重、利益相关者机会主义行为和项目风险等。进行选择式编码时主要考虑：①客户拒绝修改合同。该项目中间由于基建项目进度慢而导致停工过一段时间，复工后X公司该类产品的电梯门系统分包商已经更换，原来的技术参数无法执行，X公司向客户提出修改合同，但客户拒绝修改。原因在于：一方面，该项目是公司海外获得的第一个项目，客户处于权力优势；另一方面，在于销售员工的消极怠工，由于激励不与订单执行挂钩，销售员工没有向客户充分说明，实际上新的电梯门系统比原来的功能和质量方面都大幅提升。②分包商行为。强制要求更改合同、追要货款。在该项目中，X公司合作的电梯安全控制系统分包商是一家大型公司，但其生产主业并非电梯安全控制系统，而是汽车安全控制系统。由于该公司高层和战略变动，他们决定收缩这块业务，加上材料价格上涨，该公司单方面向X公司提出涨价要求，否则停止合作。这一要求是提前3个月提出的，符合事前合同的规定。但是由于X公司前期意识不足，并无该安全控制系统分包商储备，最后虽寻找到新的合作伙伴，但大大增加了项目成本且质量大不如前。分包商的行为本质原因在于其在与X公司的权力博弈中占据优势，从而会做出对X公司不利的行为。此外，客户给集成商货款（第3阶段），集成商向分包商付全款是行业内"约定俗成"的规范，但项目中某一模块分包商，却在整个项目尚未交付，X公司未拿到客户货款的情况下，强制要求付款，给集成商造成一定损失。该模块分包商此行为是因为该模块分包商前期与X公司并无合作，其自身预期无法获取长期合作收益，因而做出短视行为。由此选择构建起"CoPS利益相关者权利不对称—CoPS利益相关者机会主义行为—CoPS创新风险"的逻辑链，编码结果如图4-3所示。

4.2.4 跨案例分析与模型修正

结合案例分析材料、编码结果与相关理论，本章可初步形成三个命题。

命题1：利益相关者权利不对称时将做出机会主义行为。

交易成本经济学认为，专用性资产是机会主义行为（如敲竹杠）发生的主要原因。但从调研中发现，专用性资产投入普遍存在（垫资、关系维

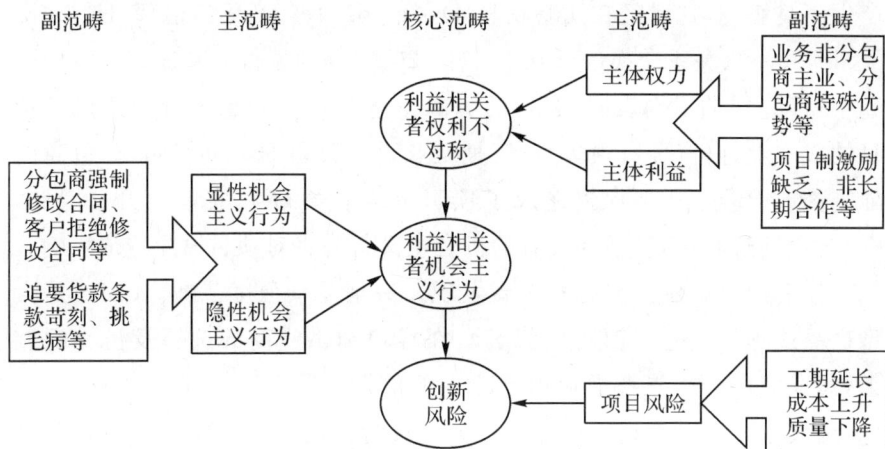

图 4-3　X 公司案例的编码过程与结果

护等),机会主义行为并没有普遍发生。这一结论实际上与近来对交易成本经济学"专用性资产—机会主义行为"提出质疑的相关研究相符。(Lui et al.,2009;Werder,2011)通过对 H 公司案例的客户、员工机会主义行为和 X 公司案例分包商机会主义行为的分析,可以看出,权利不对称是触发机会主义行为的直接原因。

命题 2:机会主义行为可以划分为显性和隐性两大类。

我们通过案例分析发现,"行业公认""约定俗成"等词经常为被访谈人所提及,这实际上就是理论研究中提到的"关系规范"和"非正式契约"。(Carson et al.,2006)案例中发生较多的是违反关系规范这类非正式契约的行为,因为与正式契约相比,它缺乏惩罚机制。通过文献对接,作者发现有学者根据契约形式将机会主义行为划分为强形式和弱形式两类(Luo,2006;刘婷等,2012),受 Niesten et al.(2012)最新研究中使用"Revealed Opportunistic Behavior"概念的启发,本章认为,将机会主义行为划分为显性机会主义行为与隐性机会主义行为,显得更加形象具体。此外,通过对 H 公司和 X 公司的案例分析,可以看出,隐性机会主义行为(如怠工、威胁、隐瞒信息)发生更为频繁,当隐性机会主义行为无法改变利益格局时,利益相关者将采取显性的机会主义行为(如强制修改合同)。

命题 3:利益相关者机会主义行为将造成 CoPS 创新风险。

机会主义行为是一种追求个体私利的行为,这种行为将对共同利益产生不良影响，这已经在战略联盟(Das et al.,1996)、渠道治理(Hawkins et al.,2008)、关系交换(Crosno et al.,2008)等领域得到验证。在案例研究中，H公司的案例表明，客户的隐瞒信息和员工的怠工行为造成了项目的成本上升(资金链损失)和工期延长。X公司的案例表明，分包商的强制修改合同、追要货款造成了项目的质量下降和成本上升。因此，CoPS创新过程中，利益相关者的机会主义行为将对项目风险造成影响。

作者通过案例研究有两个新发现。一是关系强度范畴。CoPS是大型产品或项目，为了有效降低风险，在客户和供应商的选择及员工配置上，集成商都会优先考虑运用已建立的前期信任关系和员工管理经验。(吴绍波等，2008)权利不对称对机会主义行为的作用可能受到以往关系强度存量的影响，如案例研究中关系强度弱的分包商往往会出现短视行为(X公司案例)。由此认为，集成商与利益相关者历史合作存量——关系强度在权利不对称和机会主义行为之间起到调节作用，影响权利不对称对机会主义行为的作用。二是技术成熟度和外包比重范畴。对H公司案例编码后，得到技术成熟度范畴，技术成熟度源于被访谈者经常提到的"首台套"概念。公司极为重视"首台套"产品，国家也有相关补贴，但技术成熟度高低对CoPS风险发生可能影响很大。对X公司案例编码后得到外包比重范畴，与以往项目相比，此次客户指定了很多公司无法自行完成的模块参数，导致公司外包业务比重加大，风险也相应增大。由此可见，技术成熟度、外包比重等变量将对CoPS创新风险产生影响，研究时应当予以考虑。

通过上述分析，将案例分析结论与初始模型相比较，现做出三点修改：①将机会主义行为划分为显性机会主义行为和隐性机会主义行为。其中，显性机会主义行为是指违背正式契约的行为，隐性机会主义行为是指违背关系规范等非正式契约的行为。②将案例分析中得出的主范畴关系强度引入模型，作为权利不对称与机会主义行为的调节变量。③考虑控制变量的影响，如技术成熟度、外包比重等。通过如上修改，得出本章的概念模型，如图4-4所示。

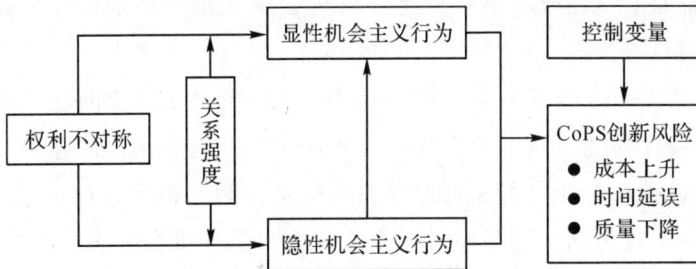

图 4-4 修正后的 CoPS 创新风险生成机理模型

4.3 研究假设、数据收集与初步分析

基于理论探索部分对 CoPS 创新主要利益相关者的界定（曹智等，2011）及案例分析的实际情况，本章确定客户、员工和分包商作为主要利益相关者，构建统一模型并分别实证。

4.3.1 研究假设

（1）权利不对称与机会主义行为。利益相关者理论认为，利益相关者"利益—权力"结构应该对称配置（Freeman，1984；Freeman et al.，2010），产权经济学亦认为，权利对称配置方能使效率最大化（王雷等，2008）。当权利不对称时，利益相关者将做出威胁（Savage et al.，1991）、逃避责任、拒绝修改合同（Wathne et al.，2000）、抵制（Hendry，2005）等机会主义行为。如果将机会主义行为划分为显性机会主义行为（违背正式合同）和隐性机会主义行为（违背非正式契约），那么可以得出如下假设：

H_{1a}：权利不对称与显性机会主义行为正相关；

H_{1b}：权利不对称与隐性机会主义行为正相关。

（2）机会主义行为与 CoPS 创新风险。CoPS 创新风险是指 CoPS 生产过程中的质量下降、成本上升和时间延误。机会主义行为则是 CoPS 创新参与主体从自身利益出发做出有损他人的行为。例如，中断资源供应、限制供应和退出合作等。（Frooman，1999）主体行为协调不一致必将对 CoPS 产品或项目的最终结果产生不利影响，正如联盟成员机会主义行为会对联盟绩效产生不利影响一样（Das et al.，1996；Das et al.，

2010)，而如上所述权利不对称是导致机会主义行为的前因。由此，得出如下假设：

H_{2a}：显性机会主义行为在权利不对称与CoPS创新风险间起中介作用；

H_{2b}：隐性机会主义行为在权利不对称与CoPS创新风险间起中介作用。

（3）显性机会主义行为与隐性机会主义行为。根据违背合同的类型，将机会主义行为划分为显性机会主义行为和隐性机会主义行为。两类机会主义行为之间并非毫无联系（Luo,2006），强形式（显性）机会主义行为并非马上发生，合作双方往往会经过一定的前期工作如谈判和威胁等弱形式（隐性）机会主义行为来力求保障自身权利以获取预期。因此，得出如下假设：

H_3：隐性机会主义行为与显性机会主义行为正相关。

（4）关系强度、权利不对称与机会主义行为。关系强度的概念来源于社会学，特别是社会网络研究。格兰诺维特（1985）将这一概念推向研究前沿，他将关系强度解释为一种人与人、组织与组织由于沟通和接触而形成的一种纽带联系。现有研究大多遵循其研究思路，分析强弱关系对资源获取、技术创新等的影响。（Peng et al.,2000；潘松挺等,2010）由于概念定义的适用性，随后关系强度被大量引入组织间合作绩效研究及雇员与企业之间关系研究。（Herington et al.,2005）国内学者也将关系强度运用于企业间合作和渠道治理研究中（姜翰等,2008；庄贵军,2012），研究结论表明，由于关系承诺和信任的作用，关系强度将对机会主义行为起到遏制作用。由此，得出如下假设：

H_{4a}：关系强度减弱权利不对称对显性机会主义行为的影响；

H_{4b}：关系强度减弱权利不对称对隐性机会主义行为的影响。

汇总后的研究假设如图4-5所示。

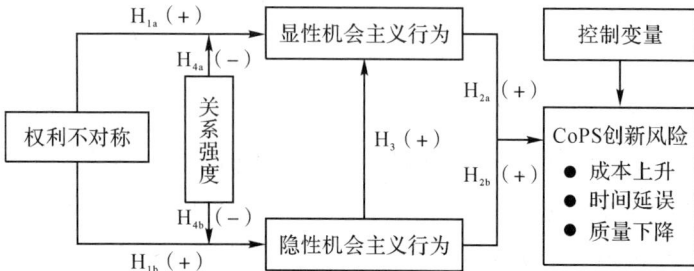

图 4-5　研究假设

4.3.2 研究设计

(1)变量测度与问卷设计。本章统计分析主要涉及的变量包括权利不对称、机会主义行为、CoPS 创新风险和关系强度,鉴于涉及权力、行为等较难量化的指标,因而采用 Likert 5 级量表的方法,界定数字 1～5 表示完全不同意(不符合)过度到完全同意(符合)的 5 种不同程度,其中 3 为中性标准(一般)。本章采用 5 点量表而没有采用 7 点量表的原因在于 5 点量表较为简单,对于程度的判断较为明确,有利于受访者填写问卷。下面将对这些变量逐一进行操作化定义。①权利不对称。权利包含利益和权力,不对称是一个程度变量,其度量采用理论界的一贯做法即两者差值的绝对值(王凤彬等,2012),因而该变量的测度实际上是利益相关者利益和权力的测量,国内外相关研究对此已有较为成熟的量表。本章主要参考 Karlsen(2002)、陈宏辉(2003)、江若尘(2006)和盛亚等(2011)所使用的成熟量表,分客户、员工和供应商三类利益相关者,各利益相关者利益和权力形成四个题项。②机会主义行为。机会主义行为概念在管理学领域被广泛研究,并已形成成熟量表。(Peng et al.,2000)本章参考贾奇(Judge)和杜利(Dooley)(2006)、Luo(2007)及刘婷等(2012)论文中所使用的量表,对显性机会主义行为和隐性机会主义行为分别形成四个题项。③CoPS 创新风险。CoPS 是复杂的大型产品或项目,其风险损失的最终主要体现于成本、工期和质量三个方面。(谢科范,1999;Chang et al.,2007)基于此,本章采用质量下降、成本上升和时间延误三个题项测量这一变量。④关系强度。关系强度的经典测量是格兰诺维特(1973)提出的四个维度,即关系时间、情感强度、亲密强度和互惠程度,后续研究学者根据各自研究需要也采用了一些新的测量方法。(Hausman,2001)鉴于本章使用的关系强度并不是习惯使用的关系强度,而是其最本质的定义,即人与人、组织与组织间的亲密程度,并将其作为合作各方前期已形成的一个存量。为了提升衡量的准确性,采用客观指标来衡量关系强度,结合 Reagans et al.(2003)、姜翰等(2008)研究所采用的量表,选取关系持续时间、合作次数(对于员工则是参与项目数)和以往合作满意度三个指标来衡量关系强度。⑤控制变量。本章多元回归分析中还考虑了一些控制变量,案例研究中得出的控制变量包括外包比重和技术成熟度由于技术成熟度测量体系十分复杂（王刚等，2012），鉴于本章重点并不在此，故不予考虑。选取行业类型、项目规模和外包比重作为控制变量，行业类型主要涉及机械制造、电力化工等六类，项目规模以项目合同金额为准，外包比重则以外包业务金额占项目总金额的百分比来衡量。

上述变量操作化定义虽均来自于较为成熟的量表，但运用于新的情境必然需要做出适当调整。调整过程需经过如下步骤：①结合访谈调研，对问卷进行修改，使其更加口语化以适用于 CoPS 创新调查；②团队讨论，在文献阅读和企业调研基础上，作者通过小组汇报、个人交流等多种方式对问卷进行修改和完善；③预测试，在大范围问卷发放之前，进行了问卷小范围投放测试，回收了 35 份有效问卷，作者结合受访者填写时所遇到的问题及回收问卷时所反映的问题，进一步对问题表达方式进行了口语化处理，并在此基础上形成调查问卷（参见附录 3）。

（2）数据收集。调研对象是具体的 CoPS 创新项目，重点调查参与项目主体（客户、员工和分包商）的权利和行为。在项目选择上，设定如下条件：①以单件或小批量定制的方式进行生产或服务，实行项目制管理；②单件产品价格高（万元级）、技术复杂（有软件控制系统），项目订单执行需要较长时间（1 个月以上）才能完成。在人员选择上，填写人员应该是 CoPS 企业参与项目的研发、生产或销售人员，最好担任管理职务。在样本量的确定上，考虑将采用结构方程模型（Structural Equation Modeling, SEM）分析方法，样本量应至少大于 100（Boomsma，1982），Rigdon（2005）则认为，观测变量超过 10 个，样本量应大于 200 个。本章研究中观测变量个数大于10，因此样本量应大于 200 个，以提高统计检验稳定性。（吴明隆，2009）

问卷发放时间是 2012 年的 7—9 月，采用邮件与实地发放相结合的方式，通过以下三种渠道在浙江、安徽、江苏和广东等省市合计发放问卷380 份，回收问卷 214 份，回收率为 56%。①前期调研企业。作者前期对杭氧股份、西子奥的斯、浙大中控和海亮集团等企业开展了调研，通过这一渠道发放问卷 80 份，回收 65 份；②团队成员社会关系网。作者所在研究团队的导师和具有相关工作背景的博士生协助发放问卷 150 份，回收83 份；③同学和朋友所在企业。通过这一渠道发放问卷 150 份，回收66 份。

4.3.3 数据初步分析

（1）信度与效度检验。如前所述，回收问卷 214 份，剔除质量较差的问卷（缺失值较多、选项单一重复等）11 份，剩余样本总量 $N=203$，样本分布情况如表 4-4 所示。

表 4-4　研究样本基本分布（$N=203$）

指　标	类　别	样本数	百分比（%）	累计百分比（%）
行业类型	机械制造	58	28.6	28.6
	电力化工	36	17.7	46.3
	建筑工程	24	11.8	58.1
	交通运输	15	7.4	65.5
	通信软件	37	18.2	83.7
	其他	33	16.3	100.0
项目规模	小于 1 万元	0	0.0	0.0
	1 万～100 万元	20	9.9	9.9
	101 万～500 万元	45	22.1	32.0
	501 万～1 000 万元	33	16.3	48.3
	1 000 万元以上	105	51.7	100.0
外包比重	0%～20%	51	25.1	25.1
	21%～40%	63	31.1	56.2
	41%～60%	52	25.6	81.8
	61%～80%	30	14.8	96.6
	81%～100%	7	3.4	100.0

信度与效度检验是实证研究的重要环节，信度指测量结果的稳定性，效度指测量结果的准确性，只有满足信度和效度要求的实证分析结论才具有说服力。①信度检验的方法主要有 Cronbach's α 系数法、折半信度、Guttman 模型法等，其中以 Cronbach's α 系数法最为常用，因为其比较适用于态度、意见式量表的信度检验。α 系数介于 0～1 之间，值越大，信度越好。通常 α 系数大于 0.7 表明信度较好，0.5～0.7 之间则是可接受

的,低于 0.35 则应该放弃。(李怀祖,2004;吴明隆,2009)②效度检验一般包括内容效度和建构效度两个方面。内容效度指的是所用测量题项是否适合所需要了解问题的测量,本章参考了领域内相关研究成果的成熟问卷设计,并结合实地调研和团队讨论(研究专家)加以修订,因而可以认为内容效度较高。建构效度则是指测量题项测出潜变量的程度,常采用的分析方法是因子分析。鉴于本章是在理论指导和已有研究基础上设计出问卷,因而只需进行验证性因子分析便可。在 SEM 模型中,模型拟合指数包括 χ^2,χ^2/df,RMSEA 等诸多评价指标,常用指标及标准参见表 4-5,实证分析要求至少符合一个以上参数标准。

表 4-5　SEM 模型的评价指标

符　号	指标名称	判断标准
χ^2	卡方	愈小愈好,显著性概率值 $P>0.05$
χ^2/df	卡方自由度比	愈小愈好,$\chi^2/\mathrm{df}<5$,可忽略对 χ^2 不显著要求;$2<\chi^2/\mathrm{df}<5$,模型可接受;$\chi^2/\mathrm{df}<2$,拟合较好
RMSEA	近似误差均方根	愈小愈好,小于 0.05 表明拟合良好,小于 0.1 表明拟合较好
GFI	适配度指数	$0\sim1$ 之间,愈接近于 1 愈好,应大于 0.9
CFI	比较适配指数	$0\sim1$ 之间,愈接近于 1 愈好,应大于 0.9
TLI	非规准适配指数	$0\sim1$ 之间,愈接近于 1 愈好,应大于 0.9

资料来源:吴明隆,2009。

　　本章采用 SPSS 19.0 软件检验,α 系数如表 4-6、表 4-7 和表 4-8 所示,所有值均大于 0.6,表明量表信度可以接受。其中,由于量表设计中包括多个主体,针对不同主体需设置不同题项,因此,此处信度检验也需针对多个主体分别进行(客户、员工和分包商),而后采用 AMOS 17.0 软件,对研究变量进行验证性因子分析以检验建构效度。从表 4-6、表 4-7 和表 4-8 可以看出,相关指标均达到拟合标准,标准化因子载荷没有低于 0.5 或高于 1,表明效度良好。

表 4-6　问卷信度与效度检验（客户）

潜变量	测量变量	标准化因子载荷	P 值	Cronbach's α 系数
利益	利益_01	0.63	—	0.64
	利益_02	0.64	***	
	利益_03	0.58	**	
	利益_04	0.62	***	
权力	权力_01	0.72	—	0.68
	权力_02	0.66	***	
	权力_03	0.73	***	
	权力_04	0.63	***	
关系强度	关系持续时间	0.94	—	0.72
	合作次数	0.71	***	
	合作满意度	0.89	***	
显性机会主义行为	显性机会主义_01	0.86	—	0.73
	显性机会主义_02	0.93	***	
	显性机会主义_03	0.79	***	
	显性机会主义_04	0.71	***	
隐性机会主义行为	隐性机会主义_01	0.81	—	0.77
	隐性机会主义_02	0.62	***	
	隐性机会主义_03	0.63	***	
	隐性机会主义_04	0.67	***	
CoPS 创新风险	成本上升	0.60	—	0.72
	时间延误	0.80	***	
	质量下降	0.64	***	

拟合指标	χ^2	P 值	χ^2/df	RMSEA	GFI	CFI	TLI
具体数值	355.02	0.00	1.83	0.06	0.95	0.94	0.92

注：*** 表示显著性水平 $P<0.001$。潜变量首个测量变量载荷设为 1，无 P 值。

表 4-7　问卷信度与效度检验(员工)

潜变量	测量变量	标准化因子载荷	P 值	Cronbach's α 系数
利益	利益_01	0.63	—	0.64
	利益_02	0.64	＊＊＊	
	利益_03	0.75	＊＊＊	
	利益_04	0.64	＊＊＊	
权力	权力_01	0.71	—	0.69
	权力_02	0.65	＊＊＊	
	权力_03	0.73	＊＊＊	
	权力_04	0.72	＊＊＊	
关系强度	关系持续时间	0.70	—	0.66
	合作次数	0.73	＊＊＊	
	合作满意度	0.69	＊＊	
显性机会主义行为	显性机会主义_01	0.71	—	0.89
	显性机会主义_02	0.80	＊＊＊	
	显性机会主义_03	0.90	＊＊＊	
	显性机会主义_04	0.86	＊＊＊	
隐性机会主义行为	隐性机会主义_01	0.78	—	0.89
	隐性机会主义_02	0.89	＊＊＊	
	隐性机会主义_03	0.79	＊＊＊	
	隐性机会主义_04	0.82	＊＊＊	
CoPS 创新风险	成本上升	0.67	—	0.72
	时间延误	0.71	＊＊＊	
	质量下降	0.75	＊＊＊	

拟合指标	χ^2	P 值	χ^2/df	RMSEA	GFI	CFI	TLI
具体数值	327.86	0.00	1.69	0.05	0.96	0.94	0.93

注：＊＊＊表示显著性水平 $P<0.001$，＊＊表示显著性水平 $P<0.01$。潜变量首个测量变量载荷设为1，无 P 值。

表 4-8　问卷信度与效度检验(分包商)

潜变量	测量变量	标准化因子载荷	P 值	Cronbach's α 系数
利益	利益_01	0.65	—	0.62
	利益_02	0.67	**	
	利益_03	0.71	***	
	利益_04	0.64	***	
权力	权力_01	0.75	—	0.67
	权力_02	0.68	***	
	权力_03	0.73	***	
	权力_04	0.66	**	
关系强度	关系持续时间	0.82	—	0.70
	合作次数	0.86	***	
	合作满意度	0.74	***	
显性机会主义行为	显性机会主义_01	0.81	—	0.79
	显性机会主义_02	0.86	***	
	显性机会主义_03	0.74	***	
	显性机会主义_04	0.61	***	
隐性机会主义行为	隐性机会主义_01	0.70	—	0.79
	隐性机会主义_02	0.69	***	
	隐性机会主义_03	0.64	***	
	隐性机会主义_04	0.78	***	
CoPS 创新风险	成本上升	0.62	—	0.72
	时间延误	0.74	***	
	质量下降	0.69	***	

拟合指标	χ^2	P 值	χ^2/df	RMSEA	GFI	CFI	TLI
具体数值	355.02	0.00	1.83	0.06	0.95	0.94	0.92

注:*** 表示显著性水平 $P<0.001$,** 表示显著性水平 $P<0.01$。潜变量首个测量变量载荷设为1,无 P 值。

(2)相关分析与回归三大问题检验。首先是变量生成与相关分析。根据上文效度检验因子载荷,可以生成相关变量。但需要特别指出的是,权利不对称变量并不能直接地用量表刻画，而需经过计算，以标准化因子载荷为权重分别计算出权力和利益的得分，而后通过公式"权利不对称度＝ABS(权力—利益)"，得出权利差值的绝对值。变量生成后，数据的相关关系分析是开展后续回归分析的前提，变量相关分析如表 4-9、表 4-10 和表 4-11 所示。

表 4-9　变量相关分析(客户)

	1	2	3	4	5	6	7	8
行业类型	1							
项目规模	−0.267**	1						
外包比重	0.457**	−0.050*	1					
权利不对称	0.165	−0.049	0.234**	1				
显性机会主义行为	−0.057	−0.093	0.208*	0.218**	1			
隐性机会主义行为	0.116	−0.110	0.184**	0.205**	0.507**	1		
关系强度	−0.023	0.112	0.021	−0.142*	−0.173*	0.058	1	
CoPS 创新风险	−0.046	0.037	0.166*	0.226**	0.440**	0.414**	−0.145*	1

注：** 表示 $P<0.01$，* 表示 $P<0.05$，所有检验均为双尾检验。

表 4-10　变量相关分析(员工)

	1	2	3	4	5	6	7	8
行业类型	1							
项目规模	−0.271**	1						
外包比重	0.459**	−0.043	1					
权利不对称	−0.112	−0.001	−0.026	1				
显性机会主义行为	−0.003	−0.011	0.146*	0.212**	1			
隐性机会主义行为	0.097	−0.105	0.157*	0.311**	0.668**	1		
关系强度	−0.135	0.234**	0.003	0.094	−0.174*	−0.115	1	

续 表

	1	2	3	4	5	6	7	8
CoPS 创新风险	−0.053	0.044	0.166*	0.196**	0.270**	0.243**	−0.165*	1

注:** 表示 $P<0.01$,* 表示 $P<0.05$,所有检验均为双尾检验。

表 4-11 变量相关分析(分包商)

	1	2	3	4	5	6	7	8
行业类型	1							
项目规模	−0.269**	1						
外包比重	0.457**	−0.033	1					
权利不对称	−0.062	−0.005	0.143*	1				
显性机会主义行为	0.065	−0.084	0.127*	0.237**	1			
隐性机会主义行为	−0.048	0.081	0.150*	0.317**	0.660**	1		
关系强度	−0.244*	0.149*	−0.185**	−0.070	−0.270**	−0.249**	1	
CoPS 创新风险	−0.049	0.035	0.164*	0.202**	0.253**	0.369**	−0.168*	1

注:** 表示 $P<0.01$,* 表示 $P<0.05$,所有检验均为双尾检验。

其次是回归三大问题检验。为了保证回归分析结论的科学性,需要对回归模型是否存在多重共线性、异方差和序列相关三大问题进行检验。(马庆国,2002)①多重共线性检验。多重共线性是指解释变量之间存在严重的线性相关,通常可以用方差膨胀因子(Variance Inflation Factor,VIF)和容忍度(Tolerance,TOL)来予以检验,一般认为 $TOL>0.1$,$VIF<10$ 则不存在多重共线性,否则就需要采用主成分分析、岭回归等方法消除共线性。本章在进行多元回归分析时勾选了"Collinearity Diagnostics"项,发现 TOL 值均大于 0.5,VIF 值均小于 5,因而不存在多重共线性问题。②异方差检验。异方差指的是被解释变量残差的方差随着解释变量的变化呈现出明显改变,即可能残差项中有尚未被提取的解释变量。一般采用散点图的方式来加以判别,以标准化预测值为横轴,以标准化残差为纵轴,散点图无序则可认为不存在异方差,本章在进行回归

分析时设定了"Plots"中的相应坐标，得出的散点图大体呈无序状态，因而不存在异方差问题。③序列相关检验。序列相关指不同期的样本值之间存在相关关系。本章数据是来自于不同样本的截面数据，而不是时间序列数据，因而存在序列相关的可能性较低，Durbin-Watson 值（接近于2）证实不存在序列相关问题。

4.4 中介效应与调节效应检验

通过前文的研究设计、数据收集和初步分析整理，本节将集中检验理论模型中所提出的相关假设。理论模型主要涵盖中介效应假设和调节效应假设，并且分别基于客户、员工和分包商三大利益相关者。因此，下述内容的第一、二部分分别检验机会主义行为的中介效应和关系强度的调节效应，第三部分则是对相应检验结果的汇总分析，并将结果与现有文献进行对比。

4.4.1 机会主义行为中介效应检验

本书采用 AMOS 17.0 进行结构方程建模，用样本数据分别检验客户、员工和分包商三大模型。基于研究假设和问卷的结果（附录 3），在 AMOS 软件中构建模型图 4-6，需要特别说明的有两点：一是，该模型图中权利不对称是单一测量指标的潜变量，属于混合模型路径分析，运行时需要将误差项值设为 0（吴明隆，2009）；二是，虽然本章研究基于三大利益相关者模型所构建的模型图相同，但模型分析将基于不同的数据，数据亦来自于不同的量表，因而分析过程和结论均分别给出。

（1）客户模型。统计软件输出的模型路径系数和拟合结果如表 4-12 所示。从表 4-12 中可知，除隐性机会主义行为对 CoPS 创新风险的影响不显著外，其他变量关系均显著；模型拟合指标中，虽然卡方存在显著差异，但由于研究样本量大于 200 个，此时不适合考察卡方指标（吴明隆，2009），而其他指标均符合相关标准，可见模型拟合效果较好。

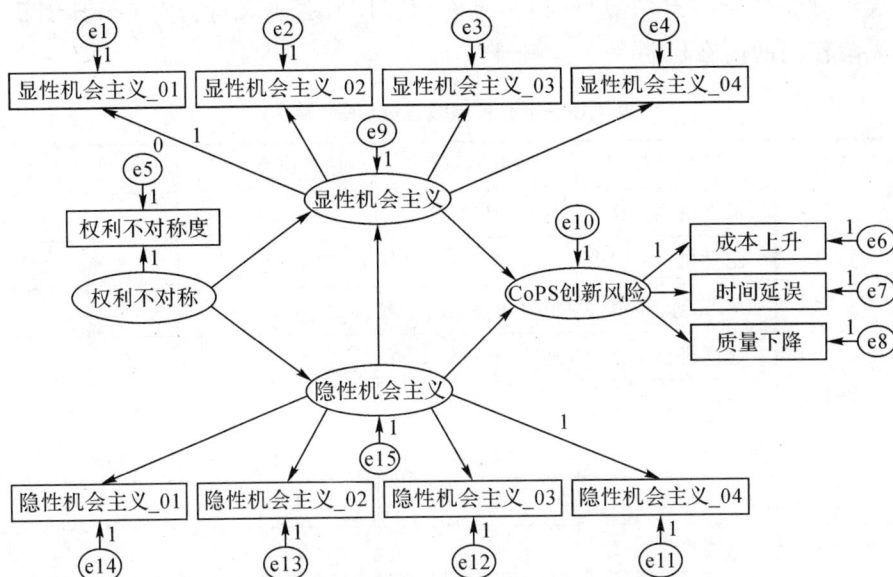

图 4-6 机会主义行为中介效应结构方程模型

表 4-12 中介模型路径系数及拟合效果（客户）

路　径			非标准路径系数	标准化路径系数	P
显性机会主义	←	权利不对称	0.323	0.253	* * *
隐性机会主义	←	权利不对称	0.491	0.377	* * *
显性机会主义	←	隐性机会主义	0.670	0.582	* * *
CoPS 创新风险	←	显性机会主义	0.563	0.574	0.006
CoPS 创新风险	←	隐性机会主义	0.272	0.197	0.081

拟合指标	χ^2	P 值	χ^2/df	RMSEA	GFI	CFI	TLI
具体数值	94.154	0.000	1.883	0.074	0.946	0.924	0.903

注：* * * 表示显著性水平 $P<0.001$。

　　分析中介效应需要进一步对模型路径系数进行效应分解，如表 4-13 所示。权利不对称对 CoPS 创新风险的总效应为 0.345，而直接效应为 0，表明权利不对称通过显性机会主义行为和隐性机会主义行为作用于 CoPS 创新风险。隐性机会主义行为对 CoPS 创新风险的总效应为 0.531，而直接效应为 0.197，说明隐性机会主义行为通过作用于显性机会主义行为，从而增加了对 CoPS 创新风险的总效应。由此，相关研究假设得到验证，并得出客户权利不对称和客户机会主义行为对 CoPS 创新风险作用的内在机制。

表 4-13　中介模型效应分解表（客户）

效应类型	结果变量	权利不对称	显性机会主义	隐性机会主义
总效应	显性机会主义	0.472	0.000	0.582
	隐性机会主义	0.377	0.000	0.000
	CoPS 创新风险	0.345	0.574	0.531
直接效应	显性机会主义	0.253	0.000	0.582
	隐性机会主义	0.377	0.000	0.000
	CoPS 创新风险	0.000	0.574	0.197
间接效应	显性机会主义	0.219	0.000	0.000
	隐性机会主义	0.000	0.000	0.000
	CoPS 创新风险	0.345	0.000	0.334

注：表中均为标准化系数。

通过上述分析，可以得出机会主义行为中介模型（客户）的实证分析结果，如图 4-7 所示，其中虚线部分为未得到实证支持的假设。

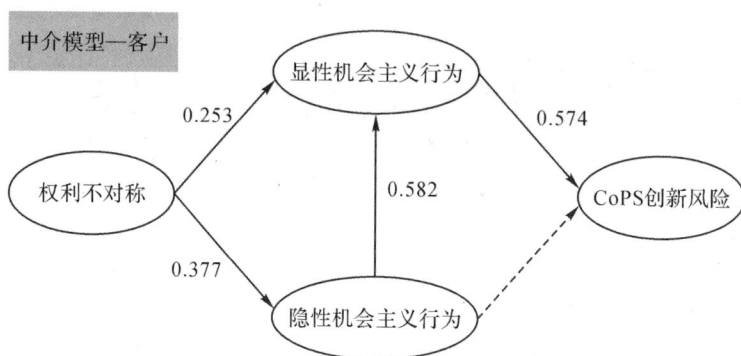

图 4-7　中介效应检验结果（客户）

（2）员工模型。基于员工主体的中介模型路径系数和拟合结果如表 4-14 所示。从表 4-14 中可知，变量间的路径系数均显著，模型拟合符合相关标准，模型拟合效果较好。

表 4-14　中介模型路径系数及拟合效果(员工)

路　径			非标准路径系数	标准化路径系数	P
显性机会主义	←	权利不对称	0.323	0.317	***
隐性机会主义	←	权利不对称	0.491	0.315	***
显性机会主义	←	隐性机会主义	0.549	0.535	***
CoPS 创新风险	←	显性机会主义	0.268	0.324	***
CoPS 创新风险	←	隐性机会主义	0.276	0.252	***
拟合指标	χ^2	P 值	χ^2/df	RMSEA	GFI	CFI	TLI
具体数值	87.459	0.000	1.749	0.067	0.957	0.972	0.959

注:*** 表示显著性水平 $P<0.001$。

分析中介效应需要进一步对模型路径系数进行效应分解,如表 4-15 所示。权利不对称对 CoPS 创新风险的总效应为 0.237,而直接效应为 0,表明权利不对称通过显性机会主义行为和隐性机会主义行为作用于 CoPS 创新风险。隐性机会主义行为对 CoPS 创新风险的总效应为 0.425,而直接效应为 0.252,说明隐性机会主义行为通过作用于显性机会主义行为,从而增加了对 CoPS 创新风险的总效应。由此,相关研究假设得到验证,权利不对称通过显性机会主义行为和隐性机会主义行为作用于 CoPS 创新风险,而隐性机会主义行为会通过增加显性机会主义行为来影响 CoPS 创新风险。

表 4-15　中介模型效应分解表(员工)

效应类型	结果变量	权利不对称	显性机会主义	隐性机会主义
总效应	显性机会主义	0.486	0.000	0.535
	隐性机会主义	0.315	0.000	0.000
	CoPS 创新风险	0.237	0.324	0.425
直接效应	显性机会主义	0.317	0.000	0.535
	隐性机会主义	0.315	0.000	0.000
	CoPS 创新风险	0.000	0.324	0.252

续　表

效应类型	结果变量	权利不对称	显性机会主义	隐性机会主义
间接效应	显性机会主义	0.169	0.000	0.000
	隐性机会主义	0.000	0.000	0.000
	CoPS 创新风险	0.237	0.000	0.173

注：表中均为标准化系数。

通过上述分析，可以得出机会主义行为中介模型（员工）的实证分析结果，如图 4-8 所示。

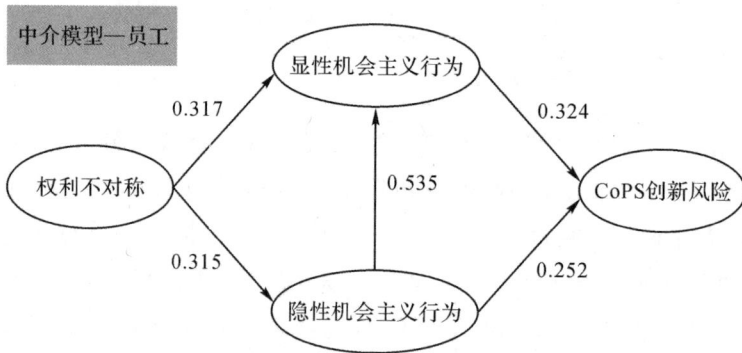

图 4-8　中介效应检验结果（员工）

（3）分包商模型。基于分包商主体的中介模型路径系数和拟合结果如表 4-16 所示。从表 4-16 中可知，除隐性机会主义行为对显性机会主义行为的路径系数不显著，其余均显著，模型拟合指标亦符合相关标准，模型拟合效果较好。

表 4-16　中介模型路径系数及拟合效果（分包商）

路　　径			非标准路径系数	标准化路径系数	P
显性机会主义	←	权利不对称	0.372	0.367	***
隐性机会主义	←	权利不对称	0.354	0.328	***
显性机会主义	←	隐性机会主义	0.230	0.146	0.093
CoPS 创新风险	←	显性机会主义	0.476	0.471	***

续　表

路　径		非标准路径系数	标准化路径系数	P
CoPS 创新风险 ← 隐性机会主义		0.411	0.395	***
拟合指标	χ^2　　　　P 值　　　χ^2/df　　RMSEA　　GFI　　CFI　　TLI			
具体数值	142.657　　0.000　　2.853　　0.085　　0.932　　0.925　　0.916			

注:*** 表示显著性水平 $P<0.001$。

　　分析中介效应需要进一步对模型路径系数进行效应分解,如表 4-17 所示。权利不对称对 CoPS 创新风险的总效应为 0.325,而直接效应为 0,表明权利不对称通过显性机会主义行为和隐性机会主义行为作用于 CoPS 创新风险。隐性机会主义行为对 CoPS 创新风险的总效应为 0.464,而直接效应为 0.395,但是隐性机会主义到显性机会主义的路径系数并不显著,因而这一作用机制并不存在。由此,相关研究假设得到验证,即权利不对称通过显性机会主义行为和隐性机会主义行为作用于 CoPS 创新风险。

表 4-17　中介模型效应分解表(分包商)

效应类型	结果变量	权利不对称	显性机会主义	隐性机会主义
总效应	显性机会主义	0.415	0.000	0.146
	隐性机会主义	0.328	0.000	0.000
	CoPS 创新风险	0.325	0.471	0.464
直接效应	显性机会主义	0.367	0.000	0.146
	隐性机会主义	0.328	0.000	0.000
	CoPS 创新风险	0.000	0.471	0.395
间接效应	显性机会主义	0.048	0.000	0.000
	隐性机会主义	0.000	0.000	0.000
	CoPS 创新风险	0.325	0.000	0.069

注:表中均为标准化系数。

　　通过上述分析,可以得出机会主义行为中介模型(分包商)的实证分析结果,如图 4-9 所示,其中虚线部分为未得到实证支持的假设。

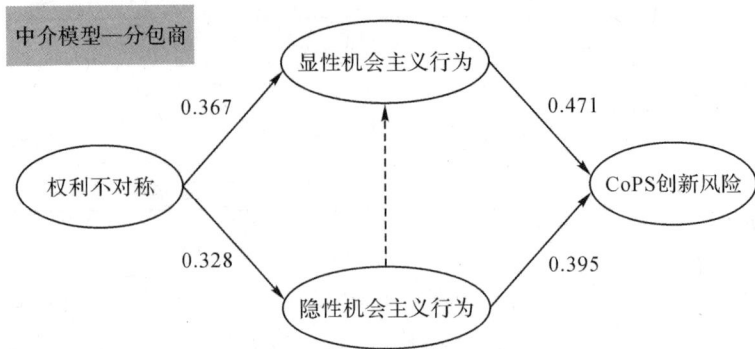

图 4-9　中介效应检验结果（分包商）

4.4.2 关系强度调节效应检验

在验证"CoPS 利益相关权利不对称—CoPS 利益相关机会主义行为—CoPS 创新风险"的风险生成机理基础上，本章还将考察客户、员工、分包商与集成商历史合作存量——关系强度，对风险生成的影响，如图4-10所示。实证研究中对于调节变量的检验，一般采用分层回归的方法。（温忠麟等，2005）因此，本章基于三大主体分别建模，采用 SPSS 19.0 软件，进行分层回归统计检验。

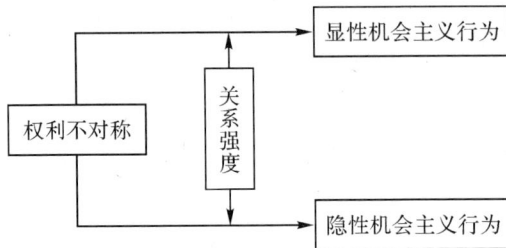

图 4-10　关系强度调节效应模型

（1）客户模型。通过将控制变量、自变量、调节变量和交互项分三次加入回归模型，得出如表 4-18 所示的结果。分析模型 3 可以发现，模型 3 的 R^2 相对于模型 1 和模型 2 在增大，表明模型整体拟合度在提升。而在权利不对称和关系强度都对显性机会主义行为回归显著情况下，交互项亦显著，说明关系强度调节效应存在。由于系数为 -0.179，因而关系强度会减弱权利不对称对显性机会主义行为的影响。由于模型 6 中交互项回归系数不显著,说明关系强度对客户权利不对称影响隐性机会主义行为的调节效应不显著。

　　为了进一步直观地考察调节效应,以调节变量左右各一个标准差之外区域各作为一组进行回归,将得到的两个回归方程模型绘制在同一张图中。客户模型关系强度调节效应如图 4-11 所示,关系强度高的权利不对称对显性机会主义行为的斜率的影响比关系强度低的小,说明关系强度具有较弱的调节效应。

表 4-18　关系强度调节效应分层回归检验(客户)

变　量	显性机会主义行为			隐性机会主义行为		
	模型 1	模型 2	模型 3	模型 4	模型 5	模型 6
常数项	3.531***	3.117***	3.073***	2.963***	2.807***	2.790***
控制变量						
行业类型	−0.115	−0.114	−0.127	−0.102	−0.113	−0.108
项目规模	−0.120	−0.140	−0.137	−0.100	−0.107	−0.116
外包比重	0.145*	0.153*	0.159*	0.184**	0.182**	0.189**
解释变量						
权利不对称(Q)	0.247**	0.225**	0.213**	0.354**	0.342**	0.331**
调节变量						
关系强度(G)		−0.187**	−0.177**		−0.165*	−0.158*
交互项						
$Q \times G$			−0.179**			−0.141
模型统计量						
R^2	0.356	0.397	0.438	0.346	0.350	0.374
调整后的 R^2	0.339	0.374	0.396	0.327	0.331	0.359
F	28.258**	23.944**	19.751**	32.649**	30.934**	29.752**
ΔR^2		0.041	0.041		0.004	0.024

　　注:回归系数为标准化路径系数,*** 表示 $P<0.001$,** 表示 $P<0.01$,* 表示 $P<0.05$,双尾检验。

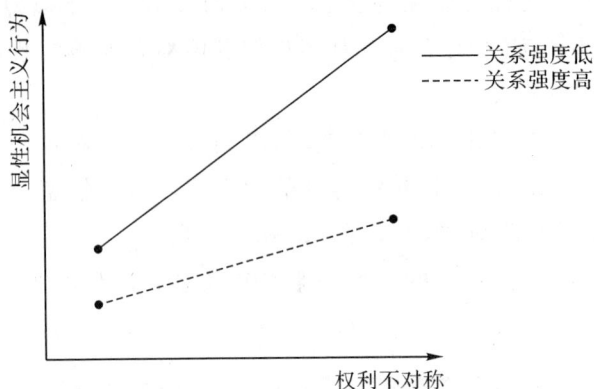

图 4-11　客户关系强度调节效应图

（2）员工模型。同理，得出员工模型分层回归结果如表 4-19 所示。分析模型 3 可以发现，模型 3 的 R^2 相对模型 1 和模型 2 在增大，表明模型整体拟合度在提升，但是模型 6 中交互项并不显著，说明关系强度不存在调节效应。交互项回归系数同样不显著，说明关系强度对员工权利不对称影响隐性机会主义行为的调节效应不显著。

表 4-19　关系强度调节效应分层回归检验（员工）

变　量	显性机会主义行为			隐性机会主义行为		
	模型 1	模型 2	模型 3	模型 4	模型 5	模型 6
常数项	2.450***	2.915***	3.125***	2.695***	3.060***	3.207***
控制变量						
行业类型	−0.091	−0.122	−0.107	−0.062	−0.113	−0.089
项目规模	−0.082	−0.093	−0.119	−0.087	−0.107	−0.099
外包比重	0.215*	0.166*	0.148*	0.175*	0.182*	0.171*
解释变量						
权利不对称（Q）	0.311**	0.275**	0.277**	0.294**	0.299**	0.312**
调节变量						
关系强度（G）		−0.193*	−0.162*		−0.175*	−0.130*
交互项						
$Q \times G$			−0.128			−0.130

续　表

变量	显性机会主义行为			隐性机会主义行为		
	模型 1	模型 2	模型 3	模型 4	模型 5	模型 6
模型统计量						
R^2	0.329	0.337	0.342	0.326	0.331	0.340
调整后的 R^2	0.316	0.358	0.323	0.298	0.314	0.327
F	33.487**	30.934**	30.795**	42.840**	41.019**	38.993**
ΔR^2		0.008	0.005		0.005	0.009

注：*** 表示 $P<0.001$，** 表示 $P<0.01$，* 表示 $P<0.05$，双尾检验。

（3）分包商模型。分包商模型分层回归结果如表 4-20 所示。分析模型 3 可以发现，模型 3 的 R^2 相对于模型 1 和模型 2 在增大，表明模型整体拟合度在提升，交互项回归系数显著，说明关系强度调节效应存在。由于系数为 -0.188，因而关系强度会减弱权利不对称对显性机会主义行为的影响。由于模型 6 交互项回归系数不显著，说明关系强度对分包商权利不对称影响隐性机会主义行为的调节效应不显著。

表 4-20　关系强度调节效应分层回归检验（分包商）

变量	显性机会主义行为			隐性机会主义行为		
	模型 1	模型 2	模型 3	模型 4	模型 5	模型 6
常数项	2.982***	3.726***	3.758***	2.669***	3.517***	3.573***
控制变量						
行业类型	-0.097	-0.083	-0.127	-0.058	-0.095	-0.111
项目规模	-0.116	-0.136	-0.137	-0.104	-0.106	-0.102
外包比重	0.171**	0.197**	0.159**	0.178**	0.173**	0.164**
解释变量						
权利不对称(Q)	0.455**	0.439**	0.213**	0.373**	0.291**	0.315**
调节变量						
关系强度(G)		-0.263***	-0.263***		-0.174*	-0.182*
交互项						
$Q\times G$			-0.188**			-0.143

续　表

变　量	显性机会主义行为			隐性机会主义行为		
	模型 1	模型 2	模型 3	模型 4	模型 5	模型 6
模型统计量						
R^2	0.347	0.397	0.425	0.331	0.345	0.349
调整后的 R^2	0.331	0.374	0.399	0.317	0.322	0.331
F	29.354**	23.944**	19.338**	33.589**	31.175**	30.557**
ΔR^2		0.050	0.028		0.014	0.004

注：*** 表示 $P<0.001$，** 表示 $P<0.01$，* 表示 $P<0.05$，双尾检验。

　　分包商模型中关系强度调节权利不对称对显性机会主义行为影响如图 4-12 所示，关系强度高的权利不对称影响显性机会主义行为的斜率比关系强度低的小，说明关系强度具有较弱的调节效应。

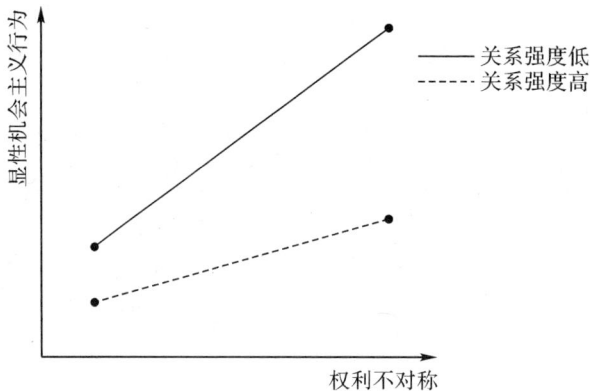

图 4-12　分包商关系强度调节效应图

4.4.3 实证结果汇总分析与讨论

　　如上，采用结构方程模型和多元回归分析方法，基于客户、员工和分包商三大主体分别建模，对本章提出的研究假设进行统计检验，总体检验结果如表 4-21 所示。

表 4-21　研究假设实证结果汇总

假设	结果		
	客户	员工	分包商
假设 H_{1a}：权利不对称与显性机会主义行为正相关	Y	Y	Y
假设 H_{1b}：权利不对称与隐性机会主义行为正相关	Y	Y	Y
假设 H_{2a}：显性机会主义行为在权利不对称与 CoPS 创新风险间起中介作用	Y	Y	Y
假设 H_{2b}：隐性机会主义行为在权利不对称与 CoPS 创新风险间起中介作用	N	Y	Y
假设 H_3：隐性机会主义行为与显性机会主义行为正相关	Y	Y	N
假设 H_{4a}：关系强度减弱权利不对称对显性机会主义行为的影响	Y	N	Y
假设 H_{4b}：关系强度减弱权利不对称对隐性机会主义行为的影响	N	N	N

最终实证结果模型如图 4-13、图 4-14 和图 4-15 所示。

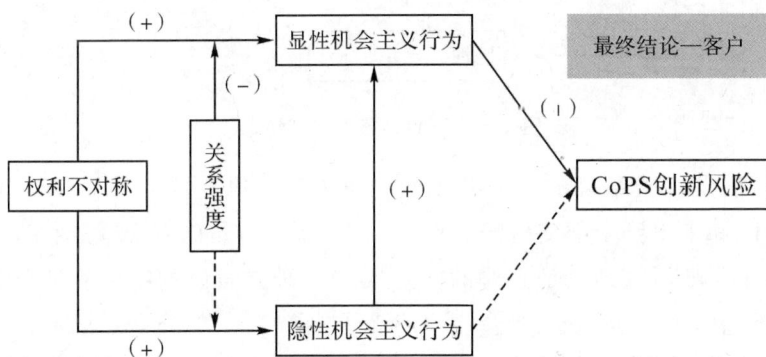

图 4-13　客户模型实证结论

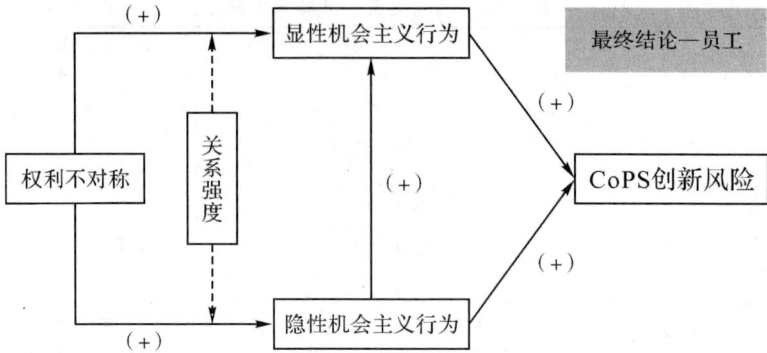

图 4-14 员工模型实证结论

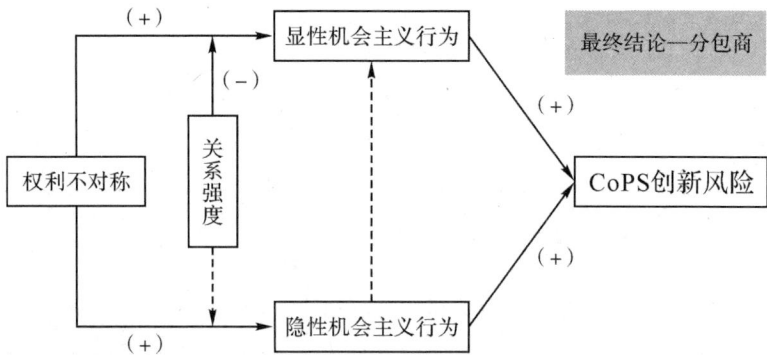

图 4-15 分包商模型实证结论

　　对假设检验结果的进一步对比分析（均得到支持的假设 H_{1a}，H_{1b}，H_{2a}，H_{4b} 和未得到全部支持的假设 H_{2b}，H_3，H_{4a}），与已有文献进行广泛对话，对于明晰研究结论是必要的。发现这些研究假设的结果一部分是对已有结论的进一步论证（机会主义行为与风险），一部分是对已有研究的拓展（关系强度调节作用），还有一部分是在 CoPS 创新风险情景下的新结论（权利不对称触发机会主义行为并引发 CoPS 创新风险）。

　　（1）利益相关者权利不对称引发机会主义行为（假设 H_{1a} 和 H_{1b}）。在威廉姆森定义"机会主义行为"一词之后，机会主义行为的内涵和分类（Williamson，1985；Wathne et al.，2000）、发生原因（Das et al.，2010）和治理机制（Carson et al.，2006）成为研究的主要内容。其中，对机会主义行为的前因分析大多集中于专用性资产和信息不对称的讨论，但是这一研究主流并非毫无争议。以威廉姆森为代表的交易成本经济学学派

(TCE)认为,专用性资产会增加敲竹杠(Lock-in)等机会主义行为发生风险;以 Morgan 和 Hunt 为代表的关系交换理论(RET)学者则对这一假设提出质疑,现实中关系专用性资产普遍存在而机会主义行为并没有大量发生。(Heide et al.,1988)进而他们提出专用性资产投入能够增进彼此的信任,信任则能增加合作行为而非机会主义行为。TCE 和 RET 都分别得到了大量实证研究的支持(Ghosh et al.,2005;Lui et al.,2009),但并未形成统一的结论。这种争议存在的原因是什么,在专用性资产与机会行为之间是不是还存在某种尚未被解释的机制呢? 本章的结论是,权利对称与否或将就是其中介机制,这一研究结论也并非一家之言。权利对称配置早已是产权经济学和利益相关者理论所达成的共识。(Milgrom et al.,1992;杨瑞龙,2000)当权利不对称时,主体将做出抗议、威胁、退出联盟等行为。(Freeman et al.,2010)Handley et al.(2012)研究亦表明,权力类型和使用将影响伙伴间的机会主义行为风险。Werder(2011)的研究则进一步指出威廉姆森的分析范式中,机会主义行为实际上是一项期权而并非实际发生。由于专用性资产、信息不对称、不完全契约等因素的存在,利益相关者拥有了机会主义行为这项期权,但利益相关者行权与否取决于很多情境因素,如权力配置(Power Distribution)和激励环境(Incentive Environments)等。

(2)显性机会主义行为在权利不对称与 CoPS 创新风险之间起中介作用(假设 H_{2a})。Masten et al.(1991)研究表明,威廉姆森所定义的机会主义行为实际上是一种"Strong Form"的机会主义行为,指的是故意歪曲信息和违背正式契约的行为。瓦特内等(2000)则在此基础上对机会主义行为分类开展了有益探索。Luo(2006)发表在 *Management and Organization Review* 上的论文,明确把机会主义行为分为"Strong Form(Contractual Norm Violation)"和"Weak Form(Relational Norm Violation)"。本章将这两种机会主义行为命名为显性机会主义行为和隐性机会主义行为。如前所述,权利不对称会触发显性机会主义行为与隐性机会主义行为的发生,但机会主义行为对 CoPS 创新风险的影响在三大利益相关者检验中存在差异,而且显性机会主义行为的中介作用在三大利益相关者检验中都显著。这与以往研究(违背正式契约的机会主义行为将对合作绩效产生负面影响)相符合,且这一结论在战略联盟(Das et al.,2011；江旭,2008)和渠道治理(Hawkins et al.,2008；张闯,2007)等多个领域得到验证。

(3)关系强度对权利不对称影响隐性机会主义行为的调节效应不显著(假设 H_{4b})。经济行为并非孤立存在而是嵌入社会关系之中(Granovetter,1985),CoPS 创新亦不例外,企业与利益相关者之间的合作必然受到前期合作存量的影响。在遵照格兰诺维特"关系强度"原始定义的基础上,本章将这一概念从社会网络领域引入 CoPS 创新领域(蔡宁等,2008),并用关系持续时间、合作次数和合作满意度等度量(姜翰等,2008),发现权利不对称程度较高时,由于双方关系强度高,机会主义行为发生的可能性大大降低。以往研究认为,关系强度越强,合作方之间的信任度就越高,将减少机会主义行为和提高交易效率;关系持续时间长,双方的长期互动有利于隐性知识的分享和形成共同的价值观。(吴绍波等,2008)相反地,关系强度弱意味组织之间的信任度低,合作过程中存在着较远的心理距离,合作伙伴的机会主义行为更易发生。(Graebner,2009)本章结论是对如上关系强度调节效应的有力证实,并且更进一步地发现关系强度在调节权利不对称对隐性机会主义行为影响时并不显著。这可能有两个方面的原因:一是市场经济主体的理性特征,理性的内涵在于"个体效应最大化"(汪丁丁等,2004),无论关系强度强弱与否,做出不违背正式契约的隐性机会主义行为不难理解;二是隐性机会主义行为本身形式较弱,在统计检验控制了主效应(权利不对称)后导致调节效应不显著[①]。

(4)客户隐性机会主义行为对权利不对称与 CoPS 创新风险的中介作用不显著,而员工和分包商的显著(假设 H_{2b})。CoPS 创新项目往往是规模巨大的工程项目(Hobday et al.,1999),如 H 公司空分设备一般项目规模能达到一亿元以上。由此可见,CoPS 创新企业的客户一般都是大型公司,拥有庞大的资产规模和良好的品牌声誉,而声誉机制将削弱客户隐性机会主义行为发生的程度。(符加林,2008)另外,大多数 CoPS 的市场结构都是买方市场,集成商为了获取单个项目金额巨大的 CoPS 项目,对客户做出的程度不深的隐性机会主义行为的容忍度会很高,而且在

---

① 调节效应在统计上一直是一个较难检验的效应,除非效应足够大。参见陈晓萍等(2012)。

长期合作过程中,已经对此形成了强大的"免疫力",因而隐性机会主义行为对权利不对称与 CoPS 创新风险的中介作用在客户模型中并不显著。特别需要指出的是,这并不意味着隐性机会主义行为可以忽视,客户模型的检验结果还告诉我们,隐性机会主义行为对显性机会主义行为的影响是显著的,这说明客户所做出的隐性机会主义行为对绩效并非毫无影响,而是可能触发程度更深的显性机会主义行为,间接导致 CoPS 创新风险。假设 H_{2b} 在员工和分包商模型中都是成立的,这说明相对于客户,员工和分包商都实质性地参与了 CoPS 的开发和生产活动(Davies et al.,2005),他们的偷懒、不作为和信息隐瞒等隐性机会主义行为将直接对CoPS 创新绩效产生影响。

(5)分包商的隐性机会主义行为对显性机会主义行为影响不显著,而客户和员工的影响显著(假设 H_3)。CoPS 的本质特征是复杂性(Hobday,2000),为了降低复杂性,模块化分包成为主要生产方式(陈劲等,2006),这一生产方式带来多个分包商。分包商与供应商有着本质区别。CoPS 集成商一般也是大型企业,其供应商都是经过筛选、试用和持续考核而形成的稳定体系,并且多数供应商处于弱势地位,依附于集成商。分包商则是与 CoPS 集成商签订分包合同的企业,其与集成商之间的相互依赖差距并没有那么大,因而分包商谋求自身利益的动机更强烈,这与建筑项目和物流服务分包类似。因此,当分包商权利不对称时,它会采取多种手段包括显性机会主义行为和隐性机会主义行为来改变自身处境,并且隐性机会主义行为的程度较深,进而会对 CoPS 创新风险造成直接影响。(Chang et al.,2007)例如,H 公司的某一分包商在其负责部分完工但项目总体未完工,H 公司尚未拿到客户大部分款项的情况下,强制要求 H 公司付款,造成 H 公司资金紧张。假设 H_3 在客户和员工模型中都得到验证,原因在于声誉机制、关系专用性投入等制约客户,而员工依附于企业,他们在权利不对称处境中,一般会采取程度较浅的隐性机会主义行为,当隐性机会主义行为无法改变权利结构时,再采用显性机会主义行为。

(6)员工的关系强度对权利不对称影响显性机会主义行为的调节作用不显著,而客户和分包商的显著(假设 H_{4a})。关系强度对显性机会主义行为的减弱作用主要是因为存在信任机制。但这一调节效应为何在员工模型中并不显著？通过描述性统计结果可以知道，CoPS 集成商的员工关系强度得分普遍较高，说明整体员工流失率十分低，进一步分析发现，这主要源于集成商技术的专用性和企业的高待遇。一方面，由于产品的复杂性，集成商员工无论在研发、生产还是销售环节都掌握相应产品的特定技术或参数，这大大降低了员工流失的可能性；另一方面，CoPS 集成商由于生产全套产品且"制造—服务"集成趋势明显，行业利润率十分可观，企业采取的高福利政策能够留住员工。因此，在员工模型中，关系强度的调节作用表现不明显。与此相反，假设 H_{4a} 在客户和分包商模型中得到证实。客户、分包商与集成商很难做持续合作，原因在于特定技术需求、项目执行招投标程序和工期限制等，而客户与集成商前期良好的合作关系将大大促进新项目的顺利实施。总体而言，将交易成本经济学中的机会主义行为与关系交换理论中的关系强度（关系质量）结合起来考察，与理论研究的最新趋势相符合。(Mysen et al.，2011)

4.5 研究结论与应用

4.5.1 研究结论

（1）利益相关者行为是 CoPS 创新风险的一大来源。CoPS 与传统产品相比，内嵌的技术更复杂，并且开发过程高度定制化，因而技术因素必然是影响 CoPS 创新成功的重要方面。但 CoPS 还具有多主体参与式创新的特性，主体间的行为协调问题不容忽视，本章从理论和实证方面论证了"CoPS 利益相关者权利不对称—CoPS 利益相关者机会主义行为—CoPS 创新风险"这一风险生成机理链的存在。因此，企业管理实践不应就技术论技术，工程技术与主体行为应该统筹考虑，关注机会主义行为，特别是客户、员工和分包商三大利益相关者的机会主义行为，建立有效治理机制对 CoPS 创新风险进行管控意义重大。

（2）机会主义行为治理的关键在于建立权利平衡机制。如何减少或杜绝机会主义行为的发生？例如，某分包商是行业内巨头（权力大），以各种借口故意延迟交货（机会主义行为），以往研究结论给管理实践提供的方法是分阶段付款，但这种方法实为治标不治本，并不能有效遏制类似行为的发生。按照本章结论，控制类似行为的关键在于建立权利平衡机制。

例如,为使分包商的权利实现对称,集成商可以考虑将 CoPS 创新中获得的利益与分包商共享,分包商的机会主义行为将得到有效控制,这一结论已经得到实证研究的支持。(Kloyer et al.,2012)因此,权利对称考量应该成为管理者日常管理思维的一部分,形成条件反射机制,即当机会主义行为发生时,就应考虑该利益相关者是否处于权利不对称状态。

(3)隐性机会主义行为不容忽视。虽然隐性机会主义行为对 CoPS 创新风险直接影响较小,特别是对客户和员工模型而言,但其绝不应该被忽视。原因在于,一方面,隐性机会主义行为虽然直接影响较小,但其存在间接影响路径,即通过增强显性机会主义行为进而影响 CoPS 创新风险;另一方面,隐性机会主义行为的发生可以与风险控制的预警相对接,隐性机会主义行为一旦发生,可能说明权利不对称状态已经出现,此时,项目管理者应该对机会主义行为发生主体的利益和权力做出考量,以便及时调整,避免显性机会主义行为的发生。

(4)关系强度是 CoPS 创新风险控制的重要方面。关系强度对机会主义行为的减弱作用已有大量研究支撑(Lui et al.,2009)。本章结论进一步提出以下两点:一是这种减弱调节对隐性机会主义行为并不显著,但对显性机会主义行为显著。因此在管理实践中,当隐性机会主义普遍发生时,不应怀疑关系强度的作用,加大关系维护和专用性投资将有效遏制主体间显性机会主义行为的发生,大大降低 CoPS 创新风险。二是在 CoPS 创新中,关系强度的调节对于减弱分包商的机会主义行为的作用最显著,原因在于分包商长期合作导向较弱(Kim,2010),因此,CoPS 集成商应特别注意与分包商建立关系,加强对分包商机会主义行为的监控。但需要注意的是,关系强度特别强时,机会主义行为一旦发生,它对 CoPS 创新风险的影响或将更大,即可能存在倒 U 型的调节关系。

4.5.2 结论应用:风险控制流程、原则与策略

(1)基于权利对称的 CoPS 创新风险控制流程。将"CoPS 利益相关者权利不对称—CoPS 利益相关者机会主义行为—CoPS 创新风险"这一实证检验的风险生成机理思想融入传统 CoPS 创新风险控制是本章的研究目的。利益相关者权利对称思想应该成为 CoPS 创新项目经理日常风险管理思维的一部分,如图 4-16 所示。签订项目契约前,应判断各方权

利是否对称，当存在较大程度权利不对称时，应对项目方案进行调整。契约签订后，利益相关者机会主义行为是 CoPS 创新风险生成的重要原因，故要对机会主义行为发生原因展开细致分析。常规原因采用常规处理，但如果原因在于权利不对称，则应遵循三大原则，采用五个基本策略使权利重新对称，最终消除机会主义行为，使项目驶入正轨。其中，关于权利不对称的衡量，由于 CoPS 创新项目日常管理受到人财物等资源的限制，使得对权利不对称的定量考察（统计调查）并不可行，本书调查问卷为衡量权利不对称程度提供了一个初步框架，后续研究需针对具体行业和特定企业对权利的具体表述进行修改和完善，同时权利不对称的判定标准亦需要重新考量。

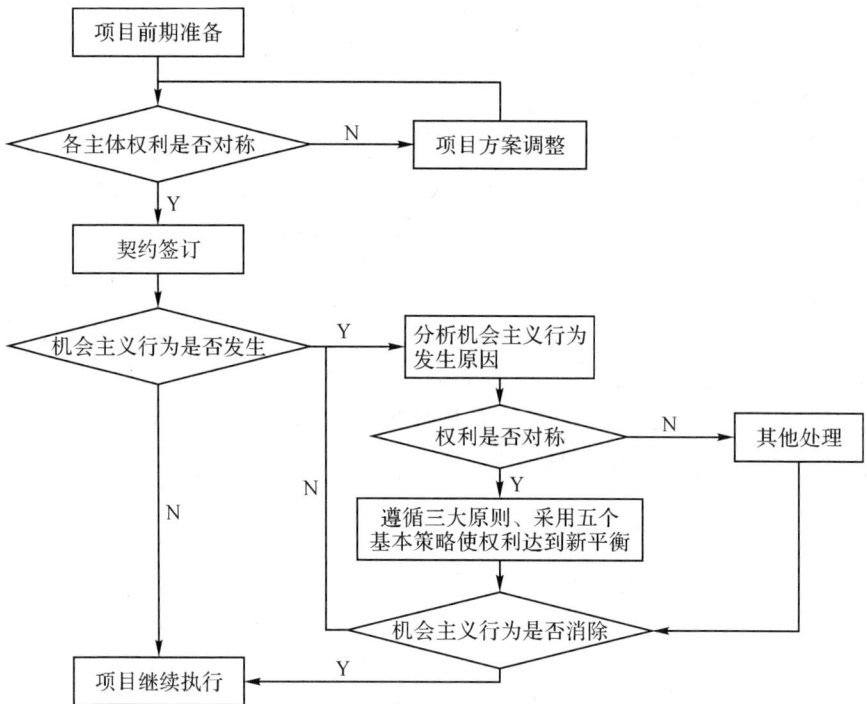

图 4-16　基于权利对称的 CoPS 创新风险控制流程图

（2）风险控制三原则。在进行风险识别（机会主义行为识别）和风险原因分析（权利不对称衡量）后，需要提出风险应对的原则和策略。基于本章结论，风险控制原则可以概括为：权利平衡、防微杜渐、分包商重点监控。①权利平衡原则。CoPS 创新利益相关者"利益—权力"不对称时，将引发机会主义行为,最终导致创新风险,因此,利益相关者权利应当平衡。②防微杜渐原则。利益相关者机会主义行为的发生往往开始于隐性机会主义行为,虽然隐性机会主义行为对 CoPS 创新风险的直接作用较小,但随着其程度的增强会诱发显性机会主义行为的发生,因此应该注重细节。③分包商重点监控原则。利益相关者机会主义行为是 CoPS 创新风险发生原因所在,研究发现,分包商机会主义行为发生的可能性和影响最大,因此要对分包商给予更多关注。

(3)风险控制五策略。①合同机制。现实中 CoPS 创新项目多采用分阶段付款合同,但是该类合同并不能从根本上解决权利对称问题。按照本章结论,应该采用利益分享合同机制。例如,当企业超前完成合同时能够得到奖励,分包商能够分享合作研发中申请到的专利,员工能够享有项目制激励等。②动态平衡。平衡是相对的,不平衡是常态。利益相关者权利平衡应该基于整个 CoPS 创新流程,实现动态平衡。对于不同的利益相关者在 CoPS 创新的不同阶段应该区别对待,使高度平衡与低度平衡相结合,例如,当权力大于利益时,需要权衡是提高利益还是缩小权力。③关系治理。关系强度是 CoPS 创新成果的重要方面,应该与利益相关者建立良好的合作关系,在正式合同机制之外,重视建立关系治理机制,关系治理的核心在于通过双方的沟通,建立彼此信任以降低机会主义行为发生的可能性。④声誉机制。隐性机会主义行为是 CoPS 创新风险防范的重要方面,但由于其难以认定,传统惩戒机制并不奏效,已有研究表明声誉机制是遏制这一行为发生的有效手段。但是如何发挥其作用呢?可行的方案之一是将传统"客户—企业—分包商"的"链式"生产关系变成"网式"生产关系,使客户和分包商建立联系或者相互了解。⑤分包网络平台。分包商是 CoPS 创新中最大的风险来源主体,其机会主义行为发生的原因往往来源于单次合作,缺乏长期利益考虑,建立分包网络平台能够有效解决这一问题。CoPS 创新集成商往往是行业内龙头企业,具备建立相关产业服务平台的能力(吴义爽等,2011),通过分包网络平台能够消除信息不对称,从而遏制分包商乃至客户、员工的机会主义行为。

第5章 利益相关者的资产专用性与机会主义行为

CoPS 创新中,科研机构、供应商、客户、员工等利益相关者提供了不同性质的专用性资产。专用性资产性质不同,在 CoPS 创新中的贡献及锁定程度也不尽相同,进而对机会主义行为的影响必然存在差异。本章分为两节:第一节根据资源依赖理论形成的利益相关者依赖关系,将利益相关者的专用性资产分为单边专用性资产和双边专用性资产,整合已有理论观点,以 CoPS 项目为例,讨论其对利益相关者机会主义行为的作用机理;第二节将利益相关者的资产分为能力性资产和资源性资产,探讨不同性质资产、利益相关者权利对称性和机会主义行为之间的关系。

5.1 资产专用性(单边和双边)与机会主义行为[①]

对资产专用性与机会主义行为的关系,现有研究分别基于交易成本理论和关系交换理论得出两种截然相反的解释。本节尝试从资源依赖视角整合已有理论观点,以 CoPS 项目为例,采用扎根理论编码技术对案例进行剖析,发掘出"单边资产专用性""双边资产专用性""权利不对称""计算型信任""关系型信任"等关键范畴及范畴间的逻辑关系。

5.1.1 问题提出

在经济全球化背景下,任何企业不可能拥有创新所需的全部资源和能力,封闭和独立式创新正日益转向开放和合作式创新。然而,合作创新在利用互补性资源创造价值的同时,也受到来自伙伴机会主义行为的极

---

① 本节内容参见王节祥、盛亚、蔡宁:《合作创新中资产专用性与机会主义行为的关系》,《科学学研究》2015 年第 8 期,第 1251—1260 页,稍做修改。

大威胁,如隐瞒信息、逃避责任、强制要求修改合同等,这些行为导致创新成本上升、周期延长乃至项目终止。(Wathne et al.,2000;盛亚等,2013)提高合作创新绩效首先需明晰机会主义行为的发生机理以便开展有效治理。为此,交易成本理论认为,由于有限理性和不完全契约的存在,一方专用性资产的投入会导致另一方获得采取机会主义行为赚取准租的可能,即资产专用性与机会主义行为正相关,这得到大量实证研究的支持。(Crosno et al.,2008;Williamson,1985)关系交换理论指出,按照交易成本理论逻辑,由于合作中广泛存在的专用性资产投入,合作将被机会主义行为摧毁,而事实上机会主义行为并没有普遍发生。进一步地,关系交换理论还指出,专用性资产投入有利于合作双方信任关系的建立,进而能够抑制机会主义行为的发生。这同样得到了实证研究的支持。(Lui et al.,2009)

由此,已有研究从不同的理论视角,对资产专用性与机会主义行为的关系给出了截然不同的解释逻辑,这一悖论能否及如何统一成为研究缺口。本书进行的研究最初受到 Teece(1986)经典研究的启发,认为企业创新需要的互补性资产可以划分为一般性(Generic)、专用性(Specialized)和共同专用性(Cospecialized),专用性和共同专用性的背后实质就是单边依赖(Unilateral Dependence)和双边依赖(Bilateral Dependence)问题。对应到本章研究主题,以往研究缺乏对资产专用性概念的细化,也没有关注专用性背后的作用机理。本章研究以此为切入点,逐步发现可以基于资源依赖理论视角整合已有理论观点。具体而言,本章研究选取一家大型空气分离成套设备制造企业开展探索性案例分析[①],重新考察资产专用性与机会主义行为的关系。

5.1.2 理论基础

(1)交易成本理论观点。交易成本理论的核心论述逻辑是"交易属性—交易成本—治理结构",由于有限理性和不完全契约的存在,交易的频率、不确定性和资产专用性会决定机会主义行为的发生情况,而机会主

---

① 由于研究内容是企业与合作方之间的负面行为,结合被访谈者的要求,本章研究进行了匿名化处理,下同。

义行为即意味着交易成本，考量交易成本大小进而选择市场还是科层的治理结构（Williamson，1975），最具代表性的就是 Klein et al.（1978）所研究的经典议题"自制还是购买（Make-or-Buy Decision）"。其中，资产专用性反映的是"资产转作他用时价值的减损程度"，机会主义行为则是"一种基于追求自我利益而采取的狡诈式策略行为，包括隐瞒或扭曲信息，尤其是有目的地误导、掩盖、迷惑或混淆"。交易成本理论指出当资产专用性高时，交易一方获得赚取准租的机会，进而机会主义行为发生的可能性增大。这一命题原本隐含在整个理论推演过程中，后被企业间合作绩效的研究者所重视，将其单独予以重点考察。他们主要研究了资产专用性对关系双方合作绩效的负向影响，但也有最新研究指出，交易成本理论较多关注单边专用性资产投入对机会主义行为的影响，而对资产专用性提升合作预期的正效应关注不够。（De et al.，2011）实际上，威廉姆森在他的后续研究中也指出专用性资产可以成为一种互惠型投入（Reciprocal Investment）以加深合作承诺程度。（Williamson，1985）也有研究指出，专用性资产投入导致合作另一方获得通过机会主义行为获利这项"期权"，而合作者行权与否则取决于权力配置（Power Distribution）等因素。（Werder，2011）

（2）关系交换理论观点。关系交换理论起源于社会交换理论（Social Exchange Theory），是指双方通过交换各自特有的资源，从而达到互利的目的，其核心是自我利益和互相依赖。受埃默森和库克等人研究的影响，社会交换理论开始从传统的关注对等交换，转向关注在不平等交换中如何建立信任、承诺和情感纽带以使交换得以进行。（Lawler et al.，1999）关系交换理论在这一背景下被提出。Macneil（1980）的开创性研究指出，关系的互惠、灵活和稳定等特征能够保证交换行为的有效持续。后续研究指出，关系在交换过程中与正式制度一起成为维持交易的重要机制。（Brown et al.，2000）关系交换理论提出关系专用性资产（Relation-Specific Asset）的概念，包括合作关系中的人员、资产和时间等专用性投入。（Dyer et al.，1998）Rokkan et al.（2003）指出，关系专用性资产和交易成本理论中的专用性资产是可以相互转化的（Interchangeable）。从此关系交换理论开始与交易成本理论展开对话，寻求理论整合的可能，但目前都是在某一理论框架下加入另一理论的相关变量，并没有形成逻辑的

内在统一。(Lui et al.,2009;De et al.,2011)

（3）资源依赖理论观点。专用性资产从本质而言是组织合作中的一种资源投入，而组织间合作的资源关系及其影响则是资源依赖理论的研究主题。资源依赖理论产生于组织理论研究从封闭走向开放的进程中（Buvik et al.,2000）。埃莫森曾对组织间相互依赖开展研究，指出依赖程度取决于资源对组织的重要性和不可替代性。资源依赖理论的集大成之作则是菲佛和萨兰基克出版的《组织的外部控制》一书，它系统阐述了资源依赖理论的基本逻辑：组织生存和发展需要从外部环境中获取资源，从而会对外部环境产生依赖，组织需要通过战略行为（包括结盟、并购和关联董事会等）应对环境对组织的影响和控制。其中，外部环境的一个重要方面就是外部其他组织，当组织间依赖不对称时，就会产生权力，依赖度相对较低的组织则可以利用权力影响另一组织的行为，这一观点被广泛应用于企业间合作关系和绩效的研究中。(Buvik et al.,2011;Das et al.,1996)但由于"相互依赖"的界定较为笼统，理论上多用于定性解释而非定量实证。Casciaro et al.(2005)的经典研究将"相互依赖"区分为依赖的总量和不对称性，解释了资源依赖对并购存在正向和负向两种作用机理，极大深化了原有研究。对"依赖两面性"的认识，得到后续研究的广泛关注（Gulati et al.,1995），也为基于资源依赖理论视角整合交易成本理论观点（负效应）和关系交换理论观点（正效应）创造了可能。(Hillman,2009)

5.1.3 研究设计

（1）研究方法选择。本节研究的问题是"为什么针对资产专用性与机会主义行为的关系存在相悖解释，资产专用性影响机会主义行为的机理究竟是什么？"因此，案例研究方法对于解决本节研究问题较为合适。案例研究包括探索性案例研究、描述性案例研究和因果性案例研究。本节研究是在已有相关概念的基础上，尝试以案例材料驱动构建一个理论整合模型，属于理论建构研究范式，因而采用探索性研究方法是合适的。在案例研究数量上，由于本节希望通过对极端情形的剖析，为已有理论提供启示，因而可以采用单案例研究。同时，正如 Eisenhardt(1989)所言，单案例研究并非真正的"单个"案例，本节涉及了案例内不同场合（涉及多个项目）的比较，因而能够保证研究的信度。

(2)案例研究对象选择。案例研究的目的是构建理论而不是检验理论，因而理论抽样是合适的。(Eisenhardt,1989)经过例会研究讨论，作者决定选择大型装备制造企业作为研究母本。原因在于：①大型装备制造具有定制化的特点，生产过程暨创新的完成过程，产品高度复杂需要模块化分包，是合作创新的典型情境；②大型装备的研发和生产过程不确定性大，这为合作方之间的机会主义行为提供了肥沃土壤；③高端装备制造是我国重点发展的战略性新兴产业，以此为对象开展研究具有更大的现实意义。进一步地，本节选取 H 公司的原因在于：初始访谈过程中发现该公司存在多个项目延期较长(超过 1 年)、成本较原计划大幅增加(30%以上)的实例，其背后蕴含了大量的机会主义行为素材可以挖掘；所在研究团队与 H 公司长期保持合作关系，团队毕业生多人就职于 H 公司，有利于获取案例资料。

H 公司是由国有企业集团下属公司分立改制设立的国内最大空分设备和石化设备开发、设计、制造成套企业，以设计、制造、销售大中型空分设备、石化设备为核心业务。H 公司承接项目的开发流程如图 5-1 所示：H 公司通过投标获得客户的项目订单，与客户和分包商一起完善产品总体架构，之后开展模块化分包，最终集成商(H 公司)完成产品集成、交付使用和后期维护工作。在此过程中，涉及 H 公司的核心部门包括销售部、研究设计院和生产部，H 公司与客户约定的付款方式则是阶段性付款。

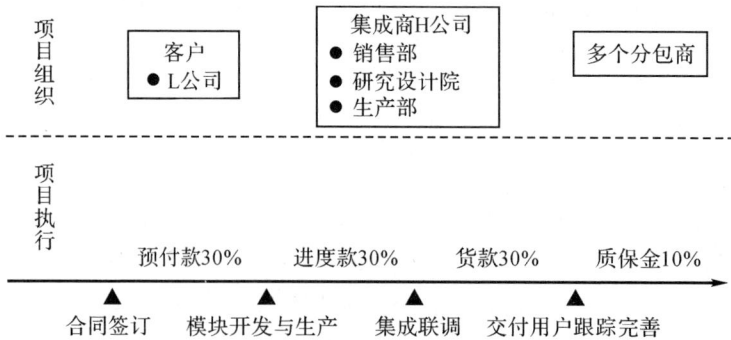

图 5-1 H 公司项目开发流程

(3)数据收集与分析方法。案例研究数据来源于文献、档案记录、访谈、直接观察、参与性观察和实物证据等。本节主要采用：①文献资料搜索,通过搜索网站资料、相关新闻报道及前人研究来收集案例背景材料;②档案记录,主要来自于企业自办报纸、财务报表、项目文件等资料,其中财务报表来自于上市公司年报,这些资料能够提供一些关于项目的定量描述和项目执行效果信息;③访谈法,围绕项目背景、项目风险和风险发生过程,设计访谈提纲。作者从 2011 年开始对案例企业开展了多次半结构化访谈,访谈信息如表 5-1 所示。

表 5-1　访谈基本信息

时　间	地　点	被访者	关注点
2011 年 11 月 23 日 上午 10:00—12:00	总部销售部	销售部经理 项目负责人	寻找机会主义行为频发的项目案例
2012 年 4 月 4 日 晚上 07:00—8:30	总部附近咖啡厅	生产部副总	围绕项目,了解组件生产情况
2012 年 05 月 24 日 上午 09:30—11:30	总部研究设计院	研究设计院副院长 办公室工作人员	围绕项目,了解架构合作研发情况
2013 年 7 月 4 日 上午 10:00—11:30	杭州市国资委	总经理	公司生产流程,项目案例相关决策
2013 年 8 月 15 日 下午 1:30—3:00	临安生产基地	生产部经理 工作人员	补充调研
2013 年 8 月 16 日 上午 9:00—10:30	总部一楼咖啡厅	研发设计人员 项目工作人员	补充调研

数据分析方法:①接触摘要单。接触摘要单是对访谈过程的一个概括(Miles et al.,1994),为了保证访谈资料的真实和完整,需要在每次访谈后 24 小时内填写。②扎根理论编码方法。管理案例研究的一个趋势是将扎根理论编码方法运用于数据处理以提高研究信度(张霞等,2012),扎根理论编码方法包括开放式编码、主轴式编码和选择性编码三个步骤,并在编码过程中注意使用备忘录(Memo)记录概念和概念关系的涌现(Emergence)。本节亦采用扎根理论编码技术,尽可能遵循 Glaser 的客观建构理念而非 Charmaz 的主观建构主义思想。

5.1.4 数据分析过程

(1)开放式编码。开放式编码主要是将资料分解、提炼、概念化和范畴化的过程。(Strauss et al.,1998)本节通过对采集资料的分解提炼,从资料中抽象出 96 个初始概念,通过剔除无效和重复概念聚拢后,得到 82 个有效概念,并再次对这些概念进行相互比较,按照逻辑关系将它们归纳整理为 34 个范畴,表 5-2 汇总了本节开放式编码的示例。

表 5-2　开放式编码示例

典型引用	概念化
对于特别重要的组件我们会尽量自给,但有些模块还是要分包出去的,这些模块分包商会有比较大的话语权……(生产部副总)	核心模块
当面临首台套项目时,我们会开展联合技术攻关,与客户和分包商一起设计项目的整体方案……经常有反馈……(研发设计人员)	整体架构
……我们是一个买方市场,客户比较有话语权,虽然我们规定了预付款机制,但实际上,由于项目高度定制化,我们前期投入很大,经常要看客户脸色吃饭(销售部经理)	单边依赖
我们肯定希望跟客户、分包商将利益捆绑在一起,这样项目成功的可能性会大很多,而且事情办起来会比较顺利,大家都好……(项目负责人)	利益共同体
相对于客户,我们在分包商这里还是比较有话语权的,他们的前期投入也很大……当然有些特殊分包商除外,我们得求他们……(生产部副总)	权力优势
客户对我们在项目上的技术能力都有判断的,如果认可了,很多事情就会进展得很顺利,当然我们对我们的分包商也有这样的判断(项目负责人)	理性衡量
我们在进行招投标,或者在合作的过程中,会有心理预期的,而这个预期就是根据以往我们跟他们合作的满意度来的(销售部经理)	合作满意度
有一个项目由于周期延长,原有的一个技术已经更新换代,我们提出进行技术升级,但对方为避免麻烦,拒绝了我们的合理修改,他们是客户,我们也没有办法(生产部经理)	拒绝合理的合同修改
其实一般情况下公然违背合同的情况不多,但那么大的系统,你要挑几个小毛病进而拖延货款就是很容易的事了,褪色都算毛病(项目负责人)	挑毛病
合同很多时候是根据以往经验规则化的,不会因为特定项目而更改,这样就有很多东西没有写进合同,按照行业约定俗成的来,一些客户或分包商跟你一次买卖,就不管这些了(销售部经理)	违背行业规范

(2)主轴式编码。本节采取"前提—行为—结果"的编码范式,考察主体在面对某一具体情境时,所采取的管理策略和具体行为及由行为互动所带来的相应结果。例如,在开放式编码中形成的"核心模块""独立研发/完成""前期投入""转换成本"等初始范畴,可以在"前提—行为—结

果"范式下整合纳入"单边资产专用性"主范畴:在合作创新中,合作各方为保持自身竞争力和谈判力,对自身所负责核心模块的关键部件会采取独立研发和完成的策略,因而针对特定的创新项目会有专门的前期研发投入。随着项目推进,投入的转换成本会增加,因而对于投入方而言,这类研发投入会存在资产专用性问题。本节通过多轮资料挖掘和对比,依据上述范式对初始范畴进行了二次编码,最终将34个副范畴归纳到9个主范畴当中,详见表5-3。

表5-3 主轴编码结果

副范畴	主范畴
核心模块、独立研发/完成、前期投入、转换成本	单边资产专用性
整体架构、集成调试、时间成本、关系性投入	双边资产专用性
单边依赖、利益冲突、零和博弈、缺乏制衡力	竞争性依赖
相互依赖、利益共同体、行为可预期性	共生性依赖
依赖不对称、施加影响的能力、权力优势、权力劣势	权力不对称
理性衡量、人员配备、反馈沟通、技术能力	计算型信任
习惯性相信、交往时间、合作频率、合作满意度	关系型信任
违约、强制修改合同、拒绝合理合同修改	显性机会主义
信息隐瞒、责任推脱、挑毛病、违背行业规范	隐性机会主义

(3)选择式编码。这一过程需要文献对话,阐述核心范畴的内涵和构建背后的依据,进而寻找核心范畴间的逻辑关联。①资产专用性范畴。通过扎根理论编码方法分析发现,在合作创新中,分包商对于核心模块研发的前期投入,仅对于分包商存在资产专用性;集成商为定制化项目的前期垫资仅对于集成商存在资产专用性。而另一些专用性资产投入则对合作双方都存在资产专用性,如集成商、分包商和客户资产投入共同完成的针对该项目的架构技术研究成果,以及合作各方在该项目上投入的时间成本。受Teece(1968)将互补性资产划分为一般、单边和双边三类的启发,本节将资产专用性细化为单边资产专用性和双边资产专用性。②依赖范畴。专用性资产投入会影响合作方之间的资源依赖关系,扎根理论编码方法发现在项目开发过程中存在两种类型的依赖:一种是基于"零和博弈"的依赖,双方存在利益冲突,如分包商前期投入后对集成商产生依

赖；另一种依赖关系中，双方则会形成利益共同体，例如，架构技术研发上合作方之间相互依赖。进一步地，可以对接资源依赖理论，将两种依赖界定为竞争性依赖和共生性依赖。③权力不对称范畴。案例分析中，当合作一方依赖另一方时，另一方就拥有了施加影响的权力，它们会充分考虑自身利益，进而采取相应策略，包括损人利己行为，以实现自身利益的最大化。可以将其界定为合作主体间的"权力不对称"，这与资源依赖理论的作用机制相吻合。④信任范畴。本节关注的是组织间信任，即合作中一方对于另一方"不会再有机会做出损害行为的情况下做出有损双方合作关系行为"的心理预期。由于设备研发和生产是以项目方式展开的，在实际中存在两类信任：一类是在 H 公司层面的信任，由以往合作满意度、合作频率等存量构建；另一类则是合作方对彼此在该项目上的投入、利益关系、人员配备、技术能力等会有相应判断，进而决定其在特定项目情境中的信任程度。结合杨静（2006）对中国情境信任关系的分析，计算型信任是基于功利关系的，来自于利益的计算；关系型信任则是基于了解的，是由既有关系的存在而带来的基于情感的信任，故将该范畴理论化为"计算型信任"和"关系型信任"。⑤机会主义行为范畴。机会主义行为指的是主体损人利己的行为，在项目执行过程中可以发现机会主义行为的程度存在差异，受 Niesten 和 Jolink 最新研究中使用"Revealed Opportunism Behavior"概念的启发，本节将机会主义行为划分为显性和隐性两类，显性机会主义行为指的是违背正式契约的行为（如强制修改合同），隐性机会主义行为则是违背非正式契约的行为（如怠工、隐瞒信息）。

通过逻辑串联核心范畴，作者可以得到如下故事线：在合作创新中，由于资产专用性类型不同，导致合作方之间的依赖关系存在差异，而不同的依赖关系会对行为产生不同的作用机制，最终主体会在行为主导机制下选择相应的行为。具体而言：①由于单边资产专用性的存在，导致合作方之间的依赖是竞争性依赖，这种依赖会增强权力的不对称性，并且在竞争性利益冲突下，会增大合作另一方采取机会主义行为的可能性。②由于双边资产专用性的存在，导致合作方之间的依赖是共生性依赖，这种依赖会增进相互信任，在互利共生中减弱主体机会主义行为的倾向。整个案例编码的过程和结果如图 5-2 所示。

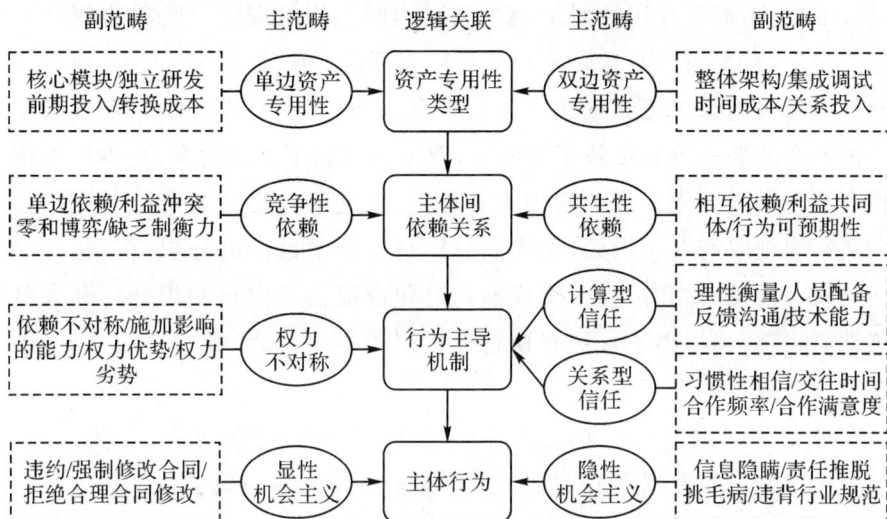

图 5-2　编码过程与结果

5.1.5 研究发现与理论模型

通过访谈文本再梳理,结合已有研究,作者将扎根理论编码方法分析得出的相关概念进一步理论化和模型化。总体而言,通过本节分析,我们有四大发现。

(1)资产专用性的类型:单边资产专用性和双边资产专用性。传统逻辑下对资产专用性仅从单边角度予以论述,一方的专用性资产投入将为另一方提供通过机会主义行为获取准租的可能。但在合作创新中,各方专用性资产投入转化为合作创新成果后,对各方而言,均存在资产专用性。例如,整体架构的合作研发,一旦架构变更或研发失败,双方都面临严重的专用性问题。H公司研究设计院副院长说到"项目整体研发进入一定阶段后,各方都会全力以赴,因为项目失败大家都不好过"。合作创新过程中各方维持关系所投入的时间和精力也是典型的双边专用性资产投入。此外,单边资产专用性和双边资产专用性在合作创新过程中可以相互转化,例如,各自投入的专用性资产在合作过程创新中会形成新的资产,这一资产对双方都存在专用性。原本具有双边专用性的资产也会在创新过程中的某一阶段只具有单边资产专用性。

（2）不同资产专用性对机会主义行为的作用机理。一是单边资产专用性与机会主义行为，这是传统交易成本理论所论述的核心问题，但并没有对中间机制给予足够阐述。本节发现，单边资产专用性意味着投入专用性资产的那一方会依赖于另一方，双方利益属于零和博弈，竞争性的依赖关系会增强合作双方的权力不对称性，致使权力优势方可以通过机会主义行为赚取利益。例如，集成商与通过层层筛选出的分包商一起开展项目联合攻关，在此过程中集成商为分包商提供了大量知识分享和人员培训，分包商却提出了一些有违行业惯例的要求，如专利共享，并以退出联合攻关威胁集成商。项目负责人说："我们很无奈，再去找合作者，无法向客户交差，只能忍受他们怠工、隐瞒信息、要求合同修改等一系列行为，这个项目给了我们很多教训。"二是双边资产专用性与机会主义行为。由于双边资产专用性对合作双方都存在很高的转换成本，双方建立起利益共同体即共生性依赖关系，这种关系会提升双方对合作的理性预期，增进彼此间信任，进而抑制双方机会主义行为的发生。项目负责人访谈中提到："空分设备是客户整个大项目中的一个模块，我们会跟进客户整个项目的进展情况，观察客户是否在这一项目上有足够投入，我投入的同时，他也在投入，项目就会开展的比较顺利。"

（3）关系型信任对机会主义行为的影响。扎根理论编码方法分析还获得研究预期之外的新发现：关系型信任在单边资产专用性与机会主义行为关系中扮演正负两种作用。以往大量研究证实了信任对机会主义行为的抑制作用，这也得到本节案例材料的支持。一方面，建立在前期合作基础上的关系型信任会负向调节权力不对称对机会主义行为的影响，或使得显性机会主义转变为不违背正式契约的隐性机会主义。但另一方面，在强关系型信任的合作方之间，一旦权力优势方采取机会主义行为谋取私利时，权力劣势方会表现出极大反感，前期关系型信任的存在，反而会加快合作方关系的恶化速度，使得隐性机会主义行为转变为强形式的显性机会主义。销售部负责人就指出："我们长期合作的分包商一般不会出问题，大家都心里有数，有矛盾也会商量着来……但也可能出大问题，在安徽的项目中，我们一个长期合作分包商，它提供的产品是市场上技术最好的，加上那一段时间市场行情又特别好，它居然向我们提出修改合同中规定的供货时间和付款方式，对此，我们特别生气，双方互不相让，最后的结果是项目严重超期。"

根据如上研究发现,得出研究的整合模型如图5-3所示。

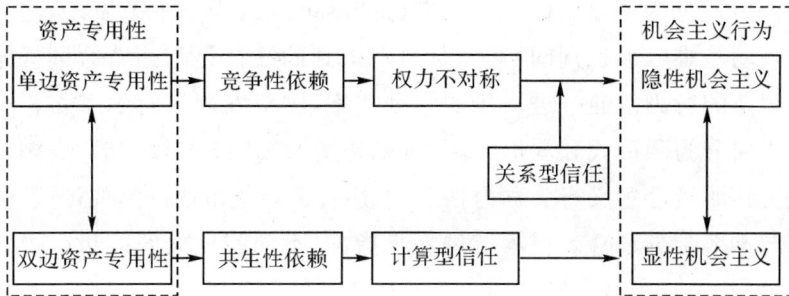

图5-3　合作创新过程中资产专用性与机会主义行为关系的整合模型

5.1.6 结论与讨论

基于H公司合作创新项目案例,本节运用扎根理论的编码方法,分析资产专用性与机会主义行为的关系,研究最终形成如下命题性结论,将其与已有文献开展系统对话,能明晰本节的理论贡献。

命题1:资产专用性可以分为单边和双边两类,在合作创新过程中两类资产专用性可以相互转化。

以往交易成本理论的逻辑只能解释专用性资产会增加机会主义行为发生的风险,而无法正面回应关系交换理论研究者对它的批评。(Lui et al. ,2009)本节以案例材料驱动,提出资产专用性的细化,这至少可与已有文献做三处对接:①Teece(1986)对互补性资产的研究中,就隐含地提出了单边专用性和双边专用性的概念,并关注合作创新各方的依赖关系,本节研究将其进一步与交易成本理论对接。②Williamson(1983)在质押与交换关系的研究中,就曾提出互惠型投资能够增进合作的观点,但这一独立研究并未与交易成本理论的整个体系相融合。③Rokkan et al. (2003)指出,关系专用性资产与交易成本理论中的专用性资产存在相互转化的关系,而实际上关系专用性资产所具有的属性正是本节所提出的"双边资产专用性"。不难看出,本节提出的资产专用性类型划分及其转化是对已有研究的整合和发展,为交易成本理论与其他理论对接及深化提供可能。

命题 2：显性和隐性两类机会主义行为可以相互转化。

对于机会主义行为的类型已有不少研究，其中的经典研究是将机会主义行为划分为主动（Active）和被动（Passive）两类。本节发现，这种主动和被动是难以被识别的，案例材料中提到的往往是与违背合同规定及行业规范的行为。通过进一步的文献搜索，本节发现已有学者将机会主义行为划分为强形式和弱形式两类（刘婷等，2012；Luo，2006），其中违背正式契约的机会主义行为称为强形式，违背关系规范的则是弱形式，这一划分与本节十分契合。但本节进一步指出，不同程度之间的机会主义行为可以相互转化，这一转化取决于情境变量的作用。本节材料分析显示，隐性机会主义（如怠工、威胁、隐瞒信息）发生更为频繁，当隐性机会主义行为无法改变利益格局时，主体将采取显性机会主义行为（如强制修改合同）。行为转化可以作为机会主义行为治理的一种信号机制，未来实证研究可对此予以关注。

命题 3：单边资产专用性引发机会主义行为的内在逻辑是竞争性依赖所导致的权力不对称。

单边资产专用性与机会主义行为之间的作用机制如何？本节认为，这种中间机制就是竞争性依赖所导致的权力不对称。这一命题一方面呼应了相关学者对加强资产专用性与机会主义行为中间机制研究的倡导（Werder，2011），另一方面整合了交易成本理论和资源依赖理论。Casciaro et al.（2005）的研究是 Pfeffer et al.（1978）之后关于资源依赖最为经典的阐述，他们认为以往对依赖的认识过于笼统，依赖包括"相互依赖（Mutual Dependence）"和"权力不对称（Power Imbalance）"，这成为后续资源依赖理论应用中所引用的两大核心机制。他们还在脚注中指出未来研究可以考虑资源依赖理论与交易成本理论的整合。本命题就是对资源依赖权力不对称机制的应用，并将其与交易成本理论的资产专用性相勾连。

命题 4：双边资产专用性抑制机会主义行为的内在逻辑是共生性依赖所导致的计算型信任。

本节研究基于案例材料驱动并和理论对话相结合，给出了双边资产专用性的内涵，架构了技术研发、合作方关系维持、时间成本等双边专用性特征。双边资产专用性是本节尝试提出的一个新概念，但这一概念隐含的思想和作用机制在前人研究中已有所体现。关系交换理论所倡导的通过关系性专用资产投入增进信任并促进交换发生的观点中(Dyer et al.,1998),关系性专用资产本身就具有双边资产专用性的特点。专用性资产本质上是一种资源投入,既然可以根据依赖关系对其进行分类(Teece,1986),也可以采用资源依赖理论解释其影响,双边资产专用性会增进合作双方的共生性依赖,也就是资源依赖理论中的"相互依赖"作用机制。(Casciaro et al.,2005)进一步地,共生性依赖会增强关系交换理论所指出的合作方之间的"信任"。

命题5:关系型信任对单边资产专用性与机会主义行为关系的调节存在方向转变。

本节进一步区分了关系型信任和计算型信任,在合作创新中基于双边资产专用性的理性衡量而形成的信任是计算型信任,这与 Schilke et al.(2015)对信任的细化研究不谋而合。计算型信任之外,合作创新各方之间还存在关系型信任,即前期合作经历所形成的信任。在将信任细化后,本节研究发现,以往对于关系型信任在资产专用性与机会主义行为之间起调节作用的认识存在片面性。关系型信任负向调节资产专用性与机会主义行为的关系,从而提高合作绩效是机会主义行为关系治理的核心观点(Das et al.,2001),已有大量实证研究支撑(Lado et al.,2008)。但正如前文所述,本节在案例分析中发现,在强关系型信任的合作方之间,一旦机会主义行为发生,信任不但不会减弱机会主义行为的发生,反而会极大增强机会主义行为的程度,这说明关系型信任的调节作用可能存在方向转变。这既对基于信任的机会主义行为治理研究提出了挑战,也给未来研究带来了机遇。

综上所述,本节主要的理论贡献在于:①对资产专用性概念的细化,提出了双边资产专用性的概念,这是对交易成本理论的丰富;②通过资源依赖视角的引入,化解了交易成本理论和关系交换理论解释的矛盾,打开了资产专用性与机会主义行为关系的黑箱;③作为研究的意外涌现,本节指出关系型信任对权力不对称与机会主义行为的调节可能出现方向的彻底转变,这为机会主义行为关系治理研究提供了新素材。

5.2 资产专用性(资源性和能力性)与机会主义行为[①]

5.2.1 理论模型构建

(1)资产专用性对机会主义行为的影响。目前,关于专用性资产对机会主义行为的影响研究(Rokkan et al.,2003;Vazquez et al.,2007;Lui et al.,2009;庄贵军等,2010;王文胜,2010;刘婷等,2012)并没有定论(王节祥等,2015),不同理论基础上的研究得出的结论不尽相同(王文胜,2010)。已有研究已经注意到了这些理论上的分歧,并试图用资产专用性理论做出解答。王文胜(2010)从企业能力理论出发将资产专用性一分为二,认为"自专用性"和"他专用性"是同一资产同时具有的两种专用性,而这两种专用性的不同组合具有不同的经济含义。对此问题给予关注的还有王国才等(2010,2011)。他们将资产专用性分为"单边专用性"和"双边专用性",认为单边专用性是指合作的一方对合作关系做出专用资产投资而另一方未做出或做出很少的专用资产投资;双边专用性是指合作各方都做出专用性投资。(王国才等,2011)

对以上分歧的回答可以回归到对资产专用性的划分上。威廉姆森认为,不同类型资产的专用性程度各有差异。Christensen(1995)认为,技术创新资产可以划分为基于资源的资产和基于能力的资产。杨武(1999)在Christensen(1995)研究的基础上,将技术创新资产分为能力性资产和资源性资产。并且他认为,技术创新资产包括了技术创新资源,仅有技术创新资源的存在并不能产生创新,要实现创新,创新者必须具有进行技术创新的能力。盛亚等(2009)认为,资源性资产通过显性契约获得,能力性资产通过缔结隐性契约获得。本节在Christensen(1995)等人研究的基础上,将专用性资产划分为能力性资产和资源性资产。

(2)利益相关者权利对称性的中介作用。利益相关者理论的主体权利视角是研究主体行为的经典逻辑。(Freeman,1984)已有研究论证了权利配置是影响主体机会主义行为的重要因素。(Werder,2011)盛亚等

---

① 本节内容参见《浙商管理评论 第2辑》,浙江工商大学出版社2014年版,第16—30页,稍做修改。

(2009)认为,权利不对称是机会主义行为产生的重要影响因素,权利越不对称,机会主义行为产生的可能性越大。同时,这也充分证明了 Freeman(1984)的论断,即利益相关者行为的产生受其权利状况的影响。罗利(1997)从网络视角对利益相关者信息沟通、协同行动、结盟等行为进行了深入分析。Frooman(1999)分析了企业与利益相关者之间制约与被制约的多元互动关系,认为利益相关者可能基于自身资源和权力状况,采取中断资源供应、限制供应和退出合作等行为。

通过以上的逻辑推演,作者从理论上构建起"专用性资产—机会主义行为"的机会主义行为生成机理链,并通过变量定义明确了机理链上各变量。在此基础上,构建出本节的概念模型,如图 5-4 所示。

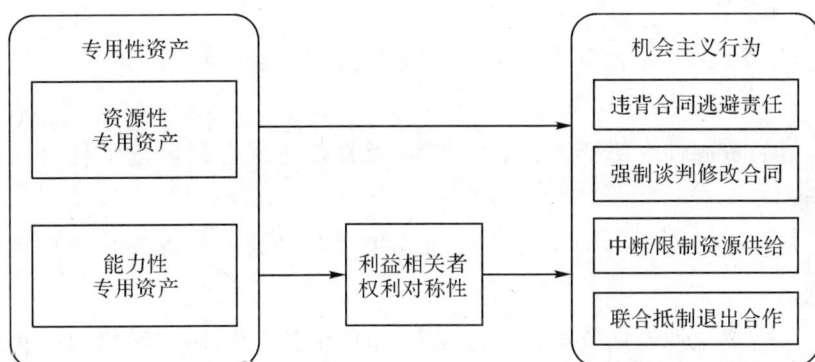

图 5-4　资产专用性对机会主义行为的影响研究概念模型

5.2.2 研究假设

虽然对于机会主义行为前因变量的现有研究成果很多,但是对于资产专用性对机会主义行为的影响还存在分歧,这种分歧根源于机会主义行为发生的机理并没有得到揭示。本节认为,利益相关者权力或利益的缺失是主体采取机会主义行为的重要影响因素。本节将利益相关者投入的专用性资产分为两类:资源性专用资产和能力性专用资产;将机会主义行为分为四类:违背合同逃避责任、强制谈判修改合同、中断或限制资源供给和联合抵制退出合作。本节以此为逻辑出发点去探讨两类不同类型的资产对机会主义行为的影响。

(1)资源性专用资产与机会主义行为。资源性专用资产投入到创新中时,专用性资产投入引致的锁定效应会使其面临利益相关者的机会主义行为。具体来说,资源性专用资产主要包括受显性契约约束的已有专利、已有的知识产权、投入的物质资产、已有的研发成果和通用性人力资本等。根据交易成本经济学的分析,利益相关者可能会利用资源性专用资产带来的锁定效应,实现对可占用性准租的占有。由于事前的契约约定很难完全,所以利益相关者会利用资产专用性的投入,实施机会主义行为,侵吞投资(刘婷等,2012),双方采取机会主义行为会使得合作关系破裂(庄贵军等,2010)。资源性专用资产很难转作他用,这一特点也为合作方采取机会主义行为提供了可能,一方投入的资源性专用资产的专用性越强,机会主义行为发生的可能性就越大。(高维和,2008)基于以上分析,得出假设:

H_1:利益相关者资源性专用资产投入对其机会主义行为有正向影响;

H_{1a}:资源性专用资产投入对利益相关者违背合同逃避责任有正向影响;

H_{1b}:资源性专用资产投入对利益相关者强制谈判修改合同有正向影响;

H_{1c}:资源性专用资产投入对利益相关者中断/限制资源供给有正向影响;

H_{1d}:资源性专用资产投入对利益相关者联合抵制退出合作有正向影响。

(2)能力性专用资产与机会主义行为。CoPS创新活动中,资源性专用资产的作用不再是主导,"本质上不再是受契约约定的资源性专用资产的集合,而是以无形的能力性专用资产为主"。(刘立等,2014)研究表明,能力性专用资产投入导致的信任抑制了机会主义行为的发生。(徐和平等,2004)因为创新实现了隐性知识在合作伙伴之间的传递(白鸥等,2012)和存在着互惠主义倾向(易余胤等,2005),这在一定程度上降低了机会主义行为发生的可能性。即便是创新过程中,也是建立在合作基础上的竞争,竞争的结果是以增强相互之间的竞争力为前提的,促进彼此之间的合作产出。(谢永平等,2012)创新行为主体从创新中获取的能力性专用资产加深了相互之间的合作,使得更换合作伙伴的成本变高。由于更换合作伙伴面临的利益不确定和风险,投入能力性专用资产的行为主体更愿意维持原有的关系(常红锦等,2013),这在一定程度上抑制了机会主义行为。能力性专用资产不仅可以实现资源整合重组,而且也是创新合作剩余产生的重要部分。企业与利益相关者之间的能力性专用资产专用性越强,意味着它们的关系越紧密。这不仅增强了相互之间的依赖性,形成了更好的感情契约,更实现了对机会主义行为的抑制。(常红锦等,2013)也有研究认为,相互之间能力性专用资产的专用性越强,等于在彼此之间形成了隐性的承诺,这种基于能力性专用资产的承诺可以抑制对方的机会主义行为。(汪涛等,2006)因此,基于以上的分析,提出假设:

H_2:利益相关者的能力性专用资产投入对其机会主义行为有负向影响;

H_{2a}:能力性专用资产投入对利益相关者违背合同逃避责任有负向影响;

H_{2b}:能力性专用资产投入对利益相关者强制谈判修改合同有负向影响;

H_{2c}:能力性专用资产投入对利益相关者中断/限制资源供给有负向影响;

H_{2d}:能力性专用资产投入对利益相关者联合抵制退出合作有负向影响;

H_3:与能力性专用资产相比,资源性专用资产对利益相关者机会主义行为的影响更大。

(3)资源性专用资产与利益相关者权利对称性。资源性资产是由利益相关者投入到创新中受契约约束的资产,此类资产有很强的可抵押性。契约约定的物质资产、通用性人力资本、已有知识产权、已有技术等资源性专用资产可替代性很强,不具有专用性。由于现阶段的技术创新越来越依赖能力性专用资产的作用,因此,资源性专用资产的剩余产权分配应处于较低位置。遵循产权剩余配置的逻辑,产权剩余优先配置给承担风险和需要监督激励的资产所有者,对于资源性专用资产来说,创新的成功越来越依赖于能力性专用资产。物质资产和通用性人力资本越来越不承担风险。(周其仁,1996)第一,资金等物质资本的出资方式使得其可以规避一部分创新风险;第二,通用性人力资本即使退出企业,其价值受市场价值决定,不存在因专用性导致的价值损失,因此其内在价值不会受到威胁;第三,能力性专用资产对创新成功和剩余产生的重要程度胜过资源性专用资产。

资源性专用资产并不会带来利益相关者权力的变化,因为资源性专用资产的投入是受到显性契约约束的,其投入和专用性程度并不会带来企业与利益相关者之间依赖关系的变化。显性契约约束的资产由于其可替代性很强,因此不会轻易退出利益相关者网络。但是对利益相关者利益而言,资源性专用资产会产生可占用性准租,并受到机会主义行为的威胁。从利益相关者单个个体来看,利益相关者利益小于权力就意味着利益相关者明显地处于权利不对称状态。依据以上分析,提出假设:

H_4:资源性专用资产对利益相关者权利不对称有正向影响。

(4)能力性专用资产与利益相关者权利对称性。能力性专用资产指的是受隐性契约约束的资产,主要有隐性知识、社会资本、专用性人力资本、相关能力和例行程序等。以专用性人力资本为例,它产生契约产权剩余、管理产权剩余和创新产权剩余。(吕福新,1997,2005)对于契约产权剩余主要关注的是扣除契约约束(显性契约)之外的剩余利润,这应该由利益相关者分享。管理产权剩余是控制、协调和经营管理才能产生的剩余的统称。企业家进行创新要有经营决策和配置资源的权力,企业家创造剩余价值获得剩余、积极主动地发挥创新才能的产权激励,就需要形成企业家创新剩余产权[①]。(吕福新,2005)现阶段的合作创新产权配置关注到了能力性专用资产的重要作用。(曹虹剑等,2010)能力性专用资产与其主体有着天然的不可分特征,而且需要激励而不能虐待。知识经济时代,主体的能力性专用资产转移成本越来越高,所以能力性专用资产占据产权配置的主导地位成为必然。(曹虹剑等,2010)能力性专用资产的最主要特征是依赖管理和创新过程,而且很大程度上依赖于创新成功。企业家才能属于私人信息,直接观测成本很高(樊光鼎,1999),只能通过间接定价来获得,即依赖其创新成功的价值来体现,研发人员的专用性人

---

① 本章区分两种人力资本:一是创新导向的专用性人力资本,即领先用户、创新型员工、企业家、部分拥有企业家精神的管理人员或其他实现创新活动的利益相关者拥有的人力资产。二是管理导向的专用性人力资本,尤其是对创新过程来说必不可少的拥有管理才能的人力资本。

力资本的价值实现也是依靠创新成功来实现的。

就利益相关者而言,能力性专用资产属于稀缺资源,可替代性很小,尤其是管理才能和创新才能,此类能力性专用资产有很强的专用性。技术能力、管理才能、例行程序等均属于未被契约约束的能力性专用资产。能力性专用资产的所有者拥有很大的影响创新的权力,这部分权力最主要的来源是合作关系中的依赖。(Emerson,1962)能力性专用资产的产权配置是由其自主属性决定的,其对创新过程的积极影响决定了其利益获得。但是,由于能力性专用资产的价值体现(利益主张)具有时间依赖性,因此其主张剩余索取权的要求会随着其贡献增大而变高。拥有能力性专用资产的利益相关者只能够被激励,而不能被"虐待"。因此,其利益主张与权力获得往往是不对称的状态。(盛亚等,2009;盛亚等,2012;盛亚等,2013)基于以上分析,提出假设:

H_5:能力性专用资产对利益相关者权利不对称有正向影响。

(5)权利对称性的中介作用。利益相关者理论认为,权利状况是利益相关者行为产生的最直接因素。(Freeman,1984)机会主义行为是利益相关者基于自身权利状态做出的寻求自身权利对称的行为。(盛亚等,2012;盛亚等,2013)自身权力缺失或者利益缺失是其机会主义行为的前因变量,权利配置影响机会主义行为的产生。(Werder,2011)因此,合作创新中利益相关者的机会主义行为也必然是基于两个方面的追求:以利益获取为主和以权力获取为主的机会主义行为。

主体权利对称性是论述单一主体自身利益和权力是否对称的特性,当利益和权力相等时,称之为权利对称;当利益和权力不相等时,即出现利益或权力缺失,称为权利不对称。根据现有研究,当利益相关者权利不对称时,利益相关者可能会出现退出合作的行为(常红锦等,2013);当利益相关者权利对称时,主体权利对称会抑制其机会主义行为的发生。基于以上分析,提出假设:

H_6:利益相关者权利不对称在专用性资产投入与机会主义行为的关系中起中介作用。

5.2.3 变量定义

上文构建了"资产专用性—机会主义行为"的机会主义行为生成机理

链。在正式进行实证研究之前，需要对"机会主义行为""专用性资产""利益相关者权利对称性"给出本节研究的具体定义。

（1）专用性资产。专用性资产概念来源于交易成本经济学，是指某种资源在用于某种或某几种特定用途之后，很难再移作他用的性质，当移作他用时其价值会大大降低（杨瑞龙等，2001），这涉及沉没成本的概念（Williamson，1985，2009）。

将专用性资产分为能力性专用资产和资源性专用资产。资源性专用资产指的是技术创新活动得以进行的最基本资源，有了这些资源，企业的技术创新便可以开始进行。这些资源是企业通过与利益相关者签订显性契约而获得的。能力性专用资产是指利益相关者参与企业技术创新活动所形成的隐性知识、技术技能、管理和创新能力等。企业通过与利益相关者缔结隐性契约而获得这些资产。（盛亚等，2009）

（2）机会主义行为。机会主义行为是"一种为自身利益获取而采取的欺诈行为"，专用性资产会引致主体的私利行为。（威廉姆森，1975，2009）结合 Williamson（1975，2009）、瓦特内等（2000）、Luo（2006，2007）和盛亚等（2013）的研究，将合作创新中利益相关者机会主义行为定义为：行为主体基于自利而采取的违背合同逃避责任、强制谈判修改合同、中断/限制资源供给和联合抵制退出合作的行为。

（3）利益相关者权利对称性。弗里曼利用"利益—权力"矩阵表示利益相关者拥有的利益和权力，其中利益包括股权利益、经济利益和施加影响者利益；权力包括形式或投票权力、经济权力和政治权力。（Freeman，1984，2006）盛亚等（2009）开创性地将利益相关者权利分析引入技术创新利益相关者网络中，考察了利益相关者的权利对称程度对技术创新绩效的影响。利益相关者因专用性资产的投入而获得权利（Blair，1995，1996），并且权利不对称是常态（盛亚等，2012）。当利益相关者权利对称时，利益相关者不会采取机会主义行为（Freeman，2006；盛亚等，2013）；权利越不对称，机会主义行为发生的可能性就越大。综上所述，变量界定如表 5-4 所示。

表5-4 研究变量定义

变量名	定 义	参考文献
专用性资产	在不牺牲其生产价值的条件下,利益相关者投入合作创新中很难被配置给其他使用者或者被用于其他用途的资产,强调资产很难再移作他用的性质	Williamson(1975,1985);杨瑞龙等(1997,1998);盛亚等(2009)
机会主义行为	主体为获取自身权利,做出违背合同、逃避责任、强制谈判、修改合同、中断或限制资源、抵制或退出合作的自利行为	Williamson(1975,1985);Wathne et al.(2000);Luo(2006,2007);盛亚等(2013)
利益相关者权利对称性	利益相关者因专用性资产投入和资源依赖关系而决定的利益和权力对称情况	Freeman(1984);Pfeffer et al.(1978);杨瑞龙(2000);盛亚等(2013)

5.2.4 变量测量、小样本测试与数据收集

(1)变量测量。主要变量是专用性资产、机会主义行为和利益相关者权利对称性。因为涉及一些较难量化的指标,因而采用 Likert 5 级量表的方法,界定数字 1~5 分别表示完全不同意(不符合)到完全同意(符合)的五种不同程度,其中 3 为中性标准(一般)。①专用性资产。参考 Christensen(1995)的研究,将资产类型分为资源性和能力性两种专用资产。(杨武,1999;盛亚等,2009)对专用性资产的测量,国内外相关研究已有很成熟的量表。本节研究主要参考杨武(1999)、Wuyts et al.(2005)、Luo(2006,2007)等所使用的量表,资源性专用资产和能力性专用资产各形成 6 个题项。②机会主义行为。机会主义行为的测量也已形成了比较成熟的量表。(Peng et al.,2000;Rokkan et al.,2003;Luo,2007)本节主要参考 Heide et al.(1988,2000)、Luo(2006,2007)、盛亚等(2013)研究中所采用的量表,形成 8 个题项。③利益相关者权利对称性。本节以利益和权力两者之差的绝对值作为权利对称性的测量指标。(盛亚等,2013)本节研究主要采用陈宏辉(2003)、江若尘(2006)、盛亚等(2009)及盛亚等(2013)所使用的量表,利益相关者的利益和权力各形成 4 个题项。

(2)小样本测试。本节对 52 份数据做了小样本测试。①信度分析。Cronbach's α 系数均大于 0.7,表示信度相当高。除去各变量的

Cronbach's α 系数之外，还应该关注各题项的 CITC 值。CITC 指数是判断某条款归于特定结构变量是否具有较好的内在一致性的良好的指示器，CITC 值应该大于 0.35。当某一题项的 CITC 值小于 0.35，且该题项删除之后整体的 Cronbach's α 系数变大，则应该删除。经计算，供应商、客户和科研机构的利益、权力、机会主义行为的 CITC 值均大于 0.35，其投入的资源性专用资产和能力性专用资产各有一个题项的 CITC 值小于 0.35，且删除之后整体的 Cronbach's α 系数变大，因此删除相应题项。②效度分析。效度是指标能够真正测度变量的程度，一般包括内容效度、效标关联效度和建构效度。本节采用 KMO 检验和 Bartlett 球体检验，对样本数据进行了探索性因子分析，量表中各维度的测量题项因子载荷均大于 0.5，在其他维度上的因子载荷均小于 0.5，说明具有较好的收敛效度和区别效度。其中，KMO 值应当大于 0.7，且 Bartlett 球体检验的 χ^2 统计值的显著性概率值小于 0.01，是适合做因子分析的基本条件。

(3)数据收集。①调查对象的确定。本节关注合作创新中利益相关者，以供应商、客户和科研机构为代表。供应商和客户对创新来说是必不可少的，科研机构的科研能力等则是企业实现创新的基础和依赖。②问卷收集。问卷的发放时间集中在 2014 年 7—9 月间，发放过程中得到亲戚朋友、同学等的支持和帮助。问卷发放主要集中在浙江、山东、北京三地，主要是通过邮件和实地走访两种形式。其中，发放问卷 260 份，剔除无效问卷，收回有效问卷 153 份，问卷回收率 59%。

5.2.5 假设检验

对供应商的假设检验。根据本节假设，以资源性专用资产和能力性专用资产为自变量，以机会主义行为的四个维度为因变量，考察两两之间的回归关系。以下所有的模型 1 都只有控制变量，模型 2 是在模型 1 的基础上加入了自变量。在进行回归分析的同时，采用方差膨胀因子 VIF 来检验多重共线性问题。一般认为，VIF 值在 1~5 间是可以接受的，接近 1 为最佳。

(1)资产专用性与违背合同逃避责任行为的关系检验。控制变量加入的模型 1 中，R^2 有显著变化，并且合作个数($\beta=-0.183, P=0.047$)回归系数显著，说明合作个体数目对机会主义行为的发生有显著影响，参与合作的个体数目越多,机会主义行为发生的可能性越低。在加入了供应商的资源性专用资产和能力性专用资产之后,结果显示 R^2 变化了 0.643 ($P<0.001$),说明模型整体具有意义,供应商的专用性资产投入对违背合同逃避责任的解释度较高,此时资源性专用资产的回归系数是显著的 ($\beta=0.851, P<0.001$),能力性专用资产的回归系数不显著。合作个数的回归系数显著性消失,说明合作个数会通过影响专用性资产投入进而影响到利益相关者的违背合同逃避责任行为。参与合作创新中的个体数越多,对创新中机会主义行为的抑制作用就越强,因此,利益相关者的违背合同逃避责任行为将会受到影响。同时,多重共线性问题并不严重,方差膨胀因子都在 1~5 之间,而且靠近理想值 1。

(2)资产专用性与强制谈判修改合同行为的关系检验。控制变量加入模型 1 中, R^2 有显著变化,并且企业年限($\beta=0.195, P<0.05$)、行业地位($\beta=0.247, P<0.01$)和合作个数($\beta=-0.291, P<0.01$)回归系数显著,说明以上三者对机会主义行为的发生有显著影响,企业成立时间越长,在行业中的地位越高,参与合作的个体数越多,则机会主义行为发生的可能性就越低,即强制谈判修改合同行为发生的可能性越低。在加入了供应商的资源性专用资产和能力性专用资产之后,模型 2 中 R^2 变化了 0.280($P<0.001$),说明模型整体具有意义,供应商的资源性专用资产和能力性专用资产对强制谈判修改合同行为解释度较高,此时供应商的资源性专用资产和能力性专用资产的回归系数都是显著的($\beta=0.248, P<0.01; \beta=0.286, P<0.001$),而企业年限、行业地位和合作个数的回归系数依然显著,但是回归系数变小,说明三者对强制谈判修改合同行为的影响强度由于供应商的资源性专用资产和能力性专用资产的加入而减弱。同时,多重共线性问题并不严重,方差膨胀因子都在 1~5 之间,而且靠近理想值 1。

(3)资产专用性与中断/限制资源供给行为的关系检验。控制变量加入的模型 1 中, R^2 有显著变化,并且企业性质($\beta=0.215, P<0.05$)和合作个数($\beta=-0.346, P<0.001$)回归系数显著,说明以上两者对机会主义行为的发生有显著影响,国有企业和外资企业的信誉较好,利益相关者机会主义行为较少。参与合作的个体数越多,则机会主义行为发生的可能性就越低,即中断/限制资源供给行为发生的可能性越低。在加入了供

应商的资源性专用资产和能力性专用资产之后，模型 2 中 R^2 变化了 0.294($P<0.001$)，说明模型整体具有意义，供应商的资源性专用资产和能力性专用资产对中断/限制资源供给行为解释度较高，此时供应商的资源性专用资产和能力性专用资产的回归系数都是显著的($\beta=0.215,P<0.01;\beta=0.307,P<0.001$)，而企业性质的回归系数显著性消失，合作个数的回归系数依然显著，但是回归系数变小，说明其对于中断/限制资源供给行为的影响强度由于供应商资源性专用资产和能力性专用资产的加入而减弱。同时，多重共线性问题并不严重，方差膨胀因子都在 1~5 之间，而且靠近理想值 1。

（4）资产专用性与联合抵制退出合作行为的关系检验。控制变量加入的模型 1 中，R^2 有显著变化，并且企业性质($\beta=0.228,P<0.05$)回归系数显著，说明企业性质对机会主义行为的发生有显著影响，国有企业和外资企业的信誉较好，利益相关者机会主义行为较少，即联合抵制退出合作行为发生的可能性越低。在加入了供应商的资源性专用资产和能力性专用资产之后，模型 2 中 R^2 变化了 0.445($P<0.001$)，说明模型整体具有意义，供应商的资源性专用资产和能力性专用资产对联合抵制退出合作行为解释度较高，此时，能力性专用资产的回归系数是显著的($\beta=0.640,P<0.001$)，而资源性专用资产的回归系数不显著，且企业性质的回归系数显著性消失。同时，多重共线性问题并不严重，方差膨胀因子都在 1~5 之间，而且靠近理想值 1。

由上述检验可以看出，除去资源性专用资产对利益相关者违背合同逃避责任行为的回归系数不显著，能力性专用资产对利益相关者联合抵制退出合作行为的回归系数不显著，其余回归系数均显著，因此相关假设成立。

（5）资产专用性与权利对称性的关系检验。资源性专用资产和能力性专用资产对机会主义行为和权利不对称的回归系数均显著，说明相应的假设成立。从资源性和能力性专用资产对机会主义行为和权利不对称的回归系数来看，在其两者都显著的前提下，资源性专用资产的回归系数大于能力性专用资产的回归系数(0.464>0.394;0.452>0.407 且 $P<0.001$)，可以得出资源性专用资产对机会主义行为和权利不对称的影响程度高于能力性专用资产。

（6）权利对称性对专用性资产与机会主义行为影响的中介关系检验。相对模型1和模型2，模型3的R^2增大，表明整体拟合度在提升。模型3中，当中介变量加入后，专用性资产的回归系数由0.580减小到0.503且$P<0.001$，中介变量的回归系数显著（$\beta=0.249$，$P<0.001$），因此存在部分中介作用，假设获得支持。

对客户的假设检验结果。进行多重共线性问题检验时，所有VIF值均处于1～5之间，且靠近理想值1，因此共线性问题不严重。资源性专用资产对客户违背合同逃避责任行为的回归系数不显著，能力性专用资产对客户联合抵制退出合作行为的回归系数不显著，其余回归系数均显著（$P<0.001$），因此相关假设成立。资源性专用资产和能力性专用资产对机会主义行为的回归系数均显著，说明相应的假设成立。

对客户而言，资源性专用资产对权利不对称的回归系数不显著，能力性专用资产对权利不对称的回归系数显著。从资源性和能力性专用资产对机会主义行为的回归系数来看，在其两者都显著的前提下，资源性专用资产的回归系数大于能力性专用资产的回归系数（0.287>0.215且$P<0.01$），可以得出资源性专用资产对机会主义行为的影响程度高于能力性专用资产。从中介作用的检验来看，权利不对称在能力性专用资产和机会主义行为中的回归系数显著，并且能力性专用资产的回归系数显著降低（0.365>0.298且$P<0.01$），故存在部分中介作用。

对科研机构的假设检验结果。回归分析时同时进行多重共线性问题检验，所有VIF值均处于1～5之间，且靠近理想值1，因此共线性问题不严重。资源性专用资产对科研机构违背合同逃避责任行为的回归系数不显著，能力性专用性资产对科研机构联合抵制退出合作行为的回归系数不显著，其余回归系数均显著（$P<0.001$），因此相关假设成立。资源性专用资产和能力性专用资产对机会主义行为的回归系数均显著，说明相应的假设成立。

对科研机构而言，资源性专用资产对权利不对称的回归系数不显著，能力性专用资产对权利不对称的回归系数显著。从资源性和能力性专用资产对机会主义行为的回归系数来看，在两者都显著的前提下，资源性专用资产的回归系数大于能力性专用资产的回归系数（0.226>0.201且$P<0.001$），可以得出资源性专用资产对机会主义行为的影响程度高于能

力性专用资产。从中介作用的检验来看，权利不对称在能力性专用资产和机会主义行为中的回归系数显著，并且能力性专用资产的回归系数显著降低（0.317＞0.277 且 $P<0.01$），故存在部分中介作用。

综上所述，绝大部分假设得到了检验，但对不同利益相关者（供应商、客户和科研机构）在权利不对称性的中介作用上存在细微差异。假设检验汇总如表 5-5。

表 5-5　假设检验汇总

序号	假设	结果
H_1	利益相关者资源性专用资产投入对其机会主义行为有正向影响	Y
H_{1a}	资源性专用资产投入对利益相关者违背合同逃避责任有正向影响	Y
H_{1b}	资源性专用资产投入对利益相关者强制谈判修改合同有正向影响	Y
H_{1c}	资源性专用资产投入对利益相关者中断/限制资源供给有正向影响	Y
H_{1d}	资源性专用资产投入对利益相关者联合抵制退出合作有正向影响	N
H_2	利益相关者能力性专用资产投入对其机会主义行为有负向影响	Y
H_{2a}	能力性专用资产投入对利益相关者违背合同逃避责任有负向影响	N
H_{2b}	能力性专用资产投入对利益相关者强制谈判修改合同有负向影响	Y
H_{2c}	能力性专用资产投入对利益相关者中断/限制资源供给有负向影响	Y
H_{2d}	能力性专用资产投入对利益相关者联合抵制退出合作有负向影响	Y
H_3	与能力性专用资产相比，资源性专用资产投入对利益相关者机会主义行为的影响更大	Y
H_4	利益相关者资源性专用资产投入对其自身权利不对称有正向影响	N
H_5	利益相关者能力性专用资产投入对其自身权利不对称有正向影响	Y
H_6	利益相关者权利不对称在其专用性资产投入与机会主义行为的关系中起中介作用	Y（供应商）、部分支持（客户和科研机构）

5.2.6 主要结论

①关注合作创新中的机会主义行为，并将其分为四种行为：违背合同

逃避责任、强制谈判修改合同、中断/限制资源供给和联合抵制退出合作。以专用性资产投入作为影响机会主义行为发生的前因变量,以投入资源性专用资产为代表的供应商、投入能力性专用资产为代表的科研机构和两者均有投入的客户为特例,考察了专用性资产投入对机会主义行为的影响。研究结果表明:除了细微差别外,利益相关者的专用性资产投入直接或以权利不对称为中介间接影响着机会主义行为。②权利是利益相关者主体属性的核心。本节认为,权利不对称是专用性资产投入和机会主义行为之间的中介变量。虽然存在着不同利益相关者的差异(如客户和科研机构模型中的中介作用,只在能力性专用资产与机会主义行为之间生效),但权利不对称的中介作用一定程度上回应了资产专用性是增加还是减少了机会主义行为的争议。③对专用性资产投入的关注是基于资源和能力两个维度展开的,实证研究了其对机会主义行为和权利不对称的影响。这也在一定程度上回应了现有研究关于资产专用性与机会主义行为的研究分歧。本节得出结论,资源性专用资产投入与能力性专用资产投入对机会主义行为的发生均具有影响,但是影响程度不同。资源性专用资产对机会主义行为的影响程度要高于能力性专用资产的。

第6章 利益相关者机会主义行为的防御策略

学者们对机会主义行为防御策略的研究历史悠久,其中较为成熟的机会主义行为防御策略主要包括一体化、正式契约治理、关系契约治理等,这些防御策略已得到理论界的普遍认同,并在现实中发挥了巨大的作用。受此启发,本章主要以资源依赖为视角,提出两种新的机会主义防御策略:互惠性投资与弥补性投资,并通过问卷调查对这两种策略进行验证。

6.1 文献回顾

6.1.1 资源依赖理论研究

(1)依赖与权力。社会交换理论主要围绕资源、依赖和权力研究人们之间的交换关系,Emerson(1962)认为,权力是依赖的函数,即 A 对 B 的依赖等于 B 对 A 的权力。在此基础上,菲佛和萨兰基克 1978 年出版的《组织的外部控制——对组织资源依赖的分析》一书成为资源依赖理论的开山之作。

资源依赖理论是将社会交换理论的研究成果应用于组织与外界环境的关系研究中,认为组织的生存离不开资源,而组织自身又难以具备生存所需的全部资源,因此需要与外界环境进行资源交换,并对拥有或控制其所需资源的外界环境产生依赖,这赋予了外界环境影响组织的权力,使组织的行为在一定程度上受到外部控制。

由于对于企业,各类资源的重要程度与可替代程度存在差异,企业对拥有其所需资源的外界组织产生了不同程度的依赖,因此外界组织在不同程度上拥有对企业施加影响的权力。资源依赖理论认为,一个组织对另一个组织的依赖水平可以从以下几方面衡量:一是资源的稀缺性;二是资源的重要性(Essentiality),这主要取决于需要方的主观评价;三是资源的不可替代性,主要体现在市场上同类资源拥有者的数量及可获得性两方面。(雷昊,2004)只要组织不能完全控制实现某一行动并从该行动中获得其所期望结果的所有必要条件,就一定对外界存在依赖,随着专业化分工的细化,这种依赖程度会不断加深。(菲佛等,2006)。

(2)相互依赖的内涵与维度。资源依赖理论的一个重要观点是依赖是相互的,正如一个组织依赖于另一个组织,两个组织也可以同时相互依赖;一个组织的依赖性强于另一个组织时,双方之间的权力就变得不对称。(马迎贤,2005)最初资源依赖理论中相互依赖的概念比较模糊,随后的研究主要从依赖/权力之和与依赖/权力之差两方面对其进行维度划分,例如,联合依赖(Joint Dependence/Mutual Dependence)、总权力(Total Power)、依赖不对称(Dependence Asymmetry)、权力不对称(Power Asymmetry)和权力不平衡(Power Imbalance)等。(Casciaro et al.,2005;姜翰等,2008)其中,联合依赖大多采用双方依赖之和,或双方依赖的均值来表示;权力不对称则通过彼此的依赖程度之差,或权力优势方与权力劣势方的权力之比来表示。相互依赖维度划分如图 6-1 所示。

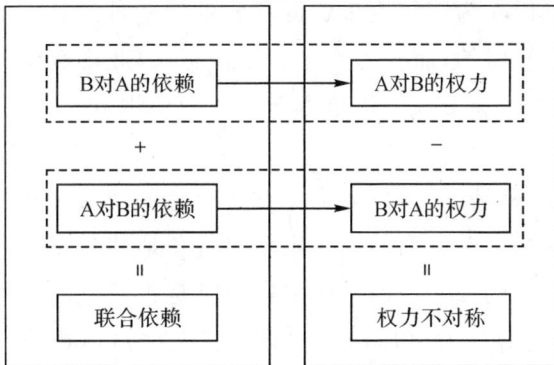

图6-1 相互依赖维度划分

根据企业间相互依赖关系的两个维度,可以将企业间相互依赖关系分为四种类型,如图 6-2 所示。

权力不对称程度

低　　　　　高

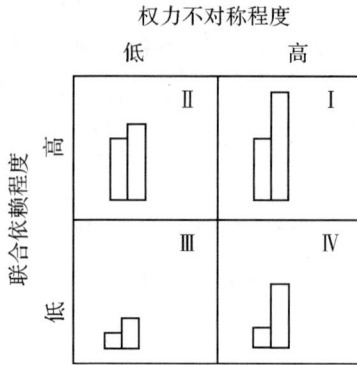

图 6-2　企业间相互依赖关系类型划分

（2）权力使用与权力关系重构。达尔（Dahl）将权力定义为 A 令 B 去做其原本不愿意做的事情的能力。首先，权力表示一种有向关系，在这一关系中，有权力主体（权力的主动施加者）与权力客体（权力的被动接受者）之分。其次，权力表示一种影响力，权力主体能够运用一些手段和方法使权力客体的意愿或行为发生变化。最后，权力蕴含着一种力量（强制力），能够确保权力主体将自己的意志强加于他人身上。

权力是社会关系的一个基本属性，可以作为协调行为及控制冲突的一种手段，也可以作为谋取更多资源和收益的一种工具。由于权力对称状态是相对的、暂时的，而权力不对称是常态，因此现有研究的重点多集中于权力不对称情况下权力优势方对权力的使用，以及权力劣势方对权力关系的重构。

在权力不对称情况下，权力优势方会对整个交易方式和机制进行主动安排，而这种相对单方面的安排则不可避免地体现了权力优势方为己牟利的动机。（张闯，2007）根据使用权力时是否通过改变权力客体的态度和看法而改变其行为，可将其分为强制性权力（Coercive Power）与非强制性权力（Noncoercive Power）。强制性权力的使用直接要求权力客体采取某种行为，非强制性权力的使用则通过改变权力客体对目标对象的态度和看法而改变其行为。

权力不对称使利益决策偏向于权力优势方，权力优势方可以强制性要求权力劣势方按其意愿行事，也可以选择非强制方式，通过影响对方的认知和态度，使其按照自己的意愿行事。强制方式是非强制方式不能达到预期目的时的替代。当权力被作为谋取利益的手段使用时,权力客体将受到很大的影响,不仅在行动上丧失一定的自主性,还可能在利益的分配中处于不利地位。

在相互依赖关系中,处于权力劣势地位的企业由于面临较低的行为自主性和较高的外界不确定性,拥有更强烈的动机重新构建彼此之间的相互依赖关系,采用的策略通常包括单边策略(Unilateral Tactics)和双边策略(Bilateral Tactics)。单边策略是指通过拓展其他资源渠道或降低该资源对本企业的使用价值,从而绕过特定资源持有者并降低对它的依赖;双边策略则是指直接与对方企业成员建立良好的社交关系,通过用声誉、友谊或信息与对方进行交换以稳定资源获取的来源。(Casciaro et al.,2005)

6.1.2 机会主义行为防御策略研究

(1)一体化与契约治理。从节省交易成本的角度出发,威廉姆森探讨了不同资产专用性下的治理结构:当资产专用性程度较低时,市场交换能够节省内部组织成本,企业可以享受外部规模经济带来的低成本优势;当资产专用性程度中等时,用企业间网络方式治理就比较有效;当资产专用性程度较高时,一体化使原来的外部市场关系内部化,能够有限地降低风险。(Williamson,1975)虽然一体化方式是对机会主义行为的一种有效防御手段,但由于一体化成本较高并受法律限制,有时企业难以实施(Erin et al.,1986),因此人们开始探索专用性投资的其他保护机制。

正式契约治理是机会主义行为防御机制中被广为使用的一种方式,通过制定规则、明晰产权、引入第三方监管的方式保证合作的有效进行。正式契约包括政府法律法规、行业政策、合作协议等,具有法律效力,交易一方违背契约,另一方有权请求第三方强制纠正其行为。正式契约为合作关系提供了监督机制,这种机制不仅能够衡量出合作伙伴违背合约条款的程度,也促使了合作伙伴积极履行责任,因为背离合约会受到惩罚或导致交易关系终止。实证研究也表明了正式契约在抑制机会主义方面的有效性。(Dahlstrom et al.,1999)

正式契约虽能对专用性程度较低的简单交易进行有效保护,但随着资产专用性及交易复杂程度的加深,正式契约治理机制也显得愈加捉襟见肘。在复杂交易中,为规范双方在潜在突发事件中的行为,需要制订更加详细的合约。由于人的有限理性，很难对未来的或然事件做出充分的考虑并以双方都同意的方式写进契约，即使能够写进契约，由于机会主义行为的难以证实性或其惩处成本过高，正式契约也会失效。

关系契约虽然不能替代正式契约，但能在很大程度上弥补正式契约的不足。关系契约以双方之间的信任为基础，包括声誉和共同文化等，通过相互监督和自我实施机制，在企业间建立良好的合作氛围与行为规范，对合作成员的行为实施软约束，以保证合作的顺利进行并降低交易成本。关系契约有两条形成路径，分别为由专用性资产而形成的双方依赖关系和动用个人社会资本而锁定的双方关系。（杨瑞龙等，2003）"财务抵押"和"专用性投资抵押"（Williamson，1985；Bradach et al.，1989）都能起到自我执行的效果。关系契约治理不仅能够降低搜寻信息成本、监督和执行成本、讨价还价和决策成本，还能增强彼此之间的信任与合作，提高经济活动的预见性，降低机会主义风险。

（2）互惠性投资（Reciprocal Specific Investments）。专用性投资的另一种保护机制是互惠性投资，即交易中的一方做出专用性投资，另一方也相应地以专用性投资作为回报，使双方在相互质押（Mutual Hostages）的基础上建立双边依赖关系（Mutual Reliance relation）。（Williamson，1985）这时交易中任意一方的机会主义行为倾向都会消弱，因为一方的机会主义行为极有可能受到另一方的报复。（Artz，1999）互惠性投资还代表着投资方愿意共担风险与责任的良好意愿，能够增强合作中的信任，促使双方建立互惠性合作规范，从而降低机会主义行为发生的可能性。

互惠性投资的结果是企业间的双边专用性投资，一些研究中出现的"Asset Cospecialization""Bilateral Idiosyncratic Investments""Bilateral Transaction-Specific Investments"等，都表示交易双方做出的双边专用性投资。渠道关系研究中，大量文献对供应商与购买商建立在专用性投资基础上的双边依赖关系进行了实证，结果表明双边专用性投资对组织间合作绩效有正向影响。（De et al.，2011）在此基础上，高维和（2008）通过实证验证了渠道中双边专用性投资（不一定对等）对机会主义行为的抑制作用。如果交易双方投入的专用性资产相当，机会主义行为发生的可能性将大大降低。（Conner，1991）

（3）弥补性投资。在现实生活中，由于合作双方地位不平等及其他一些原因的存在,专用性资产投资方并不一定都能获得对方的互惠性投资,因此单边专用性投资现象也较为常见,对于已经投入专用性资产却无力进行一体化的小企业而言,弥补性投资(Offsetting Investments)能够为其提供有效的保护。(Heide et al.,1988)曲洪敏等(2008)对渠道关系的实证研究也表明,分销商在与供应商的合作关系中进行专用性投资的同时,对购买供应商产品的客户也进行投资(即所谓的弥补性投资),即通过为客户提供高价值的服务,使客户转移到另一分销商或直接从供应商处购买具有较高转移成本的产品,就能增强客户及供应商对自己的依赖,对供应商更可能具有长期导向性,以此保护自身对供应商做出的专用性投资。

弥补性投资作为单边专用性投资的代表,能通过为对方创造更多的价值而降低对方机会主义行为发生的可能性,其实质是通过专用性投资建立自身的专有性。专有性资源是指这样一些资源,一旦它们从企业中退出,将导致企业生产力下降、组织租金减少甚至企业组织解体。在企业生产中越关键,在市场上越稀缺,越难被替代的资源所具有的专有性越强。(杨瑞龙等,2001)赵根宏对资产专有性也做出了几何表达,将特定资源退出合作关系之前,企业的市场价值表示为 P,退出后的价值表示为 $(1-\beta)P$,其中 $\beta(0<\beta<1)$ 表示该资源的专有性,β 越大说明这种资源对企业越重要,越难以被替代,即专有性程度越深,企业或其他成员资产价值的实现强烈地依赖于与该资源所有者合作关系的维持。颜光华等(2005)认为,专用性和专有性是资产的二重性,资产的专用性是投资者为了获得资产的专有性而付出的代价和必须承担的风险。一旦企业建立起自身的专有性,将成为对方难以替代的价值来源,因此,能在很大程度上降低对方发生机会主义行为的可能性。

6.2 理论模型与研究假设

6.2.1 模型构建

互惠性投资的结果是双边专用性投资,作者对比单边与双边专用性投资对机会主义行为影响上的差异发现,以资源依赖的视角重新审视专用性投资与机会主义行为之间的关系,并以相互依赖关系为中介,能对单边、双边专用性投资对机会主义行为的不同影响做出很好地解释。在特定的交易关系中,单边专用性投资使投资方 A 依赖于另一方 B 的长期合作,双方之间不平衡的依赖关系使 B 具有了相应的权力,并且可以通过对这一权力的使用或者威胁使用,迫使 A 按照自己的意愿行事,甚至不惜以牺牲 A 的利益为代价为自己牟取利益,因此单边专用性投资与机会主义行为息息相关。双边专用性投资不仅能够加深合作双方的相互依赖程度,使彼此之间的利益联系更为紧密,提升双方的合作意愿,还能有效减小双方之间的权力差距,使权力优势方迫使权力劣势方按照自己意愿行事的能力下降,因此双边专用性投资能够有效抑制机会主义行为的发生。

然而,在做出专用性投资的基础上,由于与合作伙伴的分工、地位等存在差异,有时可能得不到对方企业相应的互惠性投资,从而不能形成双边专用性投资格局。此时在使用其他防御机制的同时,弥补性投资给专用性投资方提供了一种防御对方机会主义行为的新思路。

弥补性投资在原有专用性投资的基础上又做出了额外的投资,旨在通过这些额外的投资培养建立自身的专有性,使本企业能为对方提供更多的价值,从而增强本企业对对方企业的不可替代性,以此达到稳定双边关系、促进合作顺利进行的目的。与关系契约治理不同的是,弥补性投资注重的不是培养双方关系的社会属性(友好、信任等),而是着重强调增加双方关系的经济属性,以利诱之,使对方企业通过理性选择,放弃短期行为而注重长远利益,其实质也是增强对方企业对本企业的依赖,并减轻双方之间的权力不对称程度。

判断特定交易关系中的一方是否会剥夺另一方的"可占用准租",不仅要考虑"可占用准租"的大小(预期收益的增加),还要考虑侵占行为可能会给自身利益带来的损失(合作终结或对方的报复给自身利益带来的损失)。因此,以双边视角还原一个较为真实全面的双边依赖关系,并在此基础上考虑双方可能出现的行为,将具有更切实的现实指导意义。

相互依赖关系的两个维度(联合依赖和权力不对称)能在一定程度上反映机会主义行为的意愿与能力:联合依赖程度反映了合作双方的联合价值创造能力、利益联系强度与合作意愿;权力不对称程度则反映了双方行为的自主性与强制力大小,以及在价值分配过程中的讨价还价能力。这两个维度能够有效地反映出特定交易双方的竞合关系,并进一步影响交易双方在合作中的行为表现。本章认为,互惠性投资与弥补性投资通过调整交易双方之间的相互依赖关系影响特定合作关系的发展趋向。本章的理论模型如图 6-3 所示。

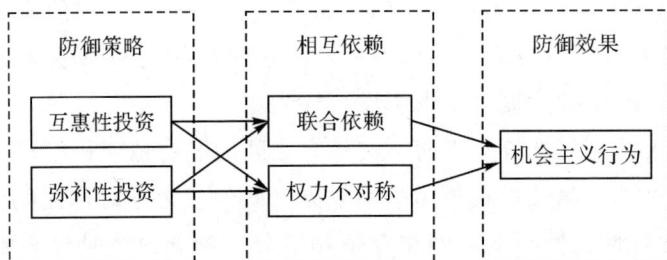

图 6-3 机会主义行为防御策略内在机理研究理论模型

6.2.2 假设提出

(1)互惠性投资与机会主义行为。Williamson 对互惠性投资的研究在很大程度上拓展了其原始模型。互惠性投资使交易双方形成相互质押关系,任何一方的不合作行为都会受到对方的惩罚与报复,因此双方都更倾向于自愿履行正式契约所规定的责任与义务。这有利于关系契约的形成,在此基础上还能够有效减少合作中出现的诸如搭便车和敲竹杠等机会主义行为。(王国才等,2011)假设在特定交易关系中,合作双方分别为 A,B,在 B 做出专用性投资的基础上,A 也相应地做出互惠性投资,则有:

H_1:A 的互惠性投资负向影响 A 的机会主义行为。

(2)弥补性投资与机会主义行为。渠道关系研究中的弥补性投资主要指的是分销商在与制造商的合作关系中投入了专用性资产,但绕过制造商本身,通过与购买制造商产品的客户建立良好的关系,为其提供专业化的服务与及时的反馈,以增加制造商产品的附加价值并提高顾客对自身的黏性,从而间接地为制造商创造更多价值。此时,分销商通过增强合作双方之间的利益联系,以达到保障合作关系长期顺利维系和降低机会主义行为发生可能性的目的。如果 B 在做出专用性投资的基础上,继续做出弥补性投资,则有:

H_2:B 的弥补性投资负向影响 A 的机会主义行为。

(3)互惠性投资与企业间相互依赖。在特定交易关系中,一方做出专用性投资,另一方相应地也以专用性投资作为回报,是双方交换关系的一种表现，即使现实中交易双方由于各种原因并不一定能够实现等价交换，但与原有的单边专用性投资相比，获得合作伙伴的互惠性投资，也在一定程度上以"相互专用(Inter-Specific)"形式加深了双方之间的联合依赖程度，并有效减轻了双方之间的权力不对称程度，从而能够增强双边关系的稳定性。在此基础上提出以下假设：

H$_{3a}$：A 的互惠性投资正向影响双方之间的联合依赖程度；

H$_{3b}$：A 的互惠性投资负向影响双方之间的权力不对称程度。

(4)弥补性投资与企业间相互依赖。分销商通过弥补性投资与客户建立亲密关系，为客户提供产品价值以外的超额附加价值，使客户转向其他分销商或直接从供应商处购买的机会成本提高，并具有一定的转移成本，从而增强客户对自身的依赖。同时，由于客户是供应商最终的价值实现来源，分销商拥有的客户资源对供应商也是有价值的稀缺资源，分销商的弥补性投资间接地增强了供应商对分销商的依赖，使双方之间的联合依赖程度加深，从而增强了双方依赖关系的对称性。(曲洪敏等，2008)在此基础上提出以下假设：

H$_{4a}$：B 的弥补性投资正向影响双方之间的联合依赖程度；

H$_{4b}$：B 的弥补性投资负向影响双方之间的权力不对称程度。

(5)联合依赖与机会主义行为。Kumar et al.(1995)的研究发现，当其他情况不变时，联合依赖程度加深会减少渠道冲突，提高双方之间的信任和承诺水平。Gundiach et al.(1994)对渠道关系的研究也发现联合依赖程度加深会降低剩余冲突水平。在其他条件不变的情况下，联合依赖程度加深意味着双方的利益更加趋同，退出成本也随之增加，一方做出有损另一方利益的行为如果受到对方的报复，转而会使自身的利益遭受重大损失。因此，双方都倾向于维护好这一合作关系，增进彼此之间的信任，形成良好的合作氛围与互惠规范，确保合作关系长期而稳定。此时关系契约对双方的行为起到明显的约束作用，通过自我执行协议降低了机会主义行为发生的可能性。在此基础上提出以下假设：

H$_5$：双方之间的联合依赖程度负向影响 A 的机会主义行为。

(6)权力不对称与机会主义行为。权力是人们之间相互作用的一种状态，而利益则是人们相互作用的原动力。现有双边视角的研究已经发现，对称性关系比非对称性关系更具稳定性。(Anderson et al.，1989)权力不对称程度加深会增加渠道冲突,降低双方之间的信任和承诺水平。(Kumar et al.,1995)权力优势方能够对整个交易方式和机制进行主动安排,而这种相对单方面的安排则不可避免地会体现其为自身牟利的动机。(张闯,2007)权力优势方对另一方的决策和行为具有潜在影响力,这将激发其通过行使权力在交易中牟取更多利益。随着权力不对称程度加深,权力劣势方对权力优势方强制性权力的使用有更高的容忍度,并且对公平的要求也较低,因此较少发生报复行为(Frazier et al.,1991),这在很大程度上减少了权力优势方的后顾之忧,也更容易纵容权力优势方的机会主义行为。现有研究发现,权力优势方对权力的强制性或非强制性使用都会引发机会主义行为。(Frazier et al.,1991;Provan et al.,1989)因而提出以下假设:

H_6:双方之间的权力不对称程度正向影响 A 的机会主义行为。

(7)联合依赖的中介作用。虽然互惠性投资形成的双边锁定能够有效降低机会主义行为发生的可能性,但研究发现,与合作伙伴的专用性投资相比,投资较少的企业倾向于在合作关系中发生机会主义行为(Gundlach et al.,1995),说明互惠性投资对机会主义行为的抵制作用的大小还与双方专用性投资的比值有关,也就是与双方建立在相互质押基础上的相互依赖关系有关。同等分量的互惠性投资在不同的关系基础上对关系稳定性的贡献也不同,因此互惠性投资对机会主义行为的抑制作用需要先通过改善交易双方的相互依赖状况,才能真正生效。因而提出以下假设:

H_{7a}:双方之间的联合依赖程度在 A 的互惠性投资与 A 的机会主义行为之间起中介作用;

H_{7b}:双方之间的权力不对称程度在 A 的互惠性投资与 A 的机会主义行为之间起中介作用。

(8)权力不对称的中介作用。与互惠性投资相似,弥补性投资对机会主义行为的抑制作用也需要建立双方之间的关系基础上。需要指出的是,能够真正起到抑制机会主义行为作用的并不是弥补性投资本身,而是通过弥补性投资调整双方的相互依赖关系,从而影响双方的行为趋向。因而提出以下假设:

H_{8a}:双方之间的联合依赖程度在 B 的弥补性投资与 A 的机会主义

行为之间起中介作用；

H_{8b}：双方之间的权力不对称程度在 B 的弥补性投资与 A 的机会主义行为之间起中介作用。

本章提出的研究假设如图 6-4 所示。

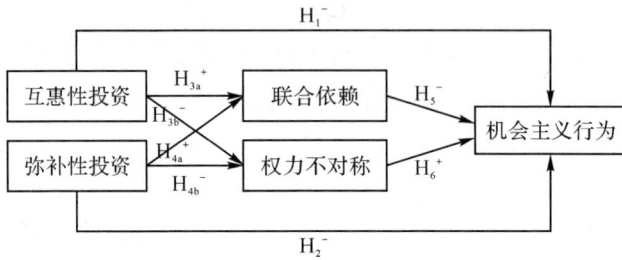

图 6-4　机会主义行为防御策略内在机理研究假设

6.3 研究设计与数据收集

6.3.1 变量定义与测量

本章的理论模型包括互惠性投资、弥补性投资、联合依赖、权力不对称和机会主义行为五大变量。为了保证问卷的信度和效度，本章主要借鉴国内外现有文献中相关的成熟量表，并结合具体研究情境与研究内容对以上变量进行定义与测量。

（1）互惠性投资。由于现有文献对互惠性投资的研究大多还处于理论探索阶段，尚没有直接可用的成熟量表，因此，作者对互惠性投资的测量主要借鉴已有对专用性投资测量的文献。已有文献对专用性投资的测量主要包括三个维度：物质专用性投资、人力专用性投资（Anderson et al.，1992）与关系专用性投资（Lee et al.，2003；许景等，2012）。由于本章的主旨不在于研究专用性投资的不同维度之间对机会主义行为的不同影响，因此，对专用性投资的维度不做区分，并将成熟量表中的题项融合为 5 个题项，测量对方企业的互惠性投资，测量量表如表 6-1 所示。值得注意的是，分量相等的互惠性投资在不同的专用性投资基础上，对双方关系及行为的影响可能也不同，为了消除原有专用性投资上的差异，通过分别测量交易双方的专用性投资，最终以两者的比值衡量互惠性投资程度，另外，本企业专用性投资的测量题项与对方企业互惠性投资题项相似。

表6-1 对方企业互惠性投资测量量表

变 量	测量题项	参考来源
互惠性投资	1. 投资建厂或购置厂房、门店、机械、设备、工具或原材料	Suh et al.(2006); Anderson et al.(1992); Park et al.(2001); Lee et al.(2003); 许景等(2012)
	2. 改装原有机械设备、工具或改变原有生产运营流程	
	3. 安排专门的人员或团队为贵企业提供产品或服务	
	4. 对员工进行了专门培训并投入了大量的时间和精力	
	5. 有时会向贵企业相关人员赠送礼品或表达问候	

(2)弥补性投资。渠道关系的相关研究主要以分销商为研究对象,实证研究中题项的设置主要反映了分销商对购买供应商产品的客户所进行的专用性投资。(Heide et al.,1988;曲洪敏等,2008)由于受特定研究对象的限定,本章对原有量表进行了的修改,修改后的本企业弥补性投资测量量表如表6-2所示。考虑到等量的弥补性投资在自身不同的专用性投资基础上,对合作双方关系的改善及对行为的影响可能也不同,因此,为了消除原有专用性投资上的差异,将本企业的弥补性投资与原有专用性投资的比值作为对本企业弥补性投资的测量。

表6-2 本企业弥补性投资测量量表

变 量	测量题项	参考来源
弥补性投资	1. 与购买对方企业产品的客户建立了良好的关系	Heide et al.(1988); 曲洪敏等(2008)
	2. 建立的良好关系对对方企业的产品销售有很大影响	
	3. 贵企业额外提供的产品/服务有助于对方企业产品/服务价值的提升	
	4. 贵企业额外提供的产品/服务有助于增加对方企业的客户量与销量	
	5. 对方企业不在乎是与贵企业还是与其他企业合作	

(3)联合依赖与权力不对称。联合依赖反映的是合作双方的内聚力水平,高联合依赖意味着各成员拥有较为一致的价值取向和目标,相应地,行为的协同性也更好。(姜翰等,2008)由于依赖具有方向性,权力不对称作为交易双方依赖的差向量,主要用于表明双方在合作中的主导与依附地位。现有研究大多用交易双方的依赖之和表示彼此之间的联合依

赖程度,用交易双方的依赖之差表示彼此之间的权力不对称程度。本章借鉴现有研究,首先通过测量交易双方的依赖程度,再分别求双方的依赖之和与双方的依赖之差,以反映双方的联合依赖程度和权力不对称程度。

　　参照现有研究中的依赖量表(Kumar et al.,1995;李玲,2011),根据交易中一方为对方创造的价值大小及其不可替代性(McCann et al.,1977;林建宗,2008),作者最终设计出 5 个题项测量本企业对对方企业的依赖程度,如表 6-3 所示。对方企业对本企业的依赖题项与表 6-3 类似。

表 6-3　本企业依赖测量量表

变　量	测量题项	参考来源
本企业依赖	1.对方企业为贵企业提供的资源占贵公司总需求量的很大部分	Kumar et al.(1995);McCann et al.(1977);李玲(2011)
	2.对方企业为贵企业创造的利润占贵企业总利润的很大部分	
	3.如果该合作突然中断,贵企业短期内很难找到合适的替代伙伴	
	4.贵企业替换对方企业将付出较高的代价	
	5.预计替换对方企业会使贵企业的未来收益大幅降低	

　　(4)机会主义行为。学术界对机会主义行为的研究相对较多,但由于机会主义行为产生的原因、分类及表现形式各异(高嵩,2009),现有量表也存在较大差异,因此综合以往研究(高维和,2008;Provan et al.,1989;高嵩,2009;陈少丹,2009;薛佳奇等,2011),作者选取 5 个较为通用的题项测量对方企业的机会主义行为,如表 6-4 所示。

表 6-4　对方企业机会主义行为测量量表

变　量	测量题项	参考来源
机会主义行为	在以上合作中,对方企业曾: 1.向贵企业传递不真实(夸大、隐瞒或扭曲)信息	Anderson(1988);Achrol(1995);Provan et al.(1989);高维和(2008)
	2.向贵企业承诺一些事情,但实际并没有做	
	3.偷懒或偷工减料,以减少投入	
	4.不按照合约、协议办事或利用合约漏洞	
	5.强制谈判迫使贵企业让步或修改合同	

6.3.2 问卷设计、发放与回收

本章主要采用问卷方式收集研究所需的数据,在问卷设计的过程中,遵循三大步骤:①通过大量的文献阅读,汇总已有研究的测量题项,根据研究情境与研究目的对相关题项进行选择,在此基础上得到最初问卷题项。②将最初的问卷发给在企业工作的好友试做,并询问其做题感受,在此基础上对问卷的语意表达与内容安排做进一步的修改与精炼。③通过预调查,在小规模发放回收过程中根据调研对象提出的疑问及此后对有效问卷信度、效度的检验,修改、删除部分题项,形成最终问卷(见附录5)。主要采用 Likert 5 点评分法,从很不符合到很符合依次赋值为 1~5 分,要求被调查者根据自身所在企业的具体情况进行作答。

根据本章的具体内容,调查对象需要符合以下几个条件:①所属行业。要求调查对象所属的行业为涉及较多物质专用性投资(人力专用性投资与关系专用性投资较为普遍,因此不予以特别考虑)的行业,如加工制造、建筑、养殖等。②岗位要求。调查对象是直接参与本企业与其他企业合作的相关人员,最好是经营管理人员,能够较清楚地掌握合作的相关信息,企业中的人事、后勤等远离合作一线的人员应被排除在外。③集中程度。为了避免样本过于集中,保证样本具有较好的代表性,问卷将被发放到多个省区市,且尽量将同一企业的被调查者人数控制在合理范围内。另外,本章主要采用网络发放与实地发放相结合的方式收集问卷。

为了保证问卷质量,在回收到 70 份问卷时开始进行小样本测试,并根据信度和效度检验结果,结合被调查者的反馈,对问卷进步进一步修改与完善,在此基础上对修改后的问卷进行大规模发放与回收。

6.4 数据分析与假设检验

6.4.1 样本描述性统计分析

实地发放问卷 110 份,回收 76 份,回收率 69%,并且回收网络问卷 137 份,共计回收问卷 213 份,剔除带有缺失值及明显不符合要求的问卷 28 份,最终获取有效问卷 185 份。由于来自同一企业的问卷数最多不超

过 10 份,且同一企业的被调查者可能选取不同的合作伙伴情况进行作答,因此对于重复的企业信息不做删除。从被调查企业的基本信息可以得出:①被调查企业所属的行业大多偏向重工业,在合作中很可能涉及物质专用性投资,因此符合本节的基本要求;②被调查企业的归属地较为分散,研究结果不会过多地受地域因素干扰;③被调查企业中包括微型、小型、中型及大型企业,在一定程度上保证了本节不受企业规模的限制;④被调查企业中大多属于民营企业,企业间的行为可能不受行政、文化背景等因素的干扰。因此,最终回收的问卷具有较好的代表性。在此基础上,对被调查者的基本信息进行描述性统计分析可以得出,填写本研究问卷的人员主要是企业的普通员工和基层管理者,中高层管理者相对较少,但被调查者中大多数所在的部门与其他企业接触的机会较多,是企业中主要涉及专用性投资的部门,并且被调查者的工作年限普遍超过 1 年,超过 5 年的被调查者高达 38.4%,据此推测被调查者对所在企业的具体情况有较深的了解。因此,回收的数据具有一定的可信性。

6.4.2 信度与效度分析

小样本测试结果已经显示本研究问卷中各变量的信度与效度较好,这里主要通过 SPSS 软件的可靠性分析与探索性因子分析对正式回收数据的信度与效度进行检验。

(1)信度分析。正式回收数据的信度分析与小样本数据的信度分析结果较为一致。除了题项 Q11 的 CITC 值(0.331)小于 0.35 以外,其余题项的 CITC 值都大于 0.5,小于最低标准 0.35,因此删除题项 Q11,删除之后本企业弥补的总 Cronbach's α 值上升(从 0.729 上升到 0.774)。删除 Q11 之后,所有题项的项已删除的 Cronbach's α 值均小于所测变量的总 Cronbach's α 值。所有变量的总 Cronbach's α 值都在 0.7 以上,除了本企业弥补性投资的(0.774)和本企业依赖(0.784)的 Cronbach's α 值较低之外,其他变量的 Cronbach's α 值都在 0.8 以上,机会主义行为的 Cronbach's α 值最大(0.889),因此对变量的测量最终保留 28 个题项。通过以上 3 个指标的检验表明,本研究问卷的测量题项具有较好的内部一致性,测量工具可信度较高。

(2)效度分析。除了本企业弥补性投资的 KMO 值(0.691)较小外,其他变量的 KMO 值均大于 0.7,基本符合要求。并且 Bartlett 球形度检验结果均显著,说明各题项之间的相关性较高,因此适合做因子分析。各变量均提取一个因子,累计解释的总方差除本企业依赖(53.887%)较低外,其余均大于 0.6,且各题项的因子载荷均大于 0.6,因此作者认为本问卷具有较好的建构效度。

6.4.3 相关分析

不同的数据类型需要使用不同的相关分析方法,本章需要衡量的是定距变量间的线性相关关系,因此使用 Person 相关分析法。在进行相关分析之前,需要先对变量进行计算。一般变量的计算只需对各测量题项求平均数,本章模型中的因变量机会主义行为即用各题项的均值表示。为了消除不同调查企业初始专用性投资上的差异,自变量互惠性投资与弥补性投资在取均值之后分别与本企业专用性投资的均值相比,最终以比值形式作为对互惠性投资与弥补性投资的衡量。中介变量联合依赖用合作双方彼此依赖的均值之和表示,权力不对称用双方依赖的均值之差取绝对值来表示。

从表 6-5 可以看出,大多数变量间相关系数的绝对值均在 0.5 以下,这在一定程度上说明变量间不存在多重共线性问题。除了联合依赖和权力不对称之间在 0.01 水平上没有显著相关关系以外,其余变量之间均具有显著的相关关系。联合依赖与权力不对称作为相互依赖的两个维度,一个反映交易双方的依赖之和,一个反映交易双方的依赖之差,两者之间可能存在一定程度上的负相关,但也不绝对是负相关关系,例如,双方之间的联合依赖程度加深,同时权力不对称程度也可能加深。数据分析结果显示,联合依赖和权力不对称之间的负相关关系不显著有其现实意义。

相关系数的正负反映的是变量之间存在关系的方向性,表 6-5 结果初步验证了本章提出的变量间关系假设。互惠性投资与双方之间的联合依赖程度正相关(0.342),与双方之间的权力不对称程度负相关(-0.440),与对方的机会主义行为负相关(-0.519)。弥补性投资与双方之间的联合依赖程度正相关(0.339),与双方之间的权力不对称程度负相关(-0.264),与对方的机会主义行为负相关(-0.446)。对比两种机会主义行为防御策略可知,互惠性投资与机会主义行为的负相关关系较为明显，且与中介变量（联合依赖和权力不对称）的关系强于弥补性投资的，这些反映出两种策略在发挥作用时的效果存在差异。

联合依赖与权力不对称作为交易双方相互依赖关系的两个维度，与机会主义行为的相关关系方向相反，说明两者在对机会主义行为的影响中可能起到相反的作用。联合依赖与机会主义行为之间的相关系数是－0.383，权力不对称与机会主义行为之间的相关系数是 0.390，说明权力不对称对机会主义行为的影响更大。

表 6-5　变量间相关性分析

		互惠性投资	弥补性投资	联合依赖	权力不对称
互惠性投资	Pearson 相关性	1			
	显著性（双侧）				
	N	185			
弥补性投资	Pearson 相关性	0.423**	1		
	显著性（双侧）	0.000			
	N	185	185		
联合依赖	Pearson 相关性	0.342**	0.339**	1	
	显著性（双侧）	0.000	0.000		
	N	185	185	185	
权力不对称	Pearson 相关性	－0.440**	－0.264**	－0.100	1
	显著性（双侧）	0.000	0.000	0.177	
	N	185	185	185	185
机会主义行为	Pearson 相关性	－0.519**	－0.446**	－0.383**	0.390**
	显著性（双侧）	0.000	0.000	0.000	0.000
	N	185	185	185	185

注：** 表示显著性水平为 $P<0.01$，双尾检验。

6.4.4 回归分析

本章主要使用 SPSS 软件通过多元线性回归分析方法进行假设检验，分析的主要指标包括调整后的 R^2、方程显著性指标（F 值与其显著性)、系数显著性指标(t 值与其显著性)和方差膨胀因子(VIF 值)。

(1)两种防御策略对机会主义行为的回归分析。相关分析的结果显示,机会主义行为的两种防御策略(互惠性投资和弥补性投资)与机会主义行为之间均具有负相关关系。由于在研究设计中,同时收集了被调查者所在企业在专用性投资基础上所进行的弥补性投资和合作方进行的互惠性投资,因此本章采用多元逐步回归分析法检验两种防御策略对机会主义行为是否同时存在影响及影响作用的大小。从表 6-6 中可以看出,模型 1 加入自变量互惠性投资,模型 2 在模型 1 的基础上又加入自变量弥补性投资,两个模型调整后的 R^2 分别为 0.266 和 0.325,说明在模型 1 基础上加入自变量弥补性投资提高了机会主义行为总变异的解释度,虽然两者只能解释机会主义行为总变异的 32.5%,但回归模型 2 的 F 值为 45.265,显著性概率小于 0.05($Sig.$ 值为 0.000),达到显著水平,说明该模型的回归效果显著,即互惠性投资与弥补性投资同时对机会主义行为产生显著影响。VIF 值较小(1.218),说明回归方程不存在明显的多重共线性问题。模型 2 显示互惠性投资与弥补性投资对机会主义行为影响的标准化系数分别为 -0.402($Sig.$ 值为 0.000)与 -0.276($Sig.$ 值为 0.000),系数均显著,说明互惠性投资与弥补性投资分别能对机会主义行为产生负向影响作用,假设 H_1 与 H_2 成立。

表 6-6 两种防御策略对机会主义行为的回归分析

模 型	进入变量	非标准化系数 B	标准误差	标准系数 Beta	t	$Sig.$	VIF	调整后的 R^2
1	(常量)	4.010	0.194		20.637	0.000		
	互惠性投资	-1.930	0.235	-0.519	-8.219	0.000	1.000	0.266
2	(常量)	4.596	0.234		19.621	0.000		
	互惠性投资	-1.496	0.249	-0.402	-6.018	0.000	1.218	
	弥补性投资	-0.952	0.231	-0.276	-4.129	0.000	1.218	0.325
F		45.265						
$Sig.$		0.000						

注:因变量是机会主义行为。

(2)两种防御策略对联合依赖的回归分析。相关分析的结果显示,互惠性投资和弥补性投资分别与联合依赖正相关，因此作者以互惠性投资与弥补性投资为自变量，联合依赖为因变量，采用逐步回归分析法。从表6-7可以看出，模型1中只加入了自变量互惠性投资，模型2又加入自变量弥补性投资，两个模型调整后的 R^2 分别为0.112与0.153，说明加入弥补性投资对联合依赖总变异的解释度提高，两者对联合依赖变异的总解释度虽较低（15.3%），但回归方程的 F 值为17.679，显著性 Sig 值为0.000，说明回归效果显著，建立的回归方程有意义。VIF值较小（1.218），说明回归方程不存在多重共线性问题。互惠性投资与弥补性投资的标准化系数分别为0.241（$Sig.$ 值为0.002）与0.237（$Sig.$ 值为0.002），且系数均显著，说明互惠性投资与弥补性投资对联合依赖均有正向影响作用，假设 H_{3a} 和 H_{4a} 成立。

表6-7 两种防御策略对联合依赖的多元回归分析

模 型	进入变量	非标准化系数 B	标准误差	标准系数 Beta	t	$Sig.$	VIF	调整后的 R^2
1	（常量）	5.327	0.224		23.797	0.000		
	互惠性投资	1.330	0.271	0.342	4.916	0.000	1.000	0.112
2	（常量）	4.800	0.275		17.468	0.000		
	互惠性投资	0.940	0.292	0.241	3.224	0.002	1.218	
	弥补性投资	0.855	0.270	0.237	3.162	0.002	1.218	0.153
F		17.679						
$Sig.$		0.000						

注：因变量是联合依赖。

（3）两种防御策略对权力不对称的回归分析。相关分析的结果显示，互惠性投资和弥补性投资与权力不对称之间均具有负相关关系，因此作者以互惠性投资和弥补性投资为自变量，以权力不对称为因变量进行逐步回归，结果只显示一个模型，说明在模型1的基础上加入自变量弥补性投资，不能得到有效的回归方程，逐步进入法中模型2不存在，因此采用强迫进入法进行回归分析。从表6-8可以看出，互惠性投资与弥补性投资对权力不对称总变异的解释度为19.2%，虽然解释度较低，但回归方程的 F 值为22.849，显著性 $Sig.$ 值为0.000，说明回归效果显著。VIF

值较小(1.218),说明回归方程不存在多重共线性问题。互惠性投资与弥补性投资的系数分别为 -0.400($Sig.$ 值为 0.000)与 -0.094($Sig.$ 值为 0.198),说明互惠性投资对机会主义行为有显著的负向影响作用,但弥补性投资对机会主义行为虽有一定的负向影响作用,但影响作用不显著,因此假设 H_{3b} 成立,H_{4b} 不成立。

表 6-8　两种防御策略对权力不对称的回归分析

模 型	进入变量	非标准化系数 B	标准误差	标准系数 Beta	t	$Sig.$	VIF	调整后的 R^2
1	(常量)	1.874	0.216		8.696	0.000		
	互惠性投资	-1.250	0.229	-0.400	-5.465	0.000	1.218	
	弥补性投资	-0.274	0.212	-0.094	-1.292	0.198	1.218	0.192
F		22.849						
$Sig.$		0.000						

注:因变量是权力不对称。

(4)相互依赖关系的中介效应分析。中介效应检验主要有三个步骤:①检验自变量(X)与因变量(Y)的回归系数 c 是否显著;②检验自变量(X)与中介变量(M)的回归系数是否显著;③检验自变量、中介变量与因变量之间的多元回归系数。

联合依赖的中介效应分析。在正式进行中介效应检验之前,本章研究先对前文回归分析中的相关数据整理如下:自变量互惠性投资(X_1)和弥补性投资(X_2)与因变量机会主义行为(Y)的回归方程中,$c_1 = -0.402$($Sig.$ 值为 0.000,显著),$c_2 = -0.276$($Sig.$ 值为 0.000,显著);自变量互惠性投资(X_1)和弥补性投资(X_2)与中介变量联合依赖(M_1)的回归方程中,$a_{11} = 0.241$($Sig.$ 值为 0.002,显著),$a_{21} = 0.237$($Sig.$ 值为 0.002,显著)。中介效应检验的前两个步骤均通过,作者在此基础上进行步骤三的检验,将互惠性投资、弥补性投资与联合依赖共同作为自变量,将机会主义行为作为因变量进行逐步回归。

从表 6-9 可以看出,互惠性投资、弥补性投资与联合依赖分别依次加入到模型中,共生成 3 个模型,前两个模型在自变量与因变量的回归分析中已做出解读,不再赘述,现主要分析模型 3。模型 3 在模型 2 的基础上加入了中介变量联合依赖(M_1)，调整后的 R^2 为 0.349，说明三者对机会主义行为总变异的解释度为 34.9%，虽然不是很高，但回归方程的 F 值为 33.886，回归效果显著（$Sig.$ 值为 0.000），且 VIF 值较小，则回归方程中不存在多重共线性。

模型 3 显示，机会主义行为（Y）的回归方程中，互惠性投资（X_1）、弥补性投资（X_2）和联合依赖（M_1）的系数均显著，分别为 $c_{11'} = -0.359$（$Sig.$ 值为 0.000，显著），$c_{21'} = -0.233$（$Sig.$ 值为 0.001，显著），$b_1 = -0.181$（$Sig.$ 值为 0.006，显著）。根据联合依赖（M_1）与机会主义行为（Y）之间的系数 $b_1 = -0.181$，且显著，证明联合依赖对机会主义行为有负向影响，即假设 H_5 成立。

对模型 3，在加入中介变量 M_1 之后，X_1、X_2 对 Y 的直接效应与总效应相比有所减弱（从 $c_1 = -0.402$，$c_2 = -0.276$ 到 $c_{11'} = -0.359$，$c_{21'} = -0.233$），因此认为 X_1，X_2 对 Y 的总效应部分通过 M_1 发挥作用，即 M_1 在 X_1 与 Y 之间及 X_2 与 Y 之间均起到部分中介作用（联合依赖在互惠性投资与机会主义行为之间起中介作用，联合依赖在弥补性投资与机会主义行为之间起中介作用），假设 H_{7a}，H_{8a} 成立。

表 6-9　联合依赖的中介效应分析

模　型	进入变量	非标准化系数 B	标准误差	标准系数 Beta	t	$Sig.$	VIF	调整后的 R^2
1	（常量）	4.010	0.194		20.637	0.000		
	互惠性投资	−1.930	0.235	−0.519	−8.219	0.000	1.000	0.266
2	（常量）	4.596	0.234		19.621	0.000		
	互惠性投资	−1.496	0.249	−0.402	−6.018	0.000	1.218	
	弥补性投资	−0.952	0.231	−0.276	−4.129	0.000	1.218	0.325
3	（常量）	5.426	0.376		14.419	0.000		
	互惠性投资	−1.333	0.251	−0.359	−5.313	0.000	1.288	
	弥补性投资	−0.804	0.233	−0.233	−3.459	0.001	1.285	
	联合依赖	−0.173	0.062	−0.181	−2.786	0.006	1.194	0.349
F		33.886						
$Sig.$		0.000						

注：因变量是机会主义行为。

权力不对称的中介效应分析。在进行权力不对称的中介效应检验之前,先将之前回归分析中的相关数据总结如下:自变量互惠性投资(X_1)和弥补性投资(X_2)与因变量机会主义行为(Y)的回归方程中,$c_1 = -0.402$($Sig.$值为 0.000,显著),$c_2 = -0.276$($Sig.$值为 0.000,显著);自变量互惠性投资(X_1)和弥补性投资(X_2)与中介变量权力不对称(M_2)的回归方程中,$a_{12} = -0.400$($Sig.$值为 0.000,显著),$a_{22} = -0.094$($Sig.$值为 0.198,不显著)。在此基础上,作者将互惠性投资、弥补性投资与权力不对称共同作为自变量,将机会主义行为作为因变量进行逐步回归,如表 6-10 所示。模型 1 与模型 2 在之前的回归分析中已做解释,因此,现主要分析模型 3。模型 3 在模型 2 的基础上加入了权力不对称作为自变量,调整后的 R^2 为 0.346,说明三个变量对权力不对称总变异的解释度为 34.6%,回归方程的 F 值为 33.462,显著($Sig.$值为 0.000),说明回归方程存在且有意义,VIF 值较小,说明回归方程不存在多重共线性问题。

模型 3 显示机会主义行为(Y)的回归方程中,互惠性投资(X_1)、弥补性投资(X_2)与权力不对称(M_2)的系数均显著,分别为 $c_{12'} = -0.332$($Sig.$值为 0.000,显著),$c_{22'} = -0.260$($Sig.$值为 0.000,显著),$b_2 = 0.175$($Sig.$值为 0.009,显著)。根据权力不对称(M_2)与机会主义行为(Y)之间的系数 $b_2 = 0.175$,且显著,判定权力不对称对机会主义行为有正向影响,假设 H_6 成立。

权力不对称(M_2)在互惠性投资(X_1)与权力不对称(Y)之间所起的中介作用则可以直接通过以上三大步骤来检验,各回归系数分别为:$c_1 = -0.402$($Sig.$值为 0.000,显著),$a_{12} = -0.400$($Sig.$值为 0.000,显著),$b_2 = 0.175$($Sig.$值为 0.009,显著),$c_{12'} = -0.332$($Sig.$值为 0.000,显著)。以上数据说明互惠性投资(X_1)对权力不对称(Y)的总效应为 $c_1 = -0.402$,在加入中介变量权力不对称(M_2)之后,X_1 与 Y 之间的直接效应降低($c_{12'} = -0.332$),说明互惠性投资(X_1)对权力不对称(Y)的总效应部分通过中介变量权力不对称(M_2)发挥作用,即权力不对称在互惠性投资与机会主义行为之间起部分中介作用,假设 H_{7b} 成立。

由于 a_{22} 不显著($Sig.$值为 0.198),即弥补性投资(X_2)对权力不对称(M_2)不具有显著的影响作用,因此权力不对称(M_2)是否在弥补性投资(X_2)与机会主义行为(Y)之间起中介作用需要进行 Sobel 检验。操作如下：通过公式 $Z = a \times b / \sqrt{a^2 S_b^2 + b^2 S_a^2}$（$a,b$ 为系数，S_a，S_b 为标准误差）计算出 Z 值。Z 值的绝对值在 0.9 以下时接受原假设（$H_0: a \times b = 0$），中介效应不显著；Z 值的绝对值大于 0.9 则说明发生了小概率事件，拒绝原假设，中介效应显著。本章研究需要验证的中介效应各相关值分别为：$a_{22} = -0.094$，$S_a = 0.212$，$b_2 = 0.175$，$S_b = 0.079$，Z 值为 -0.43（$P >$ 0.05）。因此，接受原假设，即权力不对称在弥补性投资与机会主义行为之间的中介作用不显著，假设 H_{8b} 不成立。

表 6-10　权力不对称的中介效应分析

模 型	进入变量	非标准化系数 B	标准误差	标准系数 Beta	t	$Sig.$	VIF	调整后的 R^2
1	（常量）	4.010	0.194		20.637	0.000		
	互惠性投资	−1.930	0.235	−0.519	−8.219	0.000	1.000	0.266
2	（常量）	4.596	0.234		19.621	0.000		
	互惠性投资	−1.496	0.249	−0.402	−6.018	0.000	1.218	
	弥补性投资	−0.952	0.231	−0.276	−4.129	0.000	1.218	0.325
3	（常量）	4.206	0.274		15.333	0.000		
	互惠性投资	−1.235	0.264	−0.332	−4.680	0.000	1.418	
	弥补性投资	−0.895	0.228	−0.260	−3.926	0.000	1.230	
	权力不对称	0.209	0.079	0.175	2.629	0.009	1.251	0.346
F		33.462						
$Sig.$		0.000						

注：因变量是机会主义行为。

6.4.5 检验结果与模型修正

本章研究中，通过实证分析方法，对提出的假设进行检验，检验结果如表6-11所示。

从表 6-11 可以看出，大部分假设都得到数据支持，只有假设 H_{4b} 与 H_{8b} 没有得到支持，且这两个假设都涉及本企业的弥补性投资。实证结果显示，弥补性投资对合作双方的权力不对称程度并没有显著负向影响作用(系数为-0.094, $Sig.$ 值为 0.198),且弥补性投资对机会主义行为的负向影响也不以权力不对称为中介(Sobel 检验 Z 值为 -0.43,接受原假设,中介效应不显著)。在实证结果分析的基础上,本章推测弥补性投资与合作双方的权力不对称程度可能存在某种非线性关系,假设 H_{4b} 不成立可能有其现实意义,因此决定根据数据分析结果对模型进行修正,修正后的模型如图 6-5 所示。为与初始模型对比,模型中实线箭头表示变量间关系得到实证数据的支持,虚线箭头表示变量间关系没有得到实证数据的支持。

表 6-11　假设检验结果汇总

序号	假设	结果
H_1	对方企业的互惠性投资负向影响其机会主义行为	Y
H_2	本企业的弥补性投资负向影响对方企业的机会主义行为	Y
H_{3a}	对方企业的互惠性投资正向影响双方之间的联合依赖程度	Y
H_{3b}	对方企业的互惠性投资负向影响双方之间的权力不对称程度	Y
H_{4a}	本企业的弥补性投资正向影响双方之间的联合依赖程度	Y
H_{4b}	本企业的弥补性投资负向影响双方之间的权力不对称程度	N
H_5	双方之间的联合依赖程度负向影响对方企业的机会主义行为	Y
H_6	双方之间的权力不对称程度正向影响对方企业的机会主义行为	Y
H_{7a}	双方之间的联合依赖程度在对方企业的互惠性投资与其机会主义行为之间起中介作用	Y
H_{7b}	双方之间的权力不对称程度在对方企业的互惠性投资与其机会主义行为之间起中介作用	Y
H_{8a}	双方之间的联合依赖程度在本企业的弥补性投资与对方企业的机会主义行为之间起中介作用	Y
H_{8b}	双方之间的权力不对称程度在本企业的弥补性投资与对方企业的机会主义行为之间起中介作用	N

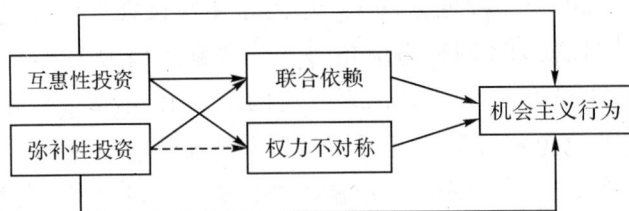

图 6-5　研究模型修正

6.5 研究结论

（1）两种防御策略对机会主义行为的抑制作用。研究结果显示，互惠性投资和弥补性投资对机会主义行为的影响系数分别为 $c_1 = -0.402$（$Sig.$ 值为 0.000），$c_2 = -0.276$（$Sig.$ 值为 0.000），表明这两种防御策略对机会主义行为均有明显的负向影响，但互惠性投资对机会主义行为的负向影响相对较大。本章认为，互惠性投资是对方企业在本企业专用性投资的基础上做出的专用性投资，相对于本企业为了改善自身在合作中的不利地位而进行的弥补性投资，互惠性投资更能反映对方企业的长期合作意愿。在对方做出互惠性投资的情况下，对方企业发生机会主义行为最严重的后果是双方合作关系终结，此时对方企业损失的是沉没成本与转移成本，本企业损失的是未来的预期收益。

由于互惠性投资对机会主义行为的防御效果好于弥补性投资的，因此，企业在做出专用性投资的情境中，首先应该试图获取对方相应的互惠性投资，如果这一策略不具有可行性，再考虑通过自身的弥补性投资对机会主义行为进行防御。虽然互惠性投资为首选防御策略，但其可行性在不同的合作情境中存在差异。

（2）两种防御策略对相互依赖关系的调整作用。研究结果显示，互惠性投资对企业间联合依赖（$a_{11} = 0.241$，$Sig.$ 值为 0.002）及权力不对称（$a_{12} = -0.400$，$Sig.$ 值为 0.000）均具有显著影响；而弥补性投资对企业间联合依赖（$a_{21} = 0.237$，$Sig.$ 值为 0.002）有显著影响，对企业间权力不对称（$a_{22} = -0.094$，$Sig.$ 值为 0.198）不具有显著影响。

本章认为，互惠性投资对企业间关系的影响作用是循序渐进的，能够保证交易双方相互依赖关系的平稳发展,从而在加深企业间联合依赖程度的同时,减轻企业间的权力不对称程度。弥补性投资虽然能够增强对方企业对自身的依赖,从而加深双方之间的联合依赖程度,但与权力不对称程度的关系较为复杂,本章结合研究结果推测弥补性投资与权力不对称之间可能存在某种非线性关系,例如,图 6-6 所示的 S 形关系。

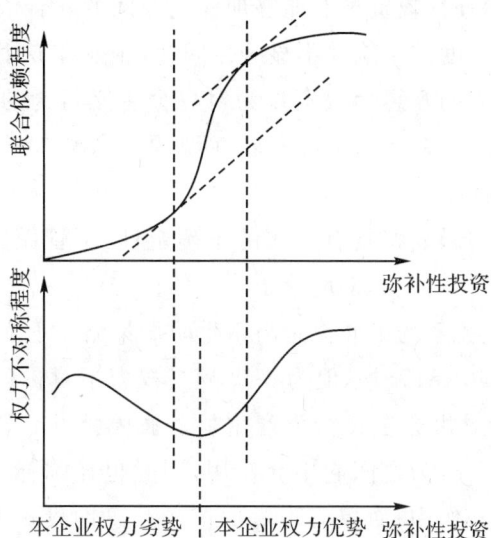

图 6-6　弥补性投资与权力不对称 S 形关系示意图

本章研究认为,本企业在专用性投资的基础上刚开始进行弥补性投资,还不能有效地增强对方企业对自身的依赖,相反只能增强自身对对方的依赖,随着自身弥补性投资的增多,双方之间的联合依赖程度加深,权力不对称程度也随之加深;当本企业的弥补性投资开始发挥效用,能够增强对方企业对自身的依赖,此时在增强双方联合依赖的同时,能够减轻双方之间的权力不对称程度;当本企业的弥补性投资持续增加,可能导致对方企业的权力优势逐渐削减,甚至转而成为权力劣势方,在此基础上本企业弥补性投资继续增加,双方之间的权力不对称程度又会随之加深。

之所以提出假设"弥补性投资对权力不对称有负向影响",主要是认为弥补性投资能够通过专用性投资建立自身的专有性,而数据结果显示弥补性投资并没有对权力不对称产生显著影响,原因可能在于该假设的潜在假设就存在问题,即弥补性投资是否能够通过专用性投资建立自身的专有性，可能还有待进一步检验。另外，本章默认本企业在合作中首先做出专用性投资，并在相互依赖关系中处于权力劣势地位，而没有考虑弥补性投资可能给双方权力地位带来的转变，这两方面因素都可能是导致该假设不成立的原因。

以上研究结果表明，互惠性投资对企业间相互依赖关系有较为平稳的促进作用，而弥补性投资虽然能够加深企业间的联合依赖程度，却对企业间权力不对称程度的影响并不显著。因此，企业在专用性投资情境中，如果能够获取对方的互惠性投资作为对机会主义行为的防御策略，预期企业间的相互依赖关系将会平稳发展；而如果互惠性策略不具备可行性，企业选择以弥补性投资策略调整双方之间的相互依赖关系，预期对企业间相互依赖关系的影响将具有较大的不确定性，不管做出弥补性投资的是企业自身还是对方，企业都应给予一定的重视。

（3）相互依赖关系的中介作用与衍生防御策略。上文研究结果显示，联合依赖（$b_1 = -0.181, Sig.$ 值为 0.006）与权力不对称（$b_2 = 0.175, Sig.$ 值为 0.009）均能对机会主义行为产生显著影响。并且联合依赖在互惠性投资与机会主义行为之间起中介作用，同时也在弥补性投资与机会主义行为之间起中介作用；而权力不对称仅在互惠性投资与机会主义行为之间起中介作用。

本章通过对结果的分析发现，企业间相互依赖确实在两种防御策略发挥效用的过程中起中介作用，但这些机会主义行为防御策略调整企业间关系的切入点是资产专用性与专有性。在本企业进行专用性投资的情境中，由于本企业依赖于和对方的长期合作，因此扩大了对方的权力，使对方在相互依赖关系中处于权力优势地位。本企业为了对对方企业机会主义行为进行防御，需要增强对方对自身的依赖，即扩大自身的权力使双方之间的联合依赖程度加深，权力不对称程度减轻，从而使双方之间在合作中的地位趋于平等。本企业采取措施的切入点是提高对方企业的资产专用性与本企业的资产专有性，表现形式分别包括获取对方的互惠性投资与本企业自身做出弥补性投资，虽然弥补性投资并不一定能够提高企业自身的专有性，但也是企业提高自身专有性的一种有效方式。

第7章 人力资本产权视角下的 CoPS 创新风险生成机理

人力资本所有者作为创新主体,他们的行为模式会在很大程度上影响 CoPS 创新的结果。人力资本产权的充分实现是人力资本发挥作用的重要前提,一旦发生人力资本产权实现不足的情况,可能会导致人力资本所有者为了追求产权实现而采取机会主义行为,进而诱发 CoPS 创新风险。本章结合 CoPS 创新风险、人力资本产权理论和机会主义行为等相关理论,构建起"人力资本产权实现不足—机会主义行为—CoPS 创新风险"的风险生成模型,并通过大样本问卷调查对理论模型和假设进行验证。

7.1 人力资本产权实现研究回顾

有关人力资本产权实现问题的研究是建立在比较成熟的人力资本和人力资本产权理论的基础之上的。其中,国外的学者对人力资本理论的提出与发展做出了巨大的贡献,但并没有对人力资本产权及其实现问题进行系统和深入研究,"人力资本产权"思想仅仅停留在对人力资本特征的描述层面。直到 20 世纪 90 年代末,周其仁(1996)、张维迎(1996)、杨瑞龙等(1997)等人在《经济研究》上发表了一系列文章,就"人力资本所有者是否应该拥有所有权"这一问题展开激烈的争论,国内学者才开始认识到"人力资本产权"的重要性。在随后的理论研究中,他们将产权理论与人力资本理论结合起来,对"人力资本产权"的概念、结构、特征等方面进行了研究。

7.1.1 人力资本理论

人力资本是财富创造中最重要的资本,其思想源远流长。尽管在很长一段时间里，由于受生产力水平和资源的约束，物质资本始终被认为是经济增长中的决定因素。但是，早在古典经济学时期，人力资本的思想就已经开始萌芽。古希腊的柏拉图和亚里士多德都认识到教育对经济发展的重要作用。古典经济学家威廉·配第（William Petty）在《赋税论》（1662）中提出，土地是财富之母，劳动是财富之父，这种"劳动价值论"体现了一定的人力资本思想。随后的亚当·斯密则是第一个将人力视作资本的经济学家，在《国富论》（1776）中，他认为员工技能是技术进步和经济增长的基本来源，并论证了人力资本投资和劳动者技能如何影响个人收入和工资结构。（斯密，1776）李嘉图和穆勒继承和发展了亚当·斯密的观点，李嘉图认为人的劳动是价值的唯一源泉（李嘉图，1817），穆勒则指出教育支出将会带来更大的国民财富。新古典经济学的代表人物阿尔弗雷德·马歇尔（Alfred Marshall）基于以往学者的观点，提出了自己的见解，他认为具有那些精力、能力与习性，可直接有益于使工作勤奋，具有效率的要素都可视为资本。（马歇尔，1890）埃尔文·费雪（Irving Fisher）在《资本与收入的性质》一文中对资本进行重新定义，他特别指出任何能产生收入的财产就是资本（费雪，1906），因此"人力"也是一种资本，这一观点对舒尔茨的"人力资本"概念产生了重要影响。

综上所述，早期的许多学者都曾提及人力资本，尽管这种资本被冠以不同名称，如非物质资本、精神资本、智力资本、社会资本、准资本、活资本、内在财产和人力资本等（李建民，1999），但是毋庸置疑，他们都把人的知识、技能及健康等质量因素视作一种与传统的物质资本相对的资本形式。20世纪60年代之前，这些有关人力资本的思想还没有形成系统的理论，直到舒尔茨将人力资本引入农业和经济发展的研究当中。他发现其实人力资本投资才是促进经济增长的主要动力，从而揭开了现代经济增长之谜。舒尔茨指出，人力资本体现为人身上的知识、技能和经验等，由对人的投资形成，在促进经济增长的同时也提高了个人收入。（舒尔茨，1960）随后，美国经济学家丹尼森通过实证分析，为舒尔茨的观点提供了强有力的证据。（丹尼森，1962）同时期的贝克尔重点研究了学校教育和在职培训的"收入效应"和"增长效应"（人力资本投资的收益率）。（贝克尔，1964）后来的学者对人力资本理论的深入研究，往往都是建立在他们创立和构建的人力资本理论基础之上的。

20世纪80年代中期以来,人力资本理论又有了新发展。以美国的罗默(Romer)和卢卡斯(Lucas)为代表的经济学家构建的新经济增长理论,更是将人力资本理论研究推向了新的高峰。罗默的模型强调了知识资本积累对经济增长的递增作用(罗默,1986),而卢卡斯模型的核心思想是"从传统农业经济向现代化增长经济转型的成功关键取决于人力资本积累率的提高"(卢卡斯,1987),这也揭示了舒尔茨理论的内在机理。不论是罗默的知识推进模型,还是卢卡斯的人力资本模型,他们都充分强调人力资本的生产比物质资本的生产更加重要。从早期的人力资本思想萌芽,到人力资本理论创立、发展和成熟,人力资本在经济发展与技术创新中的巨大作用已经不容忽视。综上所述,可知人力资本中隐含的知识、技术、能力等都左右着创新成败,深入挖掘人力资本理论对企业CoPS创新风险研究有着不同寻常的意义。

7.1.2 人力资本的内涵

尽管人力资本理论问世已有50多年,人力资本至今还没有一个严格、准确的定义。早期学者大多从人力资本投资角度出发定义和研究人力资本。舒尔茨(1960)曾将人力资本表述为"人们获得了有用的技能和知识",其中这些技能和知识来自于教育、卫生保健等人力资本投资。贝克尔(1987)也是从人力资本的形成途径来定义人力资本的,他把人力资本投资定义为用于增加人的资源并影响人未来货币收入和消费的投资,并指出人力资本主要包括教育支出、保健支出、劳动力国内流动支出和用于移民入境的支出。尽管这类定义被学者广为使用,但究其根本是在说明人力资本的形成途径,并没有涉及人力资本的本质。

后来的学者对人力资本概念的衍生与发展往往是建立在舒尔茨等人的研究基础之上。他们对人力资本有许多彼此相通、相近,但内涵又有所不同的定义,如表7-1所示。

表7-1　人力资本定义

人力资本定义	作　者
人力资本可以理解为个体的生产技术、才能和知识	萨洛(1970)

人力资本定义	作　者
居住在一个国家内人民的知识、技术及能力的总和,更广义的人力资本应该还包括首创精神、应变能力、持续工作能力、正确的价值观、兴趣、态度及其他可以提高产出和促进经济增长的人的质量因素	麦塔(1976)
体现在人身上的技能和生产知识的存量	罗森(1996)
通过对人力的投资而形成的以人的高智能和高技能为基本存在形态的资本就是人力资本,它是凝结在人体中的能够使价值迅速增值的知识、体力和技能的总和	刘迎秋(1997)
凝结在人体内,能够物化于商品或服务,增加商品或服务的效用,并以此分享收益的价值	李忠民(1999)
人力资本是指存在于人体之中,所获得的具有产生未来收益的知识、技术和能力等因素总和	胡静林(2001)

资料来源:作者根据资料整理。

7.1.3 人力资本的特征

人力资本虽然与其他资本具有一些共性,如具有经济价值、产生未来收益等,但是人力资本还是具有自己鲜明特征的。许多学者对此做过专门的研究,他们发现人力资本的特征,往往是与非人力资本相对而言的。这些特征对人力资本产权实现具有十分重要的影响。

(1)人力资本与其所有者不可分离。人力资本区别于其他任何形式资本的最本质特征,就是人力资本存在于人体之内,不能离开其承载者而独立存在,几乎所有的学者都承认这一点(罗森,1985;周其仁,1996;李建民,1999等),人力资本的许多其他特点都是由此派生出来的。

(2)人力资本可以被激励。人力资本与其所有者不可分离的特征又决定了人力资本的激励性。人力资本作为一种主动的资产,它的所有者(个人)完全控制着资本的开发和利用。(周其仁,1996)当人力资本所有者感觉受到不公待遇时,人力资本所有者可以通过"偷懒"提高自己的效用,或者可以通过"虐待"非人力资本使自己受益,这些都会使得人力资本的经济价值一落千丈。(张维迎,1996)人力资本的这种激励性使得人力资本在遇到"刺激"时能够做出较非人力资本更为复杂和不确定的反应。

（梁姝娜,2006）

（3）人力资本具有高度异质性。人力资本的形成主要是通过人力资本投资获得的,不同的人力资本投资会形成不同的人力资本,加之每个人的天赋各不相同,致使每个人所拥有的人力资本存在差异性。需要强调的是,这种差异性不仅表现在人力资本所有者所拥有的人力资本形式上,而且也表现在每种形式的存量上,即不同的所有者的人力资本形式各不相同,每种形式的人力资本在每个所有者的身上的存量也不相同。

（4）人力资本具有团队性。一方面是人力资本的高度异质性,不同的所有者的拥有不用形式和存量的人力资本;另一方面是社会分工越来越细化,这导致高度异质性的人力资本只有在团队生产中才能发挥作用,产生 $1+1>2$ 的效果。但是,这种 $1+1>2$ 的情况并不一定总是出现,正是如此,才需要对团队中的人力资本进行监督和激励。

7.1.4 人力资本产权理论

亚当·斯密在《国富论》中就曾论述过人力资本产权的问题——"劳动所有权是一切其他所有权的基础,所以这种所有权是神圣不可侵犯的"。他认为,人力资本所有权作为产权的核心,与产权中的其他权利如使用权、收益权等息息相关。尽管亚当·斯密并没有系统地阐述人力资本产权理论,但是,提及了人力资本产权中的使用权被侵害的情形。马克思关于劳动力的理论也阐明了有关人力资本产权的思想——"我们把劳动力或劳动能力理解为人的身体,即活的人体中存在的,每当人生产某种使用价值时就运用的体力和智力的总和"。马克思在这里所说的"劳动力"其实就是人力资本。马克思明显已经表明了人力资本产权的思想——劳动力的所有者（即人力资本所有者）除了拥有劳动力（即人力资本）的所有权外,还应该获得人力资本的收益权（劳动者所得工资＋被资本家占用的剩余价值）。

早期学者在研究人力资本时并没有直接探讨人力资本产权问题,但在他们的理论中包含了部分人力资本产权的思想。舍温·罗森（1985）指出,人力资本的所有权限于体现它的人,即人力资本所有权属于人力资本所有者。此外,他还认为,人力资本的使用权可以租让出去,人力资本所有者可以获得租金,租金是人力资本收益权的体现。舒尔茨（1990）和明塞尔(2001)也都曾明确地表示人力资本产权中的所有权归属问题。他们认为,在自由社会中人力资本不能买卖,即人力资本与其所有者不可分离,这就意味着,人力资本所有权属于人力资本所有者,人力资本所有权不能转让。与此同时,舒尔茨(1960)认为,对人力资本投资能够提高人们的薪水,因此增加的收入便是其收益。贝克尔(1964)也专门研究过人力资本的收益问题。这些收入和收益就是人力资本产权中收益权的体现。

尽管罗森(1985)指出,在自由社会里人力资本的所有权限于体现它的人,但是,参考巴泽尔(1977)关于奴隶经济的相关研究后可知,人力资本只属于个人的命题在任何社会都成立。巴泽尔(1977)研究发现,虽然按照当时法律规定,奴隶的劳动及其产出全部归奴隶主支配和控制,但是奴隶拥有人力资本,他们不但可以决定投入多少劳动,还可以逃走。因此,即使奴隶主采取各种手段进行管制和监督,也不能控制奴隶在生产中投入多少人力资本。由此可见,不论是在奴隶社会,还是在自由社会,人力资本的所有权只属于人力资本所有者。但是在现实社会中,由于各种制度安排,使得人力资本产权仍然可能会被侵害,即人力资本产权中的部分权利并未得到实现。当人力资本产权束的一部分无法得到实现时,人力资本所有者会将相应的人力资本"关闭"起来,使得部分人力资本无法被开发利用,从而在企业创新中产生机会主义行为。这一特性,恰恰是现代经济学关于激励理论的基础。(周其仁,1996)

7.1.5 人力资本产权的实现

有关人力资本产权的具体概念主要由国内学者进行了相应的探讨和研究。李建民(1999)将人力资本产权界定为对人力资本的所有权,他认为,所谓人力资本产权就是人力资本的所有关系、占有关系、支配关系、利得关系及处置关系,即存在于人体之内,具有经济价值的知识、技能乃至健康水平等的所有权。黄乾(2000)指出,人力资本产权是市场交易过程中人力资本所有权及其派生的使用权、支配权和收益权等一系列权利的总称,是制约人们使用这些权利的规则,本质上是人们社会经济关系的反映。产权是一组权利束,产权所有者拥有的并不是某些特定的资源,而是使用资源的一组权利。(盛亚等,2006)根据产权理论的一般定义,人力资本所有者即是人力资本产权所有者,拥有人力资本所有权、人力资本使用权和人力资本收益权。(周其仁,1996)因此,人力资本产权实现问题即是人力资本产权束中各项权利的实现问题。

国外文献中虽然并没有明确提及人力资本产权实现这一概念,但是有关人力资本产权实现的理论思想早已存在于人力资本理论中。研究者们往往从人力资本收入分配的角度来直接研究人力资本产权中的收益权实现问题(明塞尔,1958;巴泽尔,1977;罗森,1985;卢卡斯,1988),或者从企业的剩余索取权和剩余控制权的角度间接研究人力资本产权中的收益权实现问题。阿尔钦等(1972)从企业的所有权安排角度(剩余索取权和剩余控制权)提出,在团队生产过程中,人力资本所有者应该参与企业剩余分配,即人力资本产权束中的收益权应该得到完全实现。随后,詹森等(1976)用委托—代理理论系统地分析了企业管理者(人力资本所有者)收益权实现的内在机制问题。Williamson(1985)认为,人力资本具有专用性,因而有参与企业利润分配的必要。同时,以 Freeman(1984)、斯蒂格利茨(1974)等人为代表的利益相关者理论学者认为,人力资本所有者(股东、工人、经营者、债权人)而非传统的物质资本所有者(股东)应该分享企业剩余索取权和剩余控制权。马丁·威茨曼(1986)分析了不同要素所有者参与企业利润分配的形式和机制,提出了利润分享制、员工持股计划、工人自治和有差别的劳动资本合作制等利益分享形式。总体而言,人力资本产权中收益权的实现主要是通过员工股票期权(Executive Stock Option,ESO)、虚拟股票(Phantom Stock)和股票增值权(Appreciation Rights)及股票奖励和员工持股计划(Employee Stock Ownership Plan,ESOP)等形式来实现的。不少国内学者也遵照相同思路研究人力资本产权实现问题。杨继国(2002)认为,人力资本产权的实现即是人力资本和非人力资本一样分享企业产权。董彧(2014)认为,人力资本产权实现方式按其实现的权利内容,分为人力资本收益权实现和人力资本控制权实现。

还有不少国内学者沿着人力资本理论的发展轨迹,结合产权理论和现代企业理论的相关观点,对人力资本的产权特性及其实现问题深入挖掘,在人力资本产权实现的研究上,比国外学者有更深一步的发展。人力资本所有者拥有企业所有权是人力资本产权的实现形式(方竹兰,1999),人力资本产权实现程度会影响人力资本在企业中的投入和使用(周其仁,

1996)，其实现程度取决于人力资本产权制度和人力资本市场的创立和发展（黄乾，2000）。

7.2 模型构建

7.2.1 逻辑推演

本章严格遵循科学研究过程的四个步骤（陈晓萍等，2012），聚焦"CoPS 创新风险生成"这一科学问题，对现有的理论进行全面、系统地回顾，寻找合适的理论并形成假设，最终对假设进行实证研究。鉴于 CoPS 创新不同于一般技术创新，其基本特征与大规模制造产品有很大的区别，因而其风险生成机理也应当有所不同。故此，本章首先从 CoPS 创新的基本特征出发，构建 CoPS 创新风险生成机理链，借以寻求理论层面的合理解释，随后将理论付诸探索性案例及大样本调查等实证研究方法进行科学检验。

（1）CoPS 基本特征决定了人力资本参与创新的重要性。尽管 CoPS 的高价值、大规模、技术密集、用户定制等特点（Hobday，1998）决定了 CoPS 创新中必须投入大量资金、设备、厂房等物质资本，但是与一般的技术创新有所不同的是，CoPS 创新往往涉及了更多人力资本的投入。CoPS 构成界面不仅错综复杂而且功能众多，涉及多种定制子系统或零部件，这些子系统或零部件往往也包含了多种知识和高端技术。（张炜，2001）由于单一的企业无法掌握所有的知识和技术，这就使得 CoPS 通常被划分为多个模块，由集成商和供应商等多个组织在技术方面投入大量的人力资本共同研制。此外，由于用户的高度参与及不同单位之间的沟通协调极其困难，致使 CoPS 集成商需要投入大量的技术人才进行管理。（陈劲等，2004）总之，人力资本在 CoPS 创新中具有重要的作用。

（2）人力资本所有者的机会主义行为是 CoPS 创新风险生成的关键所在。虽然现有 CoPS 创新风险研究更多考虑的是技术、市场、外部环境等客体因素，但是人力资本所有者作为 CoPS 创新主体因素才是 CoPS 创新风险管理的关键。早期的 CoPS 创新学者，如汉森等（1998）、霍布戴等（1999）等，在其研究中就曾明确指出，CoPS 集成商所面临的一些风险问题，如人员变更、研发人员与用户之间缺乏沟通等，大多是由人力资本所有者的行为引起的。人力资本所有者的行为往往决定了在 CoPS 创新中投入的人力资本的存量和使用程度,在一定程度上决定了创新绩效。实际上,机会主义行为一直是人力资本研究中一个无法回避的问题,大量学者经过研究发现,机会主义行为会对企业创新绩效造成一定的影响。(Das et al.,2010;Luo,2007)因此,聚焦人力资本所有者的机会主义行为是研究 CoPS 创新风险生成机理的关键所在。

(3)人力资本产权实现程度影响着机会主义行为的发生。根据人力资本产权理论的观点,学者们往往认为,人力资本所有者应该享有人力资本的所有权。(周其仁,1996;李建民,1999;黄乾,2000)人力资本所有者通过劳动合同与企业建立契约关系,通过让渡人力资本使用权,将相应的人力资本投入到企业的创新活动中,相应地,他们也享有人力资本的收益权。只有当人力资本所有权、使用权和收益权三者都能充分实现时,才被认为是人力资本产权充分实现。当人力资本产权实现不足时(使用权实现程度高于收益权实现程度),人力资本所有者为了获取更多的利益,往往会采取相应的行为来使自身效用最大化;而当另一种人力资本产权实现不足的情况(收益权实现程度高于使用权实现程度)出现时,人力资本所有者为了保持现状,也会采取相应行为模式。这种追求自我利益的策略行为符合威廉姆森所说的机会主义行为的定义。(Williamson,1985)由此,从研究问题出发,本章构建起"人力资本产权实现程度—机会主义行为—CoPS 创新风险"的理论模型。

7.2.2 变量定义

综上所述,"人力资本产权实现程度""机会主义行为"和"CoPS 创新风险"这三者之间的逻辑关系已阐明,但在构建初始模型之前,需要给出这几个变量内涵的解释。

(1)人力资本产权实现程度。早期的人力资本理论学者只是分析了健康、教育、培训等投资使人力资本成为现代经济增长的重要源泉(Schultz,1961),但是,他们并没有意识到人力资本与物质资本的真正区别在于人力资本的鲜明特征。与拥有物质资本产权不同,人力资本产权所有者完全控制着人力资本的开发和利用。尽管人力资本所有者与企业通过签订合约的方式让渡人力资本的使用权,但是,一旦人力资本所有者认为人力资本产权实现不完全时，就可以拒绝将人力资本付诸企业创新活动中。受此启发，本章将人力资本产权实现分为两种形式：人力资本产权完全实现和人力资本产权实现不足。人力资本产权实现不足成为本章研究的自变量。

（2）机会主义行为。学术界对机会主义行为的定义一般采用 Williamson(1975)的观点，即机会主义行为是一种基于追求自我利益而采取的狡诈式策略行为，这些行为具体包括说谎、偷盗、欺骗、误导、曲解、隐瞒、混淆和迷惑等。机会主义行为有许多不同的分类方法。Williamson(1975)按照违反契约的类型，将机会主义行为分为显性机会主义行为(违背正式契约)和合法机会主义行为(违背关系契约)。瓦特内等(2000)根据机会主义发生的类型与所处的情境将其划分为逃避责任、拒绝适应、违背契约等四种类型。本章研究在借鉴 Williamson(1975)的基本定义的基础上，参考瓦特内等(2000)的维度划分开展相关研究，在后续的探索性案例研究中将对此做出进一步的修正。

（3）CoPS 创新风险。根据相关学者的理论观点（Hobday et al.，1999；陈劲等，2005；盛亚等，2013），本章将 CoPS 创新风险界定为：在 CoPS 创新过程中，因人力资本所有者的行为，诱发创新结果与预期目标的差距及由此造成的损失（质量下降、成本上升和时间延误）。

综上所述，变量具体定义如表 7-2 所示。

表 7-2　研究变量定义

变量名	定　义	参考文献
人力资本产权实现不足	人力资本产权包括人力资本所有权、使用权和收益权。人力资本产权实现不足，包括使用权实现不足和收益权实现不足	周其仁(1996)；梁姝娜(2006)；王勇(2007)
机会主义行为	一种基于追求自我利益而采取的狡诈式策略行为，具体包括说谎、欺骗、误导、隐瞒和混淆等	Williamson(1985)；Wathne et al.(2000)
CoPS 创新风险	在 CoPS 创新过程中，因人力资本所有者的机会主义行为，诱发创新结果与预期目标的差距及由此造成的损失（质量下降、成本上升和时间延误）	Hobday et al.(1999)；陈劲等(2005)；盛亚等(2013)

7.2.3 模型构建

前文通过逻辑推演,构建起"人力资本产权实现不足—机会主义行为—CoPS 创新风险"这一风险生成机理的理论模型,随后界定了该理论模型中各个变量的内涵。因此,可以构建出本章的初始概念模型,如图7-1所示。

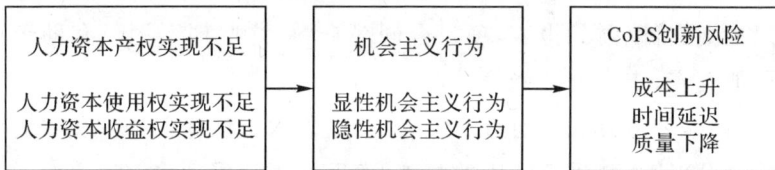

图 7-1　CoPS 创新风险生成机理初始概念模型

7.3 探索性案例研究:模型修正

7.3.1 研究设计

鉴于本章的研究问题是 CoPS 创新风险是如何产生的,而现实中的 CoPS 创新风险问题又是确实存在的,也是研究者无法控制的,因而采用案例研究方法比较合适。

(1)案例的选择。本章选择上海地铁追尾事故和杭州地铁坍塌事故作为探索性案例,原因是:①案例典型性。CoPS 往往指的是成本大、技术复杂、用户定制的大型基础设施或系统,包括大型电信系统、航空航天系统、智能楼宇和高速列车等。很显然,上海地铁和杭州地铁都属于 CoPS 创新项目,具有 CoPS 的基本特征,并且这两个项目都存在 CoPS 创新风险,如时间延迟、质量下降、成本上升甚至造成人员伤亡等,因此这两个案例的筛选符合案例研究的基本原则与方法。②数据可获得性。杭州地铁坍塌事故、上海地铁追尾事故在地铁史上影响巨大,社会各界关注度很高,各大媒体均进行了大量报道,可以获取很多二手资料。课题组也在杭州,这有利于利用深度访谈、文件调阅等多种方式获取案例资料。另外,这两座城市都是国内经济发达的一、二线城市,处于长三角地带,彼此相邻,地铁行业发展得非常迅速,具有一定的对比性。

（2）资料收集方法。鉴于 CoPS 创新项目时间较长、生产经营涉及高端技术的保密性等问题，并且作者受到时间和精力限制，因此，本章主要通过收集文献资料、档案记录和进行深度访谈等方法收集有关数据，在此基础上，利用多种数据来源形成一系列证据链并相互印证。①文献资料收集。首先从传统媒体报道、新兴网络媒体等途径收集各种文件材料借以证实、补充和丰富其他来源的资料，同时也为后续进行深度访谈做好基础准备工作。②档案记录。主要来自上海地铁和杭州地铁官网、有关上级部门批阅文件、财务报表、项目合同等资料，这些档案记录有助于还原一个更加真实、丰富的案例信息。

（3）数据分析方法。通过文献、档案记录和访谈等多种方法收集资料后，首先对原始资料进行适当的整理，随后采用扎根理论编码方法对其进行编码。具体的编码策略是：①组成编码小组。首先与课题组的其他几位成员组成编码小组，针对编码过程中出现的问题，一起协商并寻求解决方案。对于有分歧的问题，向该领域研究学者请教、咨询。各成员分别负责部分文本资料的贴标签过程，对于概念的范畴化、开放式编码、主轴式编码和选择式编码等工作均与其他成员共同完成。②建立编码数据库。为了记录整个编码的修改过程和最终结果，建立档案记录，以备查看。③编码过程的比较分析。在编码的整改过程中，针对编码过程出现的新概念或新范畴与已有的结果进行比较。

7.3.2 上海地铁 9·27 追尾事故案例分析

上海地铁的第一条线路于 1995 年 4 月 10 日正式运营，是中国大陆继北京地铁、天津地铁之后第三个投入运营的城市轨道交通系统。截至 2015 年 9 月 31 日，上海共开通线路 14 条（1～13 号线和 16 号线），总长 548 千米，是大陆内运营轨道交通线路最长的城市。本案例中发生事故的是上海地铁 10 号线（一期，以下简称 10 号线）①，该线于 2010 年底投入运营，全长 36 千米。2011 年 9 月 27 日 14 时许，10 号线新天地站设备出

---

① CoPS 创新风险不仅存在于生产阶段，也存在于其交付后的使用阶段。鉴于地铁线路的开通、运营等过程涉及地铁制造商、运营商等多个 CoPS 创新主体，因而本案例中的上海地铁 10 号线 9·27 追尾事故也属于 CoPS 创新风险。

现故障,14:10 交通大学至南京东路上下行采用电话闭塞方式①,列车限速运行,时至 14:51,后车 1005 号列车行至豫园至老西门下行区间时,不慎与前车 1016 号车发生追尾,最终导致 284 人受伤,其中约 20 人重伤,无人死亡,给上海市民带来了巨大的经济损失和精神损失。上海地铁官方微博称:这是上海地铁有史以来最黯淡的一天。

编码小组围绕 10 号线的基本情况及 9·27 事故发生前后原委,对 CCTV 等官方媒体报道及其他网站的相关报道,进行资料编辑、整理和汇总,并严格按照扎根理论编码方法进行处理。

(1)开放式编码。开放式编码就是逐字逐句地、逐个事件地对数据进行深度挖掘和标注,从中提取能够代表这部分数据的概念,通过打开原始数据来获得尽可能多的不同类别的主题。本章分析了众多材料并从中抽取出 113 个概念,并进一步对比归类到 27 个范畴中,详见表 7-3。

表 7-3 开放式编码示例

典型材料	概念化	初始范畴
地铁驾驶员大四班制(做二休二),日班 8:00—17:00,夜班 17:00—次日 8:00。(智联招聘——上海地铁驾驶员招聘,2011)	岗位作息	工作班时
2008 年 2 月 3 日,地铁……附近发现有一段铁轨被冻裂。北风呼啸,风雪交加,上级只给了 2 天时间。3 天后就是春节……(新民晚报《十日谈》"地铁里的年轻人"之七,2010-05-05)	上级压力	工作压力
人们对知识价值认识不够,官本位思想严重,对人才重视不够,工资分配"大锅饭",员工激励不到位。(人才开发《理论联系实际构建"人才高地"——上海轨道交通网络人力资源开发的探索》,2008 年 5 月)	人才重视不够	工资分配
地铁运营中心相关负责人表示……由于地铁一线员工整体收入偏低,面对外地的高薪聘请,不少经验丰富的调度员和驾驶员频遭挖角。(东方网《上海地铁坦言:员工频遭高薪挖角 日常应急演练不足》,2011-10-10)	收入偏低	薪酬水平

---

① 所谓电话闭塞法,就是当基本闭塞设备不能使用时所采用的代用闭塞设备。简言之,即两个车站间通过电话方式联系并调度车辆运营。一般而言,电话闭塞没有机械、电气设备的控制,全凭制度和人为控制,安全性较差。

续　表

典型材料	概念化	初始范畴
地铁运营中心相关负责人表示："一些老调度因为收入低，频繁被苏州、杭州、深圳等地高薪挖角，我们人员流失比较严重。"（东方网《上海地铁坦言：员工频遭高薪挖角 日常应急演练不足》，2011-10-10）	人员流失	违约跳槽
对于此前 10 号线出现的信号故障，K 公司的说法是："上海 10 号线工期紧、任务重，由于前期土建进度的严重滞后（近 8 个月的延误），导致信号系统调试时间不断被压缩。"（新华日报《上海地铁追尾：又是信号惹的祸？》，2011-09-28）	严重滞后	调试不足
该负责人坦言，虽然员工岗前基础培训丰富，但在岗培训不足，特别是应急演练不够，面对突发状况，暴露出实战经验缺乏的问题。（东方网《上海地铁坦言：员工频遭高薪挖角 日常应急演练不足》，2011-10-10）	应急演练不够	人力资本投资不足
昨天，上海市卫生局召开发布会，公布地铁 10 号线追尾事故最新统计的就医人数情况。据统计，共有 284 人到 9 家医院就诊检查，目前已有 189 人出院，住院和留院观察 95 人。相关费用由医院记账，再由相关部门统一支付，伤者无需付费。（京华时报《事故伤者增至 284 人 已有 189 人出院 就诊检查无需付费》，2011-09-29）	治疗费用	成本上升
从乘客及目击者在微博上发布的图片中，我们可以看到这次追尾的影响……在事发的地铁两节车厢的连接处有明显的变形翘起，应该是撞击导致的变形。（中国广播网《上海地铁追尾事故受伤乘客已送医》，2011-09-27）	列车坏损	质量下降
目前虹桥站至天潼路站 9 站路段实施临时封站措施，其余两端采取小交路方式保持运营……预计运营恢复还需要一定时间……（中国广播网《上海地铁追尾事故受伤乘客已送医》，2011-09-27）	封站停运	时间延误

　　（2）主轴式编码。由于 10 号线前期土建进度严重滞后，延误长达 8 个月左右，导致信号供应商 K 公司系统调试时间不够，信号系统于事故发生前频频出错。例如，7 月 28 日晚，10 号线地铁原计划开往航中路方向的 101101 列车居然错误驶入了虹桥火车站方向。事故发生前 4 天，K 公司声称已升级信号系统，但是，事发时信号设备还是出现了故障，不得不采取人工调度，最终酿成大错。因此，可以将 K 公司调试不足、隐瞒信息等范畴归结为机会主义行为。以此类推，将本章的 27 个范畴归纳和总结，最终得到 5 个主范畴，包括人力资本使用权实现程度、人力资本收益

权实现程度、显性机会主义行为、隐性机会主义行为和项目风险,具体编码结果如表7-4所示。

表7-4 编码结果

副范畴	主范畴
工作班时、工作强度、工作压力、工作条件等	人力资本使用权实现程度
工资分配、薪酬水平、福利待遇、精神激励等	人力资本收益权实现程度
违约跳槽、抢工期、地铁"大跃进"规划等	显性机会主义行为
调试不足、隐瞒信息、抱怨工资、网络发帖等	隐性机会主义行为
成本上升、工期延长、质量下降等	项目风险

(3)选择式编码。本案例在进行选择式编码时,主要考虑:①地铁员工产权实现程度(使用权实现过度和收益权实现不足)。由于地铁行业工作普遍比较辛苦,调度员除了日常指挥发车、列车监控和数据处理外,还需要注意突发事件和非正常状况下的线路运营。即使在ATO列车自动驾驶模式,驾驶员也需要眼观六路,警惕行驶中出现的各种突发状况,高峰期开完一趟只能休息十分钟。检修员常年上夜班(一辆车的检修需要80分钟左右,作业内容超过200项,还不包括架大修及其他机械故障)。这些员工的工作时间较长、工作强度很大、工作条件艰苦,而相较于上海市的生活水平,地铁员工收入普遍较低。不少自称是地铁员工的网友在网上发帖抱怨工资低,劝诫后来者不要来应聘相关岗位。上述资料表明,地铁员工的人力资本产权实现不足。②地铁一线员工的机会主义行为(违背劳动合同约定和提前跳槽)。随着近年来上海地铁的高速发展,上海地铁对员工的需求也在与日俱增,特别是核心的技术人员(如地铁驾驶员、调度员等)。随着员工数量的快速增加,相对而言,队伍整体素质却在不断下降,实战经验严重不足。运营中心负责人表示:"一线员工平均年龄不足30岁,工龄普遍在3年以内。"而一个成熟的调度员至少需要5年的工作经验。近年来,上海地铁具有丰富工作经验的调度员和驾驶员无法抵挡外地的高薪诱惑,频繁违约跳槽,导致人员流失严重。另外,年轻员工的岗前培训较为丰富,但在岗培训严重不足,特别是应急演练不够,面对突发状况时便暴露出实战经验缺乏的问题。

通过以上分析可知,人力资本所有者的机会主义行为会导致CoPS

创新风险,而人力资本所有者采取机会主义行为的动机恰恰取决于人力资本产权实现程度。具体地讲,人力资本所有者(地铁一线员工)的人力资本收益权实现不足——即收益权实现程度远低于使用权实现程度,为了追求产权完全实现,人力资本所有者(地铁一线技术人员)采取机会主义行为(违约跳槽),进而导致风险隐患。按此逻辑,作者选择"人力资本产权实现不足—机会主义行为—CoPS 创新风险"为核心范畴将证据链贯通。上海地铁 9·27 追尾事故案例的编码过程和编码结果如图 7-2 所示。

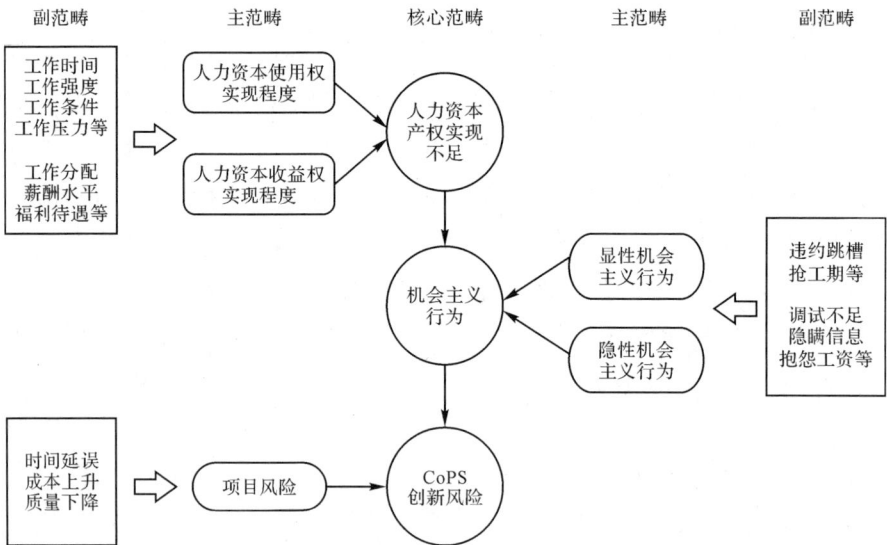

图 7-2　上海地铁追尾案例的编码过程与结果

7.3.3 杭州地铁 11·15 坍塌事故案例分析

尽管多案例研究比单案例研究更具有普适性、外在效度更高,但需要防止文章篇幅的大幅扩张,因此需要分段形成理论,即理论命题可以得到某一案例的部分资料支持即可。(Eisenhardt,1989)基于以上考虑,在杭州地铁坍塌事故案例中将聚焦本章的重点内容,相应简化部分篇幅。

杭州是华东地区继上海、南京、苏州之后第四个开通地铁的城市,第一条线路于 2012 年 11 月开通,是浙江省内的首条地铁,也是全球首个覆盖 4G 网络的地铁。本案例中发生事故的是杭州地铁 1 号线,该线一期工程的主要线路大部分(湘湖站至文泽路站、临平站,以下简称1号线)于2012年11月24日正式开始运营,全长48千米,贯穿整个杭城,依次连接萧山、滨江、上城、下城、江干、余杭等主要城区。2008年11月15日下午,浙江杭州地铁1号线工地萧山湘湖段发生事故,风情大道75米路面坍塌并下陷15米,事发时正在路面行驶的约11辆车陷入深坑,最终导致21人死亡、24人受伤、直接经济损失4 961万元①。据称这是中国地铁修建史上最大的事故。

从杭州地铁坍塌事故入手,围绕该事故的基本情况、事故发生的前后经过及其内在原因,将与案例相关的二手资料及有关人员的访谈资料整理汇总成文本资料,按照开放式编码、主轴式编码和选择式编码这一顺序进行编码处理。

(1)开放式编码。将从文本资料中获得的95个概念划分成23个范畴,随后通过主轴式编码,得到5个主范畴,包括人力资本使用权实现程度、人力资本收益权实现程度、显性机会主义行为、隐性机会主义行为和项目风险。在进行选择式编码时,发现以下事例值得关注:①T集团行为(层层转包和赶工期)。T集团承接了太多的业务,以T集团A局为例,当时(2008年11月)持有的338亿元合同中就有100多亿元是最近两个月才拿到的,同等实力的T集团B局承接的业务量自然也不相上下,除了杭州地铁1号线,还承接了深圳地铁两条线路(上海某公路A标段、北京地铁亦庄)的建设工作。T集团的人数远远不够,因此先由大公司组建项目部,再由少数高级工程师现场指导青年技术人员,再分包给小工头具体施工,层层转包导致多数一线工人是农民工。此外,H市市政府方面还给予T集团一定压力,提出要在2010年底保证全线通车。于是,T集团一方面为向H市市政府交代,另一个方面也出于减少施工成本的考虑,将农民工原有的按日计酬,改成按件计酬。这导致在生产过程中,农民工盲目追求数量而忽视质量。②农民工行为(找关系和无证上岗)。报道显示,发生坍塌事故的湘湖站地铁施工工地上的100多名工人中有不少是农民工,如木工、钢筋工、凿除工、杂工等,甚至当中有一些人是通过

---

① 数据来自官方公布的文件《关于杭州地铁湘湖站"11·15"坍塌重大事故调查处理结果的通报》。

找关系,才承接到该工地的部分工作的。这些农民工毫无地铁施工经验,甚至没有经过任何培训(除了戴安全帽)就上岗工作,为后来的坍塌事故埋下了伏笔。究其缘由,T集团一方面为了扩大人力资本使用权,层层转包;另一方面为了缩小人力资本收益权,赶工期施工。而农民工为了实现自身产权(收益权),找关系上工地,甚至无证上岗,增加了施工风险。因此,本章从人力资本产权实现不足出发,逐步形成机会主义行为到 CoPS 创新风险的逻辑思路,如图 7-3 所示。

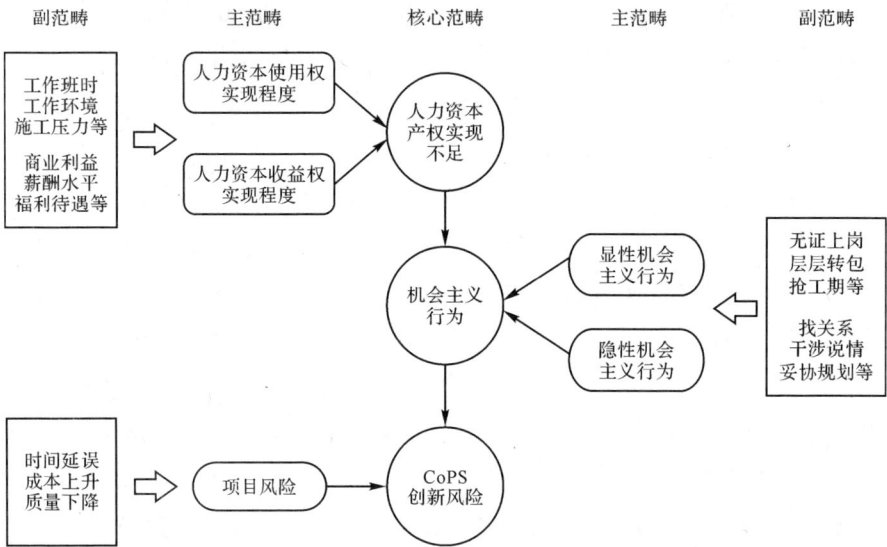

图 7-3　杭州地铁坍塌事故案例的编码过程与结果

7.3.4　跨案例分析与模型修正

根据扎根理论编码分析结果,同时参照前人研究,作者提出 3 个命题。

命题 1:人力资本产权实现不足时,人力资本所有者会做出机会主义行为。

根据交易费用经济学的理论观点,机会主义行为发生有两大原因:一是个体的有限理性;二是专用性资产(特别是人力资本)的锁定效应。(Williamson,2002)两个案例均已体现以上两点,上海地铁案例中,由于地铁行业工作时间长、工作难度大、工作环境恶劣等特点,地铁员工的人力资本使用权实现过度；与此同时他们收入偏低，收益权实现不足，故选择违约跳槽，这也导致了地铁员工的整体素质下降。杭州地铁案例中，不论是 T 集团还是农民工都在追求人力资本收益权实现，层层转包、抢工期、无证上岗等机会主义行为不断出现。两个案例的分析结果表明，人力资本产权实现程度是显性机会主义行为和隐性机会主义行为发生的直接原因，这也和很多学者（周其仁，1996；刘小腊等，1998；王勇，2007）的观点相符。

命题 2：人力资本所有者的机会主义行为会造成 CoPS 创新风险。

近年来，机会主义行为之所以受到许多学者的关注，原因在于机会主义行为是追求自我利益的行为，通常以损害联盟伙伴的利益为手段。（赵昌平等，2003）现有研究均已表明，机会主义行为的出现对团队生产（Alchian et al.，1972）、战略联盟（Das et al.，1996）、合作研发（易余胤等，2005）等均会造成一定的负面影响。CoPS 创新中，人力资本所有者的机会主义行为势必会对其他利益相关者或 CoPS 项目造成一定的风险。在探索性案例中，为了追求私利，上海地铁信号供应商 K 公司系统调试不足、隐瞒信息，再加上近年来大量有经验的地铁调度员和驾驶员频频跳槽，造成了电话闭塞时操作失误，导致地铁追尾。杭州地铁的案例表明 T 集团和农民工的机会主义行为，造成了地铁地面的坍塌和人员伤亡。

命题 3：机会主义行为可以划分为显性机会主义行为和隐性机会主义行为。

通过案例分析发现，CoPS 创新过程中，人力资本所有者容易违背正式契约（违背劳动合同的规定，如合同未到期离职跳槽、无证上岗、抢工期等）和关系契约（干涉说情、找关系、隐瞒信息等），这些都和威廉姆森对机会主义行为的定义类似，与 Luo（2006）的强形式与弱形式机会主义行为大同小异。本章将机会主义行为分成显性机会主义行为（违背正式契约）和隐性机会主义行为（违背关系契约）。此外，上海地铁追尾案例和杭州地铁坍塌案例显示，如果不注意对隐性机会主义行为（如隐瞒信息、抱怨、找关系）的治理，可能会导致其演变成显性机会主义行为（层层转包、抢工期等）。

通过案例研究作者还有新的发现，即人力资本比重作为控制变量。该范畴是在上海地铁案例编码的过程中获得的，地铁作为 CoPS 创新产品，涉及大量物质资本投入和人力资本投入，人力资本比重越大，其产权实现问题对 CoPS 创新风险的影响也会越大。因此，在进行实证检验时应给予一定关注。

根据探索性案例分析的结果，作者对初始理论模型做出两点修改：①将机会主义行为具体划分为显性机会主义行为和隐性机会主义行为。其中，显性机会主义行为是指违背正式契约的行为，隐性机会主义行为是指违背关系契约等非正式契约的行为。②需要考虑人力资本比重等控制变量对 CoPS 创新风险生成机理的影响。综上所述，可以绘制出修正后的理论模型，如图7-4所示。

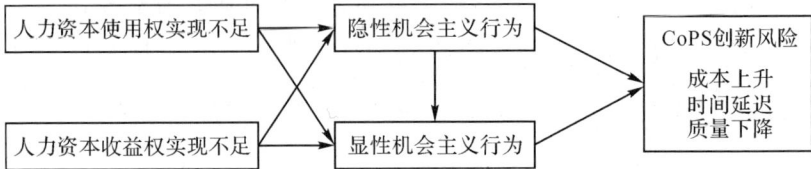

图 7-4　修正后的 CoPS 创新风险生产机理模型

7.4 实证检验

7.4.1 研究假设

（1）人力资本产权实现不足与 CoPS 创新风险。人力资本产权实现是指人力资本产权束中各项权利的实现，即人力资本所有权实现、人力资本使用权实现和人力资本收益权实现。（黄乾，2000；盛乐，2001；王为一，2004）如前所述，人力资本所有权完全实现于人力资本所有者。（周其仁，1996；梁姝娜，2006）因此，聚焦人力资本产权实现问题只需要了解人力资本使用权实现程度与人力资本收益权实现程度。人力资本产权的完全实现有助于人力资本在企业创新中的开发利用。（张文贤，2005；郭丹，2013）当人力资本产权实现不足时，人力资本所有者就会抑制其人力资本投入，因此会对 CoPS 创新造成一定的风险。人力资本产权实现不足具体可分为人力资本使用权实现不足和人力资本收益权实现不足两种情形。因此，可以得出以下假设：

H_{1a}：人力资本使用权实现不足与 CoPS 创新风险正相关；

H_{1b}：人力资本收益权实现不足与 CoPS 创新风险正相关。

（2）人力资本产权实现不足与机会主义行为。根据交易费用经济学的理论观点，专用性资产的投入会导致机会主义行为的发生。人力资本作为CoPS创新的重要资本投入，具有极高的专用性（陈劲等，2006），并且人力资本所有者天生具有机会主义行为倾向（钟庆才，2002），因此，人力资本产权实现不足是机会主义行为发生的重要前因。因此，得出以下假设：

H_{2a}：人力资本使用权实现不足与显性机会主义行为正相关；

H_{2b}：人力资本使用权实现不足与隐性机会主义行为正相关；

H_{2c}：人力资本收益权实现不足与显性机会主义行为正相关；

H_{2d}：人力资本收益权实现不足与隐性机会主义行为正相关。

（3）机会主义行为与CoPS创新风险。机会主义行为主要是指人力资本所有者参与创新的过程中，为了追求自身利益而做出的狡诈式策略行为，如消极怠工、推脱责任等（梁姝娜，2006；刘婷等，2012），这些行为势必会引起项目的成本上升、时间延误或质量下降，从而给CoPS创新项目造成不利影响（盛亚等，2013）。已有部分学者对相关领域开展过相应的研究，提供了一定的理论支撑。（Hagedoorn et al.，2008）因此，可以得出以下假设：

H_{3a}：显性机会主义行为与CoPS创新风险正相关；

H_{3b}：隐性机会主义行为与CoPS创新风险正相关。

（4）机会主义行为的中介作用。如前所述，早期的交易费用经济学详尽地阐明了人力资本与机会主义的关系，即人力资本产权实现不足可以作为机会主义行为的前因变量，而机会主义行为会引起CoPS创新风险，这一观点也被国内外许多学者所认同。（陈劲等，2005；Das et al.，2010；盛亚等，2013）综上所述，可以得出以下假设：

H_{4a}：显性机会主义行为在人力资本使用权实现不足和CoPS创新风险间起中介作用；

H_{4b}：显性机会主义行为在人力资本收益权实现不足和CoPS创新风险间起中介作用；

H_{4c}：隐性机会主义行为在人力资本使用权实现不足和CoPS创新风险间起中介作用；

H_{4d}：隐性机会主义行为在人力资本收益权实现不足和CoPS创新风

险间起中介作用。

(5)显性机会主义行为与隐性机会主义行为。这两类机会主义行为之间并非毫无联系。(Luo,2006)人力资本所有者往往会首先采取谈判和威胁等弱形式(隐性)机会主义行为来追求个人利益,当隐性机会主义行为未能实现其预期目标时才有可能采取强形式(显性)机会主义行为。因此,可以得出以下假设:

H_{5a}:隐性机会主义行为与显性机会主义行为正相关。

7.4.2 研究设计

(1)变量定义与量表确定。鉴于涉及人力资本产权实现不足、机会主义行为、CoPS 创新风险等多个变量,其中产权实现程度、人力资本所有者行为等指标较难量化,因而采用 Likert 7 点量表的方法测量。之所以没有采用 5 点量表是因为 7 点量表更有利于受访者在填写问卷时尽情抒发内心的真实感受。Likert 7 点量表用数字 1～7 表征指标的不同程度,其中数字 1 往往代表"完全不同意",数字 4 代表"中间立场",数字 7 代表"完全同意"。

下文将对上述变量进行操作化定义:①人力资本产权实现不足。本章将对人力资本使用权和人力资本收益权两个变量进行测量,主要参考梁姝娜(2006)和王勇(2007)所使用的成熟量表,本章研究总共形成 8 个题项,其中人力资本使用权和人力资本收益权各 4 个题项。②机会主义行为。本章参考贾奇等(2006)、Luo(2007)及刘婷等(2012)论文中所使用的量表,共形成 8 个题项,其中显性机会主义行为和隐形机会主义行为各 4 个题项。③CoPS 创新风险。CoPS 创新项目的风险往往表现在成本、工期和质量三个方面(谢科范,1999;Chang et al.,2007;盛亚等,2013)。因此,本章在测量 CoPS 创新风险时采用成本上升、时间延误和质量下降这 3 个题项。④控制变量。本章还考虑了一些控制变量,如案例研究中发现,人力资本比重大的 CoPS 创新项目,其人力资本产权实现不足对 CoPS 创新风险的影响可能会更大。本章选取了行业类型、项目规模和人力资本比重作为控制变量。其中,行业类型主要包括机械制造、电力化工和建筑工程等六类,项目规模参照项目合同金额,人力资本比重则是指人力资本占整个项目合同金额的比重。

尽管上述变量均来自较为成熟的量表,但为了确保量表的有效性和可靠性,本章采用小样本进行预调查及检验,在小范围内进行调查,回收了 47 份有效问卷。借助 SPSS 19.0 对这些问卷进行分析,根据分析结果和部分用户的反馈对部分题项和表达方式进行了修改,最终确定了正式的调查问卷。

(2)调查对象与范围。鉴于本章主要围绕 CoPS 创新项目研究创新风险的生成机理展开,因此,在调研对象的选择上需要设置一定的标准:①以单件或小批量定制的方式进行生产或服务,实行项目制管理;②单件产品价格高(万元级)、技术复杂(有软件控制系统),项目订单执行需要较长时间(1 个月以上)才能完成;③受访者应该是参与 CoPS 创新项目的研发、生产或销售人员,最好具有管理职务。

本次调研的问卷发放时间是 2015 年的 6—8 月,线上主要利用"问卷星",通过微信(朋友圈)、QQ、E-mail 等多种途径投放问卷;线下则主要通过实地调研等方式进行问卷收集。在与 CoPS 企业有合作关系的研究中心工作人员和在 CoPS 企业工作的亲朋好友的协助下发放和回收问卷,在山东、河南、江苏、浙江等多个省市总计投放了问卷 320 份,其中回收问卷 266 份,回收率达到 83.1%。

7.4.3 数据分析

(1)描述性统计。剔除部分信息填写不完整或选项单一重复的问卷,本次问卷发放共获得有效问卷 232 份,有效回收率为 87.2%,符合研究要求。描述性统计结果如表 7-5 所示。

表 7-5 研究样本描述性统计结果

指 标	类 别	样本数	百分比(%)	累计百分比(%)
行业类型	机械制造	49	21.1	21.1
	电子化工	47	20.3	41.4
	建筑工程	35	15.1	56.5
	交通运输	26	11.2	67.7
	通信软件	40	17.2	84.9
	其他	35	15.1	100

指　标	类　别	样本数	百分比（%）	累计百分比（%）
项目规模	小于 1 万元	0	0	0
	1 万～100 万元	34	14.7	14.7
	101 万～500 万元	67	28.9	43.6
	500 万～1 000 万元	45	19.4	63
	1 000 万元以上	86	37	100
人力资本比重	0～20%	59	25.4	25.4
	21%～40%	76	32.8	58.2
	41%～60%	63	27.2	85.4
	61%～80%	29	12.4	97.8
	81%～100%	5	2.2	100

（2）信度与效度检验。本章由于并未对受访者重复发放问卷，且 Cronbach's α 系数适用于 Likert 5 点及 7 点量表，因此，可以利用 SPSS 19.0 软件来测量信度，所有 Cronbach's α 值均大于 0.7 时，表明量表设计合理，可以采取进一步的检验。

（3）相关分析。本章中人力资本产权实现不足这一变量并非直接通过量表进行测量所得，而是需要从人力资本产权实现程度的 8 个题项中生成。以上文中得出的标准化因子载荷为权重，分别计算出人力资本使用权实现程度和人力资本收益权实现程度的得分，然后求得人力资本产权实现不足程度的得分（人力资本产权实现不足＝|人力资本使用权实现程度－人力资本收益权实现程度|）。鉴于人力资本产权实现不足分为人力资本使用权实现不足和人力资本收益权实现不足，其中人力资本使用权实现不足＝人力资本收益权实现程度－人力资本使用权实现程度，人力资本收益权实现不足＝人力资本使用权实现程度－人力资本收益权实现程度。对所有变量进行相关分析，具体情况如表 7-6 所示。

从分析结果中可知，在 0.05 的显著性水平上，人力资本产权实现不足与机会主义行为、CoPS 创新风险均有显著的正相关关系；机会主义行为和 CoPS 创新风险之间也有显著的正相关关系；人力资本投资与机会主义行为有显著的负相关关系。其他变量间的相关关系如表 7-6 所示。

表 7-6　变量相关分析

	1	2	3	4	5	6	7	8
行业类型	—							
项目规模	0.541**	—						
人力资本比重	0.449**	0.375**	—					
人力资本使用权实现不足	0.126	0.114	0.078	—				
人力资本收益权实现不足	0.308**	0.453*	0.562*	0.048**	—			
隐性机会主义行为	−0.237**	−0.162*	−0.253**	0.138*	0.518*	—		
显性机会主义行为	0.205**	0.130*	−0.210**	0.074*	0.698**	0.556**	—	
CoPS创新风险	−0.096	−0.012	−0.100	0.200**	0.414*	0.539**	−0.521**	—

注：** 表示 $P<0.01$，* 表示 $P<0.05$，双尾检验。

(4)回归分析。通过上述的相关分析，作者可以初步判断各个变量之间的关系及其密切程度，但是无法确定这些变量之间的具体线性关系。鉴于学者一般通过多种科学方法对回归模型进行研究(马庆国，2002)，本章采用多重共线性分析和序列相关分析方法，各指标判断标准如下：①判断变量间是否存在多重共线性问题时，一般采用容忍度(TOL)或方差膨胀因子(VIF)这两项测量指标，它们彼此互为倒数关系。若 $TOL<0.1$ 或 $VIF>10$，则表明多重共线性问题十分严重；若 VIF 介于 0～10 之间或 TOL 接近 1，即可认为效果较好，变量之间无多重共线性问题。(何晓群等，2001)②检测序列相关时，本章采用 DW(Durbin-Watson)检验。一般认为，DW 的取值在 0～4 之间，DW 值越接近 2，表明效果越好。根据研究假设，作者先后以人力资本产权实现不足和机会主义行为为自变量，分别考察其与因变量之间的回归关系。

①人力资本产权实现不足与机会主义行为的回归分析。首先以行业类型、项目规模和人力资本比重为控制变量，人力资本产权实现不足为自

变量，机会主义行为为因变量，构建回归模型。随后再分别对自变量及因变量的各个维度展开分析。回归分析结果显示，VIF 值都接近 1，因此该模型不存在多重共线性问题；并且 DW 值都在 2 附近，所以也不存在序列相关问题。同时，人力资本产权实现不足的回归系数为 0.006，其显著性指标 $Sig.$ 近似等于 0.000，小于 0.001，表明其在 0.001 的显著性水平上是显著的。以此类推，人力资本产权实现不足与机会主义行为的因果关系成立，但是，人力资本使用权实现不足与显性机会主义行为之间的因果关系不明显。由上述检验结果可知，研究假设 H_{2b}，H_{2c}，H_{2d} 成立，假设 H_{2a} 不成立。

②机会主义行为与 CoPS 创新风险的回归分析。同理，对机会主义行为和 CoPS 创新风险进行分层回归分析。回归分析结果显示，VIF 值都接近 1，所以不存在多重共线性问题；DW 值都在 2 附近，也不存在序列相关问题。同时，机会主义行为的回归系数为 0.525，其显著性指标 $Sig.$ 近似等于 0.000，小于 0.001，表明其在 0.001 的显著性水平上是显著的。以此类推，机会主义行为与 CoPS 创新风险之间的因果关系成立，两组数据的因果关系都显著，即研究假设 H_{3a}，H_{3b} 都成立。

（5）机会主义行为中介效应检验。通过对量表进行信度检验、效度检验、相关分析和回归分析，已经证实本章测量指标体系具有良好的信度和效度，且各变量之间有一定的线性关系。接下来采用 AMOS 17.0 对样本数据进行结构方程分析。本章建立了以机会主义行为为中介效应的结构方程模型（见图 7-5）。需要说明的是：①该模型图中人力资本产权实现不足（包含人力资本使用权实现不足和人力资本收益权实现不足）是单一测量指标的潜变量，属于混合模型路径分析，运行时需要将误差项值设为 0（吴明隆，2009）；②在该结构方程模型中，NU，NP，I1～I4，X1～X4，R1～R3 分别代表人力资本使用权实现不足、人力资本收益权实现不足、隐性机会主义行为、显性机会主义行为和 CoPS 创新风险。

中介模型拟合结果分析。将 232 份样本数据导入 AMOS 17.0，通过建立的结构方程模型进行运算，得出具体的中介模型路径系数及拟合结果。从表 7-7 可知，可见模型拟合效果较好。

总效应、直接效应和间接效应分析。结构方程模型的拟合结果已证实大部分变量间的关系显著。为了进一步揭示机会主义行为是否具有明显的中介作用,作者需要对各变量间的总效应、直接效应和间接效应进一步展开分解,从而确定机会主义行为是完全中介,还是部分中介。效应分解如表 7-8 所示。

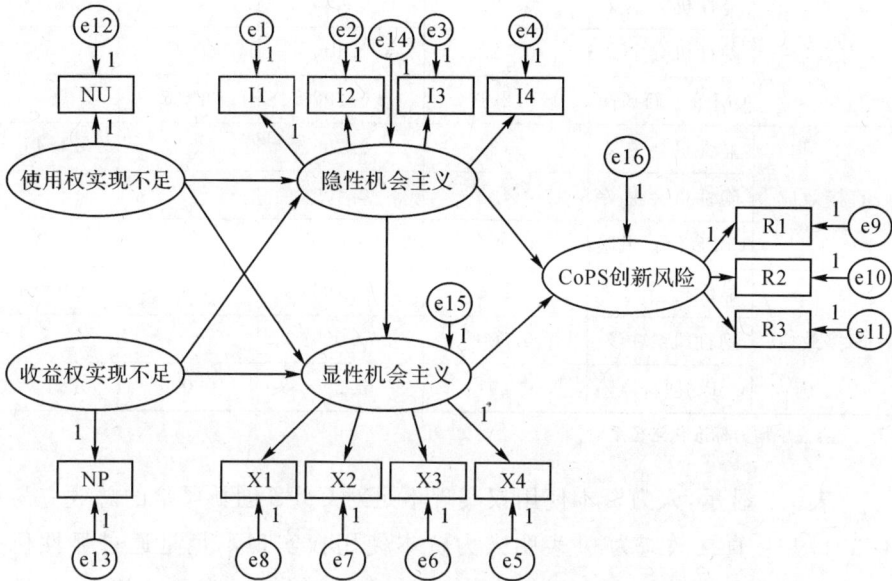

图 7-5　机会主义行为中介效应结构方程模型

表 7-7　中介模型路径系数及拟合效果(初始模型运行结果)

路　径		非标准化路径系数	标准化路径系数	C.R.	P
显性机会主义	← 使用权实现不足	0.103	0.121	3.572	0.009
显性机会主义	← 收益权实现不足	0.264	0.286	2.972	0.003
隐性机会主义	← 使用权实现不足	0.425	0.422	4.952	***
隐性机会主义	← 收益权实现不足	0.442	0.406	5.195	***
显性机会主义	← 隐性机会主义	0.409	0.484	3.338	***
CoPS 创新风险	← 显性机会主义	0.617	0.592	4.890	***
CoPS 创新风险	← 隐性机会主义	0.667	0.619	4.395	***

拟合指标	χ^2	P 值	χ^2/df	RMSEA	GFI	CFI	TLI
具体数值	0.000	0.06	2.95	0.07	0.97	0.95	0.92

注:*** 表示 $P<0.001$,双尾检验。

表 7-8   中介模型效应分解表

效应类型	结果变量	人力资本使用权实现不足	人力资本收益权实现不足	显性机会主义	隐性机会主义
	显性机会主义	0.325	0.483	—	0.484
总效应	隐性机会主义	0.422	0.406	—	—
	CoPS 创新风险	0.291	0.296	0.592	0.664
	显性机会主义	0.121	0.286	—	0.484
直接效应	隐性机会主义	0.422	0.406	—	—
	CoPS 创新风险	0.000	0.000	0.592	0.619
	显性机会主义	0.204	0.196	—	0.000
间接效应	隐性机会主义	0.000	0.000	—	—
	CoPS 创新风险	0.291	0.296	0.000	0.044

注：表中均为标准化路径系数。

表 7-8 显示，人力资本使用权实现不足对 CoPS 创新风险的总效应为 0.291，并且直接效应为 0，表明人力资本使用权实现不足是通过显性机会主义行为和隐性机会主义行为作用于 CoPS 创新风险的。其中，隐性机会主义行为对 CoPS 创新风险的总效应为 0.664，直接效应为 0.619，说明隐性机会主义行为是部分作用于显性机会主义行为的，进而增加了对 CoPS 创新风险的总效应。

综上所述，机会主义行为的中介作用实证分析结果具体如图 7-6 所示，其中虚线部分是未得到验证的研究假设。

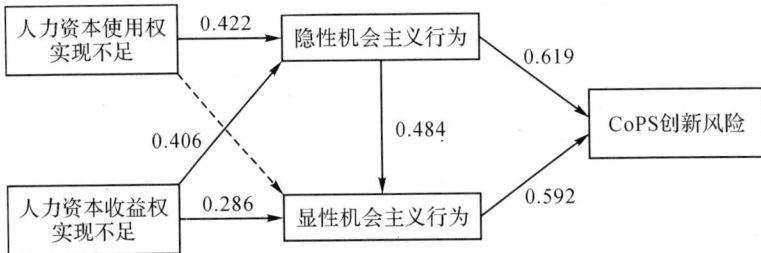

图 7-6   中介效应检验结果

（6）实证结果汇总分析与讨论。本章先后采用 SPSS 19.0 和 AMOS 17.0 等统计软件，对大样本数据进行描述性统计、信效度检验、相关分析、回归分析和中介效应分析等,对各研究假设展开一一检验。各项研究假设的具体验证结果如表 7-9 所示。

表 7-9　研究假设实证结果汇总

序号	假设	结果
H_{1a}	人力资本使用权实现不足与 CoPS 创新风险正相关	Y
H_{1b}	人力资本收益权实现不足与 CoPS 创新风险正相关	Y
H_{2a}	人力资本使用权实现不足与显性机会主义行为正相关	N
H_{2b}	人力资本使用权实现不足与隐性机会主义行为正相关	Y
H_{2c}	人力资本收益权实现不足与显性机会主义行为正相关	Y
H_{2d}	人力资本收益权实现不足与隐性机会主义行为正相关	Y
H_{3a}	显性机会主义行为与 CoPS 创新风险正相关	Y
H_{3b}	隐性机会主义行为与 CoPS 创新风险正相关	Y
H_{4a}	显性机会主义行为在人力资本使用权实现不足和 CoPS 创新风险之间起中介作用	N
H_{4b}	显性机会主义行为在人力资本收益权实现不足和 CoPS 创新风险之间起中介作用	Y
H_{4c}	隐性机会主义行为在人力资本使用权实现不足和 CoPS 创新风险之间起中介作用	Y
H_{4d}	隐性机会主义行为在人力资本收益权实现不足和 CoPS 创新风险之间起中介作用	Y
H_5	隐性机会主义行为与显性机会主义行为正相关	Y

最终经证实的理论模型如图 7-6 所示,已经得到验证的假设有 H_{1a},H_{1b},H_{2b},H_{2b},H_{2c},H_{2d},H_{3a},H_{3b},H_{4d},H_{4b},H_{4c},H_5,尚未得到验证的假设 H_{2a},H_{4a}。同时,将以上检验结果与现有的文献进行对比、相互印证,可以发现这些结果在一定程度上是对现有理论的拓展,对 CoPS 创新企业风险管理实践活动也有一定的启示意义。人力资本产权实现不足容易引起机会主义行为(假设 H_{2b}),进而导致 CoPS 创新风险(假设 H_{1a},H_{1b}),但人力资本使用权实现不足与显性机会主义行为并不显著(假设 H_{2a})。本章研究表明,当人力资本所有者意识到其产权实现不足时,他们会采取行动来促进某项权利的实现,或者阻碍另外一项权利的实现,借以平衡各项权利。人力资本所有者采取的这些行为,都是出于追求个体利益,与

Williamson(1985)对机会主义行为的定义十分符合。研究还发现,当人力资本使用权实现不足时,即收益权实现程度高于使用权实现程度,人力资本所有者会尽可能采取一切行为维持现状,享受高利益,但他们没有必要为了冒险而采取显性机会主义行为,这符合基本逻辑。

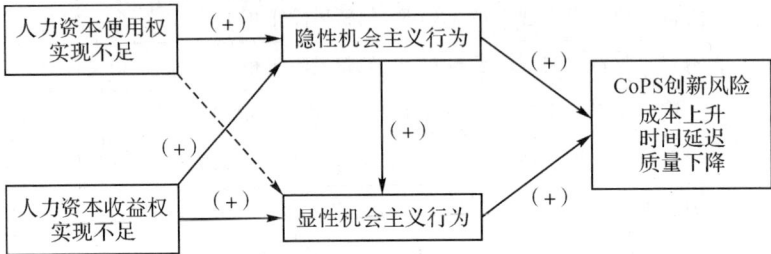

图 7-6　理论模型检验结果

机会主义行为是 CoPS 创新风险的重要影响因素(假设 H_{3a},H_{3b}),并且在人力资本产权实现不足与 CoPS 创新风险中起中介作用(假设 H_{4b},H_{4c},H_{4d}),此外,隐性机会主义行为与显性机会主义行为有一定关系(假设 H_5)。相较于技术、资金、环境等客观因素,人力资本所有者的行为对 CoPS 创新意义更大。本章表明,CoPS 创新过程中,人力资本所有者的机会主义行为会引起一定的风险,这和已有的研究结论十分符合。(卢丽娟,2005;Das,2006)本章研究证实了机会主义行为的中介作用,当人力资本所有者感知到自身人力资本产权实现不足时,会促使其采取显性或隐性机会主义行为,正是这些行为导致了 CoPS 创新风险,这一结论已经得到不少学者佐证。(杨瑞龙,2000;盛亚等,2013)此外,隐性机会主义行为与显性机会主义行为正相关,意味着一定程度上需要及时、妥善地对隐性机会主义行为进行治理,进而防止显性机会主义行为的发生,减少风险损失。

7.5 研究结论与管理启示

7.5.1 研究结论

(1)人力资本产权实现不足是 CoPS 创新风险的重要来源之一。一方面,与一般技术创新相比,CoPS 创新对人力资本的素质要求很高,特别是参与研发的高级技术人员。另一方面,参与 CoPS 创新的组织往往也更多,如供应商、分包商、用户等(张炜,2001;陈劲等,2004;洪勇等,2007),这对系统集成商的跨组织管理水平也提出了更高的要求。这两方面都决定了 CoPS 创新在很大程度上依赖于人力资本所有者及其所承载和控制的人力资本。人力资本产权实现程度在很大程度上影响着人力资本所有者在 CoPS 创新中投入的人力资本,进而对 CoPS 创新产生影响。本章首先在理论层面对 CoPS 创新风险生成机理进行推演,发现人力资本所有者的产权实现问题才是 CoPS 创新风险生成的重要原因。在此基础上,通过开展探索性案例研究,作者发现人力资本产权实现不足与 CoPS 创新风险的内在关系,随后采用问卷调查的方式证实了"人力资本产权实现不足—机会主义行为—CoPS 创新风险"这一风险生成机理的存在。

(2)有效防范机会主义行为是 CoPS 创新风险管理的关键。创新的主体是人力资本所有者(汪丁丁等,2004),由于这些人力资本在 CoPS 创新项目中具有重要作用,其所有者在 CoPS 创新过程中采取的一系列行为往往关乎着项目的成败。一旦这些人力资本所有者为了谋私而采取机会主义行为,会对整个团队、联盟甚至整个 CoPS 项目造成巨大的损失。(赵昌平等,2003;易余胤等,2005)因此,防止人力资本所有者发生机会主义行为是进行 CoPS 创新风险管理的关键。本章显示,机会主义行为的表现方式多种多样,既可以表现为上海地铁员工违约离职、杭州地铁员工无证上岗、T集团工程层层转包等显性机会主义行为,也有表现为 K 公司调试不足且隐瞒信息、杭州地铁农民工托关系上地铁项目等隐性机会主义行为。相对而言,隐性机会主义行为的发生更加频繁、隐蔽,提高了风险发生的概率;而显性机会主义行为发生次数虽少,却更加明显,造成的风险损失也更大。因此,未来的 CoPS 创新管理过程中应该格外关注各种形式的机会主义行为,要提高风险管理意识,重点防范违背合同契约的显性机会主义行为,以及及时关注员工权力动态并及时消除隐性机会主义行为,进而达到控制 CoPS 创新风险的目的。

(3)人力资本产权的完全实现可以有效规避机会主义行为。尽管以往有许多学者尝试从制度安排(如监督、管理、惩治等)角度来治理机会主义行为(刘泰洪,2008),但是这些方法并不能从根本上有效解决人力资本所有者的机会主义行为。除了复杂的外界环境因素导致的信息不对称以外,在很大程度上机会主义行为的动机源于其自身的利益诉求,也就是说,对人力资本所有者而言,机会主义行为往往取决于其自身人力资本产权的实现程度。当人力资本所有者感知到自身人力资本产权实现不足时,即人力资本收益权和人力资本使用权实现程度不一致时,出于个体理性,人力资本所有者会采取机会主义行为,从而造成 CoPS 创新风险。当人力资本所有者感知到自身人力资本产权完全实现时,即人力资本收益权和人力资本使用权实现程度一致或近似一致时,利益相关者自我价值得到充分实现,不会采取机会主义行为。因此,CoPS 创新项目的管理者在整个创新过程中,应该对 CoPS 创新项目所涉及的人力资本所有者的产权实现程度做出合理评估和考察,以此防止由于产权实现不足而导致的机会主义行为的发生,减少 CoPS 风险损失。

7.5.2 管理启示

本章能够为 CoPS 创新企业提供一定的参考,使其关注人力资本所有者的人力资本产权实现问题,严加防范其发生机会主义行为,进而达到降低 CoPS 创新风险及减少其损失的目的。结合上述研究结论与以往相关领域学者的学术成果,本章提出几点管理启示。

(1)高度重视 CoPS 创新风险管理中的人力资本产权实现问题。基于以上研究结论,可以得到如下启示:①CoPS 创新企业在进行风险管理过程中,需要高度重视人力资本所有者的人力资本产权实现问题,特别要注重识别人力资本产权实现不足类型(主要分为人力资本使用权实现不足和人力资本收益权实现不足),以便后续针对不同类型的人力资本产权实现不足的具体情况采取相应管理措施,借以合理规避不同类型的机会主义行为。②CoPS 创新风险管理中要注重对人力资本所有者的人力资本产权实现程度进行合理评估,对人力资本产权实现不足情况进行事前控制,促进人力资本产权的充分实现。鉴于 CoPS 创新过程中涉及不同类型的工作,人力资本所有者投入不同类型的人力资本,CoPS 创新企业应该对各人投入的人力资本的多少等情况进行科学预计,同时根据同等市场水平给予相应合理的收益,并在整个 CoPS 创新项目中和人力资本所有者保持一定的沟通,防止人力资本所有者发生人力资本产权实现不足的情况。③针对不同类型的人力资本产权实现不足情况,CoPS 创新企业事后控制时应该制订合理的科学策略,事前控制在现实中往往较难做到,所以应当确立一定的防范措施以便发生人力资本产权实现不足时,尽快进行事后弥补。其中,针对人力资本使用权实现不足,则应当提高其使用权实现程度,如展开一定的绩效考核、施加工作压力等;针对人力资本收益权实现不足,则应提高其收益权实现程度,如增加相应奖金、福利等收益。

(2)CoPS 创新风险管理过程中应该特别注意防范机会主义行为。根据研究结论可以得到如下启示:①CoPS 创新风险管理的关键是杜绝机会主义行为的发生。CoPS 创新企业在 CoPS 创新过程中时刻保持高度的风险管理意识,提高警觉性,重点识别出不同类型的机会主义行为及其可能对 CoPS 创新造成的风险和损失。在 CoPS 创新项目中往往涉及较多的合同签订等情况,有关管理人员应该对合同双方就具体条款规定及履约情况做出详细说明并存档记录,以便在整个项目生产、运行、交付等过程中保持跟进,重点关注显性机会主义行为的发生。而隐性机会主义行为的滋生较为隐蔽,难以发现,其防范的重点在于严格执行 CoPS 项目的有关规定,不能疏于监督。②机会主义行为的治理可以从解决人力资本产权实现不足这一行为动机着手。当发生人力资本使用权实现不足或收益权实现不足时,人力资本所有者都有可能会采取相应的机会主义行为。因此,CoPS 创新企业可以通过提高人力资本产权实现程度以治理机会主义行为,即通过平衡人力资本收益权和人力资本使用权的实现程度,让人力资本所有者感知其人力资本产权充分实现,进而在 CoPS 创新过程中充分投入人力资本,发挥其巨大作用,减少 CoPS 创新风险。值得注意的是,治理人力资本使用权实现不足的情况只能减少隐性机会主义行为的发生,对显性机会主义行为的发生并没有显著作用;而治理人力资本收益权实现不足的情况对杜绝显性机会主义行为和隐性机会主义行为的发生都具有一定的成效。

第8章 网络关系强度视角下的CoPS 创新风险生成机理

现有研究在揭示网络关系强度与创新绩效之间的关系上存在分歧。有些学者提出强关系与企业技术创新之间呈显著正相关,但也有学者认为弱关系更有利于企业的技术创新。他们提出,与强关系相比,弱关系提供的信息和资源更加新颖、及时,而且弱关系网络拥有多样化的成员,这为企业提供了获取新创意和新方法的渠道。Uzzi(1997)则提出强弱关系和企业创新绩效之间的关系可能不是以往研究中所揭示的简单的线性关系,而有可能是一种先增后减的倒"U"型关系,网络关系处于中间状态时,企业创新绩效最为理想。受此启发,我们不禁会问,CoPS创新中利益相关者网络关系强度如何影响创新风险?利益相关者网络关系强度与CoPS创新风险是否也呈"U"型或倒"U"型关系?

8.1 文献回顾

8.1.1 网络关系内涵、分类及属性

网络关系泛指网络中各个结点之间的联结关系,它是网络活动的基础(任志安等,2007),不同的网络关系,会形成不同的网络形态。网络关系的定义如表8-1所示。

表8-1 网络关系的定义

网络关系的定义	代表人物
指群体内的各个成员之间的相互连带关系	Mitchell(1969)
两个相互独立的组织之间的关系,包括合同、相互信任、授权等形式,其介于市场和组织之间	Williamson(1975)

续　表

网络关系的定义	代表人物
指建立在专业分工的基础上,某一特定群体内部成员间为更好地从对方处获取资源与服务,维持的一种既相互竞争又相互补充的关系	Johnson et al. (1987)
指一群为了共享资产、信息等资源,通过市场机制,彼此积极联系起来的企业间相互关系	Snow et al. (1992)
指网络之间的联结关系	任志安等(2007)
指产业集群行为主体在资源交换和传递过程中发生联系,然后建立的各种关系的总和	王娟(2008)
指行为主体之间的关系,其中包括经济关系和社会关系	王发明等(2015)

资料来源:作者根据资料整理。

网络关系有不同的类型划分。根据网络关系的强弱程度及地理距离,可以将网络关系分为四种:国外强联结、国外弱联结、国内强联结和国内弱联结。(黎常,2012)根据联结的性质,可以把网络关系的类型分为市场关系和社会关系,其中市场关系就是指不同结点通过该关系进行的资源交易或交换;社会关系是指结点间社会互动的关系,并通过社会互动进行潜在利益的交换,彼此互惠。(何亚琼等,2005)从共生网络关系来看,网络关系类型可以划分为正式网络和非正式网络,其中正式网络包括市场交易网络和研发合作网络;非正式网络由两部分组成,即个人和公共社会关系网络。(王树林等,2008)按照网络关系内部权力作用的范围,又可将网络关系分为三个层次:组织中小团体内成员间网络、组织内部门间网络及组织间网络。(Therelli,1986)网络关系的分类详见表 8-2。

表 8-2　网络关系的分类

划分标准	类　别	代表人物
强弱程度和地理距离	国外强联结、国外弱联结、国内强联结和国内弱联结	黎常(2012)
联结对象	与供应商的关系、与客商的关系、与竞争者之间的关系、与大学科研机构之间的关系、与中介组织之间的关系、与政府之间的关系、与金融机构之间的关系	范黎波(2004)
联结的性质	市场关系和社会关系	何亚琼等(2005)

划分标准	类　　别	代表人物
共生网络关系	正式网络和非正式网络	王树林等（2008）
内部权力作用范围	组织中小团体内成员间网络、组织内部门间网络和组织间网络	Therelli（1986）
产业集群	与上游企业、下游企业、同行企业、其他企业、学术研究机构、金融机构之间的技术研发、生产工艺、管理、战略规划等资源或信息等方面的互动关系	谢洪明等（2007）

资料来源：作者根据资料整理。

网络关系的三大属性主要包括互动导向、联结特征和结构特征。（任志安等，2007）

（1）互动导向。在网络组织中，企业间关系是互动导向的，即当企业想要跟对方互动时，希望对方也有想要互动的倾向。

（2）联结特征。①关系强度。关系强度作为网络关系研究中的重要特征变量，用以表示网络中两节点之间关系的强弱，目前衡量关系强度的维度主要是采用格兰诺维特（1973）提出的四个标准：互动的频率、情感强度、亲密程度和互惠性。按照关系强度，可以把关系分为强关系和弱关系，强关系是指互动频率高、感情深厚、关系紧密及互惠性交换多，反之则表现为弱关系。②多元性。强调网络中各个结点是通过多种关系联结起来的。③非对称性。指两个结点的相互关系有可能是不对称的。

（3）结构特征。①网络密度。网络密度是网络成员之间互动的联系程度，即网络成员之间互动的平均程度。高密度表示网络中主体间的联结关系多，并且互动程度高，对信息的产生与交流有促进作用。低密度表示主体间相互联结较少，并且互动程度相对较低，对网络运作及结果可能带来不良影响。②中心性。作为网络分析的一个重要概念，中心性用于刻画个体或组织在网络中的中心化程度。（刘军，2009）③稳定性。网络中结点间的关系不断发生变化，新关系不断建立，老关系也不断消失。稳定性用于刻画网络成员进入与退出的比例关系。

8.1.2 利益相关者属性研究

权利是利益相关者理论的核心概念，权利包含利益和权力两个属性。

(盛亚等,2016)利益相关者权利来源于其所拥有的专用性资产,即特定的组织或个人所拥有和控制的,可以给组织或个人带来一定的经济效益的资源。依照经济学逻辑,投入资产享有利益,利益实现需要权力保障。借鉴盛亚等(2007)依照利益和权力的分类,本章研究将利益相关者划分为高度平衡型利益相关者、中间型利益相关者和低度平衡型利益相关者,如表 8-3 所示。

表 8-3　利益相关者权利属性分类

权力 利益	高	低
高	高度平衡型利益相关者	中间型利益相关者
低	中间型利益相关者	低度平衡型利益相关者

资料来源:盛亚等,2008。

8.2 模型构建

8.2.1 逻辑推演

本章从现实中 CoPS 创新风险(项目延期、成本上升和质量下降)频发这一迫切问题出发,经分析,发现导致这一风险的原因之一是网络关系脆弱,使利益相关者有机会采取机会主义行为而导致创新风险(杭州地铁坍塌主要是施工方为了降低成本,发现隐患后并没有进行修缮,依旧赶工期,从而导致事故发生),因此展开对网络关系与 CoPS 创新风险之间关系的研究,旨在为企业 CoPS 创新提供理论指导。

(1)网络关系强度与 CoPS 创新风险存在非线性关系。目前,关于 CoPS 创新中网络关系强度与创新风险之间关系的研究还比较少见。仅有的研究大都是从集散节点的角度对整体网络的脆弱性进行分析,即对网络有支柱作用的集散节点在遇到恶意攻击时将可能导致整个网络的崩溃与瓦解的研究。(龚玉环等,2008)值得注意的是,网络关系强度与技术创新之间的关系受到了学者较多关注。拉尔森(Larson)等学者认为,强关系可以使搜寻信息的人更好地了解和使用新知识,对技术创新有明显的促进作用。(Hansen,1999;Jarillo,1988)相反地,格兰诺维特等(1985)

则指出,强关系可能会使企业丧失选择和更换合作伙伴的灵活性,从而给创新带来一定的阻碍或风险,维持弱关系更加有利于新知识和新信息的传递,通过弱关系传播的异质性信息对企业的技术创新更有利。Uzii(1997)认为,关系强弱与企业创新绩效可能不是线性关系,而是一种先增后减的倒"U"型关系,即网络关系处于中间状态最为理想,既不要太强导致企业无法摆脱对其他企业的依赖,也不要太弱导致与其他企业的关系无法稳定。受此启发,本章认为,网络关系强度与CoPS创新风险之间的关系可能也存在非线性关系。网络关系强度太强或太弱都可能带来严重的创新风险,只有网络关系适度,创新风险才最低。

(2)利益相关者机会主义行为在"网络关系强度—CoPS创新风险"关系中起着中介作用。CoPS创新成员是嵌入在一定网络结构之中的,其行为受到网络关系的影响,这种网络关系既可能促进企业与企业之间建立的合作,也有可能是以"破坏者"的面貌存在。(Khanna et al.,1998)大量研究证实机会主义行为是对合作创新绩效产生影响的关键。(Das et al.,2010;Luo,2007)企业之间签订的不完全契约,可能出现机会主义行为、道德风险和偷懒行为等,这些都可能会带来网络成本的增加,从而弱化网络所带来的优势。(魏江等,2002)机会主义行为的出现会引起双方在交易活动中为了追求自身的利益利用不对称信息或不完备契约而获取私利的行为,这种行为会降低双方的信任程度及影响合作绩效,损害整个网络组织的整体利益和单个企业的利益。(朱艳玲,2011)

(3)"网络关系强度—机会主义行为—CoPS创新风险"这一逻辑链受到利益相关者属性的影响。按照创新网络理论观点,CoPS创新成员是嵌入在一定网络之中的,其行为受到网络关系强度的影响。但社会网络视角过分强调了网络的整体属性而忽略了利益相关者的主体属性,使得网络中节点本身及其之间的互动关系中丰富的结构和行为要素无法进入分析的视野。因此,作者在这里引入利益相关者权利属性这一控制变量,来衡量不同类型利益相关者(高度平衡型利益相关者、中间型利益相关者、低度平衡型利益相关者),网络关系强度与创新风险之间的关系。

8.2.2 变量定义与测量

(1)网络关系强度。利益相关者的网络关系是指各利益相关者与系统集成商(焦点企业)之间的资源或信息等方面的互动关系。在网络关系强度的测量上,国内外有很多经典测量维度,具体如表 8-4 所示。从表 8-4 可知,在衡量网络关系强度时,互动频率和亲密程度这两个维度使用最多。考虑到 CoPS 创新是组织与组织之间的关系,而非个人与个人的关系,本章认为互惠性比亲密程度更具代表性。此外,由于 CoPS 离不开各利益相关者共同投入的资源,在衡量网络关系强度时,双方投入资源也是一个重要考量。综上所述,本章采用互动频率、互惠性和投入资源三个维度来衡量网络关系强度。

表 8-4 经典网络关系强度测量维度

维 度	作 者
互动的频率、互惠性、亲密程度、情感强度	Granovetter(1973)
关系频率	Nelson(1989);Suarez(2005)
沟通频率、相互信任程度、关系持久度、亲密程度	Arsden et al. (1984)
互动频率、亲密程度、紧密性、关系投资	Lunsteein et al. (1988)
紧密程度、互动频率	Burt(1992);Hansen(1999)
互动频率、个人信任、持续性、范围、正式控制	Nooteboome et al. (2004)
地域分布、紧密程度、密切程度、深入程度、投入力度	姜翰等(2008)
认识时间、亲密程度、熟悉程度、信任程度	杨俊等(2009)
投入资源、互惠性、接触时间、合作交流范围	潘松挺等(2010)
互惠性、合作交流范围、接触的频率	闫莹等(2010)
关系的数目、接触的次数、持续的时间、亲密程度	Collins et al. (2003)

(2)机会主义行为。在本章中,机会主义主要表现为违背合同、逃避或不完全履行关系承诺或义务、强制修改合同、中断或限制资源供给、联合抵制要求退出创新网络等。

(3)CoPS 创新风险。CoPS 创新风险是指在 CoPS 创新活动中,因网络关系强度诱发利益相关者的机会主义行为,导致实际的创新结果与期望目标之间的差距(时间延误、质量下降和成本上升)。CoPS 创新风险的时间、质量和成本三者是评价项目的主要标准:①时间。在创新项目制订合作计划时,系统集成商对工期有严格的要求,除了合同允许的时间延长外,对于超出完工日期的,承包商一般都要支付延期赔偿费,这会影响分包商的收益。②质量。CoPS 的技术标准应达到合格标准，这种技术合格标准体现在两方面：一是该技术标准应符合国家有关法规、技术标准和合同的规定；二是该项目最终的产品或系统，在性能或者使用价值上，确保产品或系统在投入使用后可以正常发挥其价值。③成本。CoPS 的成本概念是一个大概念，成本既包括直接成本（如材料费、施工人员工资等），也包括间接成本（如项目临时服务人员工资、临时设备租赁费等）。

（4）利益相关者权利属性。基于产权理论和契约理论，利益相关者权利属性包括利益属性和权力属性，利益是指向企业投入专用性资产所应当享有的收益，享有的利益也需要相应的权力保障。本章借鉴盛亚等（2007）依照利益和权力进行分类，将利益相关者划分为：高度平衡型、中间型和低度平衡型。高度平衡型是指利益和权力得分都高，低度平衡型是指利益和权力得分都低，中间型是指利益相关者的利益小权力大或者利益大权力小。

综上所述，变量定义如表 8-5 所示。

表 8-5　研究变量定义

变量名称	定　义
利益相关者 网络关系强度	由 CoPS 创新网络主体构成的网络关系，这些网络关系主要包含焦点企业与承包商、供应商、用户和政府等资源或信息等方面的互动关系的强弱
机会主义 行为	一种以欺诈的方式寻求自我利益的行为，主要包括违背合同、逃避或不完全履行关系承诺或义务、强制修改合同、中断或限制资源供给、联合抵制要求退出创新网络等
CoPS 创新 风险	在 CoPS 创新活动中，因网络关系强度诱发利益相关者的机会主义行为，导致实际的创新结果与期望目标之间的差距（时间延误、质量下降和成本上升）
利益相关者 权利属性	权利属性包含利益和权力，按照权利属性将利益相关者划分为高度平衡型、中间型和低度平衡型

8.2.3 模型构建

通过逻辑推演，理论上作者构建了基于利益相关者权利属性的"网络关系强度—机会主义行为—CoPS 创新风险"的风险生成机理，并通过给相关变量定义，构建了本章研究的理论模型，如图 8-1 所示。

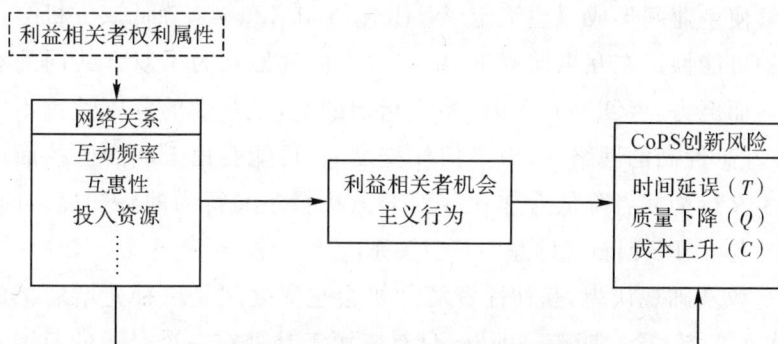

图 8-1　复杂产品系统创新风险生成机理理论模型

8.2.4 研究假设

（1）网络关系强度与 CoPS 创新风险。现有研究在网络关系强度与创新绩效之间的关系上还存在分歧，一种观点认为，强关系有利于技术创新；另一种观点认为，弱关系提供的信息和资源更加新颖、及时，从而更有利于技术创新。（格兰诺维特，1973）这种分歧说明在网络关系强度与创新绩效间可能存在非线性关系，这种思想也被有些学者证实。联结的强弱与企业创新绩效可能不是简单的线性关系，有可能是一种先增后减的倒"U"型关系。（Uzzi，1997）网络关系处于中间状态此时企业创新绩效最为理想，此时创新风险最低。因此，提出以下假设：

H_1：网络关系强度与 CoPS 创新风险呈"U"型关系。

网络的互动频率指的是网络中行动者与网络成员互动交流的次数。对于 CoPS 来说，需要增加集成商与利益相关者的互动频率，从而促进资源共享和资源交换。在互动频率较高的创新网络中，集成商提供的信息可能会更加准确、丰富和及时，利益相关者采取机会主义行为的可能性更低。

互惠性是指组织间互相协助及协调，而不是一方对另一方的命令或控制。（Oliver，1991）互惠性越高，说明彼此依赖对方的程度越高，更容易从与其他组织的合作中获取对自身有益的信息，提高自身的创新绩效。在这种互惠性的网络关系中，网络中的成员提供的信息会更加准确、及时和丰富。互惠性一方面代表双方之间的一种长期合作的承诺，另一方面也能够使企业间形成双边锁定(Wathne et al.,2004),降低双方机会主义行为的可能性。在互惠前提下,组织内主体都愿意为了双方共同的利益与目标而努力。(Oliver,1991)需要指出的是,互惠性的危害性也不容小觑,在互惠性高的网络中,由于信任程度高,可能会由于缺少监控而增加机会主义行为或者降低合作伙伴对对方机会主义行为的感知度。因此,互惠性与CoPS创新风险呈"U"型关系。

资源基础观认为,互补性资源和机会主义之间是一种先增后减的倒"U"型的关系(徐二明等,2012),只有资源互补处在一个合适的范围才能遏制机会主义行为,资源互补程度太高或太低都会带来机会主义的风险。因此投入资源与CoPS创新风险呈"U"型关系。

H_{1a}:互动频率与CoPS创新风险显著负相关;

H_{1b}:互惠性与CoPS创新风险呈"U"型关系;

H_{1c}:投入资源与CoPS创新风险呈"U"型关系。

(2)网络关系强度与机会主义行为。CoPS创新成员是嵌入在一定网络之中的,其行为受到网络关系强度的影响。当网络关系较弱时,利益相关者受到的约束较小,有可能通过实施机会主义行为而达到自利的目的。(魏江等,2002;郑健壮等,2002)当网络关系逐渐增强后,利益相关者之间的信任和互惠程度提高,这也会增强网络中的利益相关者主动提供信息与资源的倾向。因此,在强关系网络中,利益相关者机会主义行为会得到抑制。但是,网络关系并不是越强越好,当关系强度特别强时,利益相关者若实施机会主义行为,获利也将更大。类似案例在实践中不胜枚举。

H_2:网络关系强度和机会主义行为是"U"型关系。

(3)机会主义行为与CoPS创新风险。大量实证研究证实机会主义行为是影响合作创新绩效的关键所在。(Das et al.,2010;Luo,2007)当共同的利益目标不一致时,合作方可能会为了实现自身的利益,牺牲对方的利益,从而导致合作关系紧张,破坏良好的合作氛围,最终对合作绩效产生负向影响。

H_3:机会主义行为与CoPS创新风险之间有显著的正向影响关系。

(4)机会主义行为的中介作用。利益相关者网络由线和点构成,这里的线就是前文所讲的利益相关者与系统集成商或其他利益相关者的网络关系,点就是CoPS创新主体(包括系统集成商和利益相关者)。点是利益相关者网络的基础,线依附于点,并通过点起作用;也就是说,无论网络关系强与弱,只要利益相关者恪尽职守,就不会因主体因素而发生CoPS创新风险。由此可见,网络关系必须作用于利益相关者,才可能诱发CoPS创新风险,因而提出以下假设:

H₄:机会主义行为在网络关系强度与CoPS创新风险之间发挥着中介作用。

(5)利益相关者权利属性的影响。权利属性是指利益属性和权力属性,产权经济学和利益相关者理论认为,权利应当对称配置(Milgrom et al.,1992),利益相关者的利益和权力的对称有利于提高技术创新绩效(盛亚等,2008)。但由于现实中契约的不完备性,在实际分配中很难实现权利对称分布。当权利不对称时,主体将做出抗议、威胁、退出联盟等行为。(Freeman et al.,2010)例如,对于权力高—利益低的利益相关者,若只是关注自身利益,很可能会运用手中的权力获利,此时会促进利益相关者采取机会主义行为,导致CoPS创新风险出现。对于权力低—利益高的利益相关者,同样会因为利益得不到权力的保障而采取机会主义行为。如前文所述,权力低—利益高或权力高—利益低均属于中间型利益相关者,因此得到以下假设。

H₅:中间型利益相关者带来的CoPS创新风险大于其他利益相关者。

8.3 数据收集与处理

8.3.1 问卷设计

本章采取问卷调查方式收集数据。为保证所采用的量表效度和信度良好,针对问卷初稿,采用小组汇报、单独交流等多种形式,广泛征求专家和项目团队成员意见,经多次修改后,最终形成本研究问卷(详见附件7)。本问卷包括两大部分:第一部分为基本信息,包括被调查者所在企业的基本信息、个人信息及企业所参与的CoPS项目的信息;第二部分则分别对CoPS创新风险、网络关系、机会主义行为和利益相关者权利属性开展测量。考虑到当选项超过5个以后,常人很难做出精准的辨别(Berdie,1994),本问卷采用Likert 5点量表,从非常不同意到非常同意依次赋值为 1～5。

（1）网络关系强度。首先归纳和整理国内外关于网络关系强度的题项，然后选取与本章背景较为契合的题项作为参考题项，并结合 CoPS 创新情境与研究主题对相关题项进行修改和完善，最终形成本章的测量题项。网络关系强度测量使用互动频率、互惠性和投入资源三个维度，在具体测量题项的选择上，投入资源和互惠性借鉴蔡宁等（2008）采用的题项，互动频率则借鉴罗婷（2014）采用的题项，共形成 10 个题项。

（2）机会主义行为。作者整理和分析了机会主义行为的研究文献和研究成果，在此基础上构建了机会主义行为的 5 个测量题项（违背合同、曾逃避或不完全履行义务或关系承诺、强制修改合同、中断/限制资源供给、联合抵制要求退出创新网络）。

（3）CoPS 创新风险。主要借助项目管理中项目评价指标，通过时间延误、质量下降和成本上升这三个维度来测量，共设计了 3 个题项。

（4）利益相关者权利属性。通过专家调查，将 CoPS 创新中所涉及的利益相关者进行综合排序，按照优先级别挑选出用户、员工、分包商和合作机构这四类典型的利益相关者，每类利益相关者设计 4 个题项，共形成 16 个题项。

8.3.2 小样本信度与效度测试

为了探究问卷量表结构设计的合理性及各子量表测量题项的一致性和稳定性，确保在大范围问卷发放后能获得较高的数据质量，作者对问卷进行了小样本预调查，结合被调查者的反馈，对问卷做进一步修改与完善。

进行因子分析时，每个题项数量与人数的比例应维持在 $1:5$ ～ $1:10$ 之间。（Tinsley，1987）本章小样本预调查采取网络发放方式，共回收问卷 100 份，剔除不符合填写要求的问卷 30 份，最终获得有效问卷 70 份，问卷回收率为 70%。

由于本章涉及四类利益相关者，其测量题项不尽相同，因此在信度与效度测试上按照利益相关者类别分别进行。

（1）员工的信度和效度测试。利益相关者权利属性的题项 QL1 不符合该项要求（校正的项总计相关性值为 0.245），属于垃圾测量题项，将其删除后,该变量的总 Cronbach's α 系数有明显提升(从最初的 0.686 上升到 0.735),其余题项的校正的项总计相关性值均大于 0.35,所有变量的总 Cronbach's α 系数均大于 0.7,所有分项对总项的相关系数均在 0.35 以上,表明该量表的内部一致性较高,信度较好。除了投入资源的 KMO 值(0.687)较低外,其他变量的 KMO 值均大于 0.7,表明适合做因子分析。所有变量的 Bartlett 球形度检验均显著,表明变量之间相关性较高。对所有变量,按照特征值大于 1 均提取一个成分因子。各测量题项对变量的累计方差解释度均在 60% 以上,且因子载荷除了 LY1 为 0.521 外,其余均在 0.6 以上,说明该量表结构效度良好。

(2)用户的信度和效度测试。所有变量校正的项总计相关性值均大于 0.35,且所有变量的总 Cronbach's α 系数均大于 0.7。所有分项对总项的相关系数均在 0.35 以上,表明该量表的内部一致性较高,信度较好。除了互惠性的 KMO 值(0.689)较低外,其他变量的 KMO 值均大于 0.7,表明适合做因子分析。所有变量的 Bartlett 球形度检验均显著,表明变量之间相关性较高。所有变量按照特征值大于 1 均提取一个成分因子。各测量题项对变量的累计方差解释度均在 60% 以上,且因子载荷均在 0.6 以上,表明该量表具有较好的结构效度。

(3)分包商的信度和效度测试。所有题项的校正的项总计相关性值均大于 0.35。所有潜变量的 Cronbach's α 系数均大于 0.7,表明该量表信度较好。KMO 值均大于 0.7,表明适合做因子分析。所有变量的 Bartlett 球形度检验均显著,表明变量之间相关性较高。对所有变量,按照特征值大于 1 均提取一个成分因子。各测量变量对变量的累计方差解释度均在 0.6 以上,且标准化因子载荷系数均在 0.7 以上,表明该量表的结构效度较好。

(4)合作机构的信度和效度测试。所有题项的校正的项总计相关性值均大于 0.35。所有潜变量的 Cronbach's α 系数均大于 0.7,表明该量表信度较好。KMO 值均大于 0.7,表明适合做因子分析。所有变量的 Bartlett 球形度检验均显著,表明变量之间相关性较高。对所有变量,按照特征值大于 1 均提取一个成分因子。各测量题项对变量的累计方差解释度均在 60% 以上,且因子载荷均在 0.6 以上,说明该量表具有较好的结构效度。

8.4 大样本实证分析

8.4.1 样本描述性统计

对问卷进行小样本测试后,修改后的问卷以网络形式发送为主,纸质问卷为辅。由于网络问卷难以统计回收率,本章仅对问卷有效率进行统计。总计回收问卷 325 份,剔除不符合规范的问卷 48 份,有效问卷 277 份,问卷有效率为 85%。问卷回收情况具体如下:①通过问卷星总计回收问卷 290 份,剔除不符合规范的 51 份,回收有效问卷 239 份,有效问卷率 82.4%;②实地发放问卷 132 份,回收有效问卷 38 份,问卷有效率 28.79%。值得注意的是,由于不同类型的利益相关者所涉及的题项不同,因此,本次问卷发放共收集员工问卷 178 份、用户问卷 30 份、分包商问卷 34 份和合作机构问卷 35 份。样本描述性统计如表 8-6 所示。

表 8-6 样本描述性统计($N=277$)

指 标	类 别	样本数	百分比(%)	累计百分比(%)
行业类型	机械制造	62	22.4	22.4
	电力化工	25	9.0	31.4
	建筑工程	29	10.5	41.8
	交通运输	32	11.6	53.4
	通信软件	48	17.3	70.8
	其他	81	29.2	100
职位	高层管理者	57	20.6	20.6
	中层管理者	13	4.7	25.3
	基层管理者	62	22.4	47.6
	普通员工	145	52.3	100
项目规模	小于 100 万元	46	16.6	16.6
	100 万~500 万元	67	24.2	40.8
	500 万~1000 万元	39	14.1	54.9
	1 000 万~5 000 万元	46	16.6	71.5
	5 000 万元及以上	79	28.5	100

续　表

指　标	类　别	样本数	百分比(%)	累计百分比(%)
企业角色	系统集成商	178	64.3	64.3
	用户	30	10.8	75.1
	分包商	34	12.3	87.4
	合作机构	35	12.6	100

8.4.2 信度与效度分析

在大样本实证中,为了进一步保证数据的可靠性,并在此基础上对数据进行正式处理,本章仍通过 SPSS 19.0 软件对正式回收的数据再一次进行信度和效度检验。

(1)员工的信度和效度检验。Cronbach's α 值大于 0.7,校正的项总计相关性均大于 0.35,表明该量表信度较好。标准化因子载荷均大于 0.6;且累计解释总方差均大于 70%;除投入资源外,KMO 值均大于 0.7,表明效度良好。

(2)用户的信度和效度检验。Cronbach's α 值大于 0.7,校正的项总计相关性均大于 0.35,表明该量表信度较好。标准化因子载荷均大于 0.6;且累计解释总方差均大于 70%;除投入资源外,KMO 值均大于 0.7,表明效度良好。

(3)分包商的信度和效度检验。Cronbach's α 值大于 0.7,校正的项总计相关性均大于 0.35,表明该量表信度较好。标准化因子载荷均大于 0.6;且累计解释总方差均大于 70%;除投入资源外,KMO 值均大于 0.7,表明效度良好。

(4)合作机构的信度和效度检验。Cronbach's α 值大于 0.7,校正的项总计相关性均大于 0.35,表明该量表信度较好。标准化因子载荷均大于 0.6;且累计解释总方差均大于 70%;除投入资源外,KMO 值均大于 0.7,表明效度良好。

信度和效度检验结果表明:①Cronbach's α 值均大于 0.7,表明量表信度较好;②校正的项总计相关性值均满足大于 0.35,表明题项的内部一致性较高;③已删除项后的 Cronbach's α 值没有较之前大幅提升,表明整体问卷信度良好；④KMO 值均大于 0.7，表明适合做因子分析；⑤Sig. 值均小于 0.05，显著，表明题项之间的相关性较高，适合做因子分析；⑥通过主成分提取，特征值大于 1 时提取的因子反映了变量的维度，本章中的累计解释总方差均大于 60%，表示提取的因子能较好地覆盖全部题项；⑦因子载荷均符合条件（大于 0.5），整体问卷效度良好。

8.4.3 相关分析

（1）变量间两两相关检验。在对变量间关系进行分析之前，需要对变量进行两两间相关检验。经检验，四类利益相关者中，所有变量之间均存在显著的相关性，并且相关系数均小于 0.7 的临界值，模型的方差膨胀因子均小于 5，因此，多重共线性问题并不严重（Hair et al.，1998），对后续研究影响不大。DW 值均接近于 2，说明残差服从正态分布，不存在序列相关问题。为了保证实证研究结果，本章在回归分析前对所有变量均进行了均值中心化处理，以减小误差。

（2）回归分析与假设检验。本章需要验证"利益相关者网络关系强度通过'U'型曲线效应影响机会主义行为，进而影响了 CoPS 创新风险，形成了网络关系强度与 CoPS 创新风险的'U'型关系"。考虑到 Baron et al.（1986）的"三步骤"检验只适用于变量间线性关系的检验，对于变量间曲线型中介关系的检验存在偏差（Hair et al.，1998；杜运周等，2012）。本章将采用爱德华兹（Edwards）和兰伯特（Lambert）在 2007 年所开发的运用调节路径分析方法分析非线性回归，这种方法能够更完整地分析中介模型中所有可能路径上的调节效应，因而可以清楚地揭示出自变量与因变量间中介效应模型路径上调节效应发生的具体路径。（董保宝，2014）这一方法的分析框架包含了下面两个回归方程：

方程 1：$Y = \xi_1 + \xi_2 X + \xi_3 M + \xi_4 Z + \xi_5 XZ + \xi_6 MZ + e$

方程 2：$M = \xi_1 + \xi_2 X + \xi_3 Z + \xi_4 XZ + e'$

其中，Y 为因变量 CoPS 创新风险，X 为自变量网络关系强度，M 为中介变量机会主义行为，Z 为调节变量。本章中 Z 与 X 为同一变量，XZ 为网络关系强度的二次项，即此模型中的交互项；MZ 为机会主义行为和网络关系强度的交互项。

方程 1 可以综合检验因变量（CoPS 创新风险）与自变量（网络关系强

度),调节变量(网络关系强度)与自变量(网络关系强度)交互项(即网络
关系强度的平方),中介变量(机会主义行为)与调节变量(网络关系强
度),以及调节变量(网络关系强度)与中介变量(机会主义行为)的交互项
间的总效应。作者通过方程 1 来检验网络关系强度与 CoPS 创新风险间
"U"型关系及机会主义行为在其间的中介作用。

　　方程 2 用来检验中介变量(机会主义行为)与自变量(网络关系强度)
间受调节变量(网络关系强度)的调节效应,实际上是检验网络关系强度
对 CoPS 创新风险的"U"型曲线关系。

　　员工模型检验。表 8-7 中,模型 1 中只加入了控制变量,模型 2 和模
型 3 中分别加入了变量网络关系强度与网络关系强度的平方。实证结果
表明,网络关系强度的平方与机会主义行为显著正相关($r=1.311,P<$
0.01)。该结果说明,网络关系强度与机会主义行为之间呈"U"型关系,
因此假设 H_2 获得支持。

表 8-7　相关分析 1(员工)

变　量	机会主义行为		
	模型 1	模型 2	模型 3
行业类型	0.096	0.081	0.075
职位	−0.085	−0.075	−0.082
项目规模	−0.139	−0.182*	−0.106
利益相关者权利属性	0.310***	0.236**	0.296**
网络关系强度		0.167*	−0.066
网络关系强度的平方			1.311***
R^2	0.082	0.098	0.161
ΔR^2		0.072***	0.131***
F	3.840***	3.735***	5.460***
df	177	177	177

注:*** 表示 $P<0.001$,** 表示 $P<0.01$,* 表示 $P<0.05$,双尾检验。

　　表 8-8 中:①模型 1 中只加入了控制变量,模型 2 和模型 3 中分别加
入了变量网络关系强度与网络关系强度的平方。实证结果表明,网络关
系强度的平方与 CoPS 创新风险显著正相关($r=0.465,P<0.01$)。该结

果说明网络关系强度与 CoPS 创新风险之间呈现出"U"型关系,假设 H_1 获得支持。②模型 4 中加入了变量投入资源和投入资源的平方。实证结果表明,投入资源的平方与 CoPS 创新风险显著正相关($r=2.415, P<0.01$)。该结果说明投入资源与 CoPS 创新风险之间呈现出"U"型的曲线关系,因此,假设 H_{1c} 获得支持。③模型 5 中加入了变量互惠性和互惠性的平方,实证结果表明,互惠性的平方与 CoPS 创新风险不显著($r=0.987, P>0.1$),而互惠性与 CoPS 创新风险显著负相关($r=1.87, P<0.01$),因此,假设 H_{1b} 未获得支持。④模型 6 加入了变量互动频率,实证结果表明,互动频率与 CoPS 创新风险显著负相关($r=-2.243, P<0.01$),因此,假设 H_{1a} 获得支持。⑤模型 7 加入了机会主义行为这一中介变量和机会主义行为与网络关系强度的交互项,研究发现机会主义行为与 CoPS 创新风险之间显著正相关($r=0.611, P<0.01$),假设 H_3 得到验证。⑥网络关系强度的平方与 CoPS 创新风险的系数正向显著($r=1.457, P<0.01$),再次说明了网络关系强度与 CoPS 创新风险的"U"型关系。同时,模型中网络关系强度与机会主义行为的交互项对 CoPS 创新风险的作用显著且为负($r=-0.396, P<0.01$),这表明机会主义行为与 CoPS 创新风险的关系受网络关系强度的权变影响,且影响为负。综上所述,网络关系强度因与机会主义行为之间的"U"型关系会经由机会主义行为的中介作用影响 CoPS 创新风险,因而假设 H_4 获得支持。

表 8-8　相关分析 2(员工)

变量	CoPS 创新风险						
	模型 1	模型 2	模型 3	模型 4	模型 5	模型 6	模型 7
行业类型	0.052	0.039	0.010	0.041	0.071	0.024	-0.022
职位	-0.020	-0.011	0.009	-0.008	0.010	-0.010	0.045
项目规模	0.101	0.065	0.097	0.076	0.041	0.076	0.100
权利属性	0.324***	0.253*	0.280***	0.298***	0.285***	0.296***	0.138
网络关系强度		0.138*	-0.079				0.043
网络关系强度的平方			0.465***				1.457***

续　表

变　量	CoPS 创新风险						
	模型 1	模型 2	模型 3	模型 4	模型 5	模型 6	模型 7
投入资源				-2.576^{***}			
投入资源的平方				2.415^{***}			
互惠性					-1.785 (-1.870^{***})		
互惠性的平方					0.987		
互动频率						-2.243^{***}	
机会主义行为							0.611^{***}
网络关系强度×机会主义行为							-0.396^{***}
R^2	0.154	0.164	0.343	0.213	0.270	0.163	0.456
ΔR^2		0.139^{***}	0.320^{***}	0.186^{***}	0.245^{***}	0.138^{***}	0.430^{***}
F	7.885^{***}	6.729^{***}	14.89^{***}	7.731^{***}	10.55^{***}	6.69^{***}	17.72^{***}
df	177	177	177	177	177	177	177

注：$***$ 表示 $P<0.001$，$*$ 表示 $P<0.05$，双尾检验。

用户模型的检验。表 8-9 中，模型 1 中只加入了控制变量，模型 2 和模型 3 中分别加入了变量网络关系强度与网络关系强度的平方。实证结果表明，网络关系强度的平方与机会主义行为显著正相关（$r=0.797$，$P<0.001$）。该结果说明网络关系强度与机会主义行为之间呈"U"型关系，因此假设 H_2 获得支持。

表 8-9　相关分析 1(用户)

变　量	机会主义行为		
	模型 1	模型 2	模型 3
行业类型	-0.104	-0.107	-0.125
职位	-0.019	0.000	0.018

续　表

变　量	机会主义行为		
	模型 1	模型 2	模型 3
项目规模	−0.009	−0.01	0.021
利益相关者权利属性	0.227***	0.198***	0.249***
网络关系强度		0.149**	−0.877***
网络关系强度的平方			0.797***
R^2	0.064	0.086	0.175
ΔR^2		0.063***	0.150***
F	3.491***	3.78***	7.096***
df	207	207	207

注：*** 表示 $P<0.001$，** 表示 $P<0.01$。

　　表 8-10 中：①模型 1 中只加入了控制变量，模型 2 和模型 3 中分别加入了变量网络关系强度与网络关系强度的平方。实证结果表明，网络关系强度的平方与 CoPS 创新风险显著正相关（$r=0.558$，$P<0.01$）。该结果说明网络关系强度与 CoPS 创新风险之间呈现"U"型关系，因此，假设 H_1 获得支持。②模型 4 中加入了变量投入资源和投入资源的平方，实证结果表明，投入资源的平方与 CoPS 创新风险不显著，但投入资源与 CoPS 创新风险之间负相关显著（$r=-3.165$，$P<0.01$），因此，假设 H_{1c} 未获得支持。③模型 5 中加入了变量互惠性和互惠性的平方，实证结果表明，互惠性的平方与 CoPS 创新风险显著（$r=0.911$，$P<0.01$），因此假设 H_{1b} 获得支持。④模型 6 中加入了变量互动频率，实证结果表明，互动频率与 CoPS 创新风险显著负相关（$r=-0.394$，$P<0.01$），因此，假设 H_{1a} 获得支持。⑤模型 7 加入了机会主义行为这一中介变量和机会主义行为与网络关系强度的交互项，发现机会主义行为与 CoPS 创新风险之间显著正相关（$r=0.44$，$P<0.01$），假设 H_3 得到验证。⑥网络关系强度的平方与 CoPS 创新风险的系数正向显著（$r=0.266$，$P<0.01$），再次说明了网络关系强度与 CoPS 创新风险的"U"型关系。同时，模型中网络关系强度与机会主义行为的交互项对 CoPS 创新风险的作用显著，这表明机会主义行为与 CoPS 创新风险的关系受网络关系强度的权变影响。综

上所述,网络关系强度因与机会主义行为之间的"U"型关系会经由机会主义行为的中介作用影响 CoPS 创新风险,因而假设 H_4 获得支持。

表 8-10　相关分析 2(用户)

变　量	CoPS 创新风险						
	模型 1	模型 2	模型 3	模型 4	模型 5	模型 6	模型 7
行业类型	−0.166**	−0.162**	−0.174***	−0.136*	−0.158**	−0.15**	−0.066
职位	−0.035	−0.059	−0.047	−0.01	−0.056	−0.038	−0.087
项目规模	0.046	0.047	0.069	0.046	0.045	0.091	0.052
权利属性	0.008	0.046	0.082	−0.163**	−0.03	0.47	−0.063
网络关系强度		−0.199***	−0.31*				−0.331*
网络关系强度的平方			0.558***				0.266***
投入资源				−1.379 (−3.165***)			
投入资源的平方				3.082			
互惠性					−1.09**		
互惠性的平方					0.911**		
互动频率						−0.394***	
机会主义行为							0.44***
网络关系强度×机会主义行为							−0.04
R^2	0.036	0.074	0.118	0.177	0.094	0.188	0.336
ΔR^2		0.051***	0.091***	0.152***	0.067***	0.168***	0.307***
F	1.910*	3.226***	4.472***	7.181***	3.477***	9.336***	11.455***
df	207	207	207	207	207	207	207

注:*** 表示 $P<0.001$,** 表示 $P<0.01$,* 表示 $P<0.05$,双尾检验。

分包商模型的检验。表 8-11 中，模型 1 中只加入了控制变量，模型 2 和模型 3 中分别加入了变量网络关系强度与网络关系强度的平方。实证结果表明，网络关系强度的平方与机会主义行为显著正相关（$r=1.243$，$P<0.01$），该结果说明网络关系强度与机会主义行为之间呈"U"型关系，因此假设 H_2 获得支持。

表 8-11　相关分析 1（分包商）

变　量	机会主义行为		
	模型 1	模型 2	模型 3
行业类型	-0.146^{**}	-0.151^{**}	-0.149^{**}
职位	-0.051	-0.047	-0.04
项目规模	0.051	0.049	0.049
利益相关者权利属性	0.056	0.099	0.097
网络关系强度		0.175^{**}	-0.002
网络关系强度的平方			1.243^{**}
R^2	0.035	0.064	0.092
ΔR^2		0.041^{***}	0.065^{***}
F	3.491^{***}	2.826^{**}	3.448^{***}
df	211	211	211

注：$***$ 表示 $P<0.001$，$**$ 表示 $P<0.01$。

表 8-12 中实证结果表明：①网络关系强度的平方与 CoPS 创新风险显著正相关（$r=1.243$，$P<0.01$）。该结果说明，网络关系强度与 CoPS 创新风险之间呈现出"U"型关系，因此，假设 H_1 获得支持。②模型 4 中投入资源的平方与 CoPS 创新风险之间不显著，但投入资源与创新风险之间负相关显著（$r=-0.42$，$P<0.01$），因此，假设 H_{1c} 未获得支持。③模型 5 中互惠性的平方与 CoPS 创新风险之间显著（$r=1.25$，$P<0.01$），因此，假设 H_{1b} 获得支持。④模型 6 中互动频率与 CoPS 创新风险显著负相关（$r=-0.394$，$P<0.01$），因此，假设 H_{1a} 获得支持。⑤模型 7 加入了机会主义行为这一中介变量和机会主义行为与网络关系强度的交互项，结果表明机会主义行为与 CoPS 创新风险之间正相关（$r=0.349$，$P<0.01$），假设 H_3 得到验证。⑥网络关系强度的平方与 CoPS 创新风险之

间正向显著($r=1.297,P<0.01$),再次说明了网络关系强度与 CoPS 创新风险的"U"型关系。同时,模型中网络关系强度与机会主义行为的交互项对 CoPS 创新风险的作用不显著,这表明机会主义行为与 CoPS 创新风险的关系不受网络关系强度的影响。综上所述,网络关系强度与机会主义行为之间的"U"型关系会经由机会主义行为的中介作用影响 CoPS 创新风险,因而假设 H_4 获得支持。

表 8-12　相关分析 2(分包商)

变 量	CoPS 创新风险						
	模型 1	模型 2	模型 3	模型 4	模型 5	模型 6	模型 7
行业类型	−0.132*	−0.121*	−0.118*	−0.092	−0.119*	−0.106	−0.087
职位	−0.06	−0.069	−0.059	−0.066	−0.068	−0.079	−0.048
项目规模	−0.002	0.001	0.001	0.01	0.008	−0.013	0.00
权利属性	0.136**	0.043	0.04	0.084	0.02	0.049	0.025
网络关系强度		−0.383***	−0.663***				−0.8***
网络关系强度的平方			0.382***				1.297***
投入资源				−0.162 (−0.42***)			
投入资源的平方				−0.26			
互惠性					−1.55***		
互惠性的平方					1.25**		
互动频率						−0.342***	
机会主义行为							0.349***
网络关系强度×机会主义行为							0.037
R^2	0.043	0.181	0.249	0.160	0.206	0.160	0.346

续　表

变　量	CoPS 创新风险						
	模型 1	模型 2	模型 3	模型 4	模型 5	模型 6	模型 7
ΔR^2		0.161***	0.227***	0.136***	0.183***	0.135***	0.320***
F	0.024*	9.1***	11.314***	6.522***	8.872***	6.494***	13.419***
df	211	211	211	211	211	211	211

注：*** 表示 $P<0.001$，** 表示 $P<0.01$，* 表示 $P<0.05$，双尾检验。

合作机构模型的检验。表 8-13 中，模型 1 中只加入了控制变量，模型 2 和模型 3 中分别加入了变量网络关系强度与网络关系强度的平方，实证结果表明，网络关系强度的平方与机会主义行为显著正相关（$r=0.989, P<0.01$），说明网络关系强度与机会主义行为之间呈"U"型关系，因此假设 H_2 获得支持。

表 8-13　相关分析 1（合作机构）

变　量	机会主义行为		
	模型 1	模型 2	模型 3
行业类型	−0.016	−0.019	−0.007
职位	0.005	0	0.013
项目规模	0.033	0.029	0.024
利益相关者权利属性	0.337***	0.302***	0.321***
网络关系强度		0.165**	−1.815***
网络关系强度的平方			0.989***
R^2	0.115	0.141	0.193
ΔR^2		0.120***	0.170***
F	6.767***	6.801***	8.227***
df	212	212	212

注：*** 表示 $P<0.001$，** 表示 $P<0.01$，双尾检验。

表 8-14 实证结果表明：①网络关系强度的平方与 CoPS 创新风险显著正相关（$r=2.483, P<0.01$），说明网络关系强度与 CoPS 创新风险之间呈"U"型关系，因此，假设 H_1 获得支持；②模型 4 中投入资源的平方与

CoPS 创新风险之间不显著,但投入资源与 CoPS 创新风险之间负相关显著($r=-1.886,P<0.01$),因此,假设 H_{1c} 未获得支持;③模型 5 中互惠性的平方与 CoPS 创新风险之间显著($r=2.643,P<0.01$),因此,假设 H_{1b} 获得支持;④模型 6 中互动频率与 CoPS 创新风险显著负相关($r=-1.588,P<0.01$),因此,假设 H_{1a} 获得支持;⑤模型 7 中加入了机会主义行为这个中介变量和机会主义行为与网络关系强度的交互项,结果表明,机会主义行为与 CoPS 创新风险之间显著相关($r=0.473,P<0.001$),假设 H_3 得到验证。⑥网络关系强度的平方与 CoPS 创新风险的系数正向显著($r=0.746,P<0.01$),再次说明了网络关系强度与 CoPS 创新风险的"U"型关系。同时,模型中变量网络关系强度与机会主义行为的交互项对 CoPS 创新风险的作用显著,这表明机会主义行为与 CoPS 创新风险的关系受网络关系强度的影响。综上所述,网络关系强度因与机会主义行为之间的"U"型关系会经由机会主义行为的中介作用影响 CoPS 创新风险,因而假设 H_4 获得支持。

表 8-14 相关分析(合作机构)

变量	CoPS 创新风险						
	模型 1	模型 2	模型 3	模型 4	模型 5	模型 6	模型 7
行业类型	-0.08	-0.075	-0.059	-0.076	-0.044	-0.106	-0.03
职位	-0.009	0.00	0.017	0.017	-0.01	-0.079	0.044
项目规模	0.007	0.013	0.007	-0.014	0.019	-0.013	0.034
权利属性	0.098	0.155**	0.179***	0.142**	0.134**	0.049	0.079
网络关系强度		-0.268***	-2.74***				-2.255***
网络关系强度的平方			2.483***				0.746***
投入资源				-0.798 (-1.886***)			
投入资源的平方				1.614			
互惠性					-2.812***		

续 表

变　量	CoPS 创新风险						
	模型 1	模型 2	模型 3	模型 4	模型 5	模型 6	模型 7
互惠性的平方					2.643***		
互动频率						−1.588***	
机会主义行为							0.473***
网络关系强度×机会主义行为							0.035
R^2	0.019	0.087	0.168	0.129	0.141	0.125	0.331
ΔR^2		0.065***	0.144***	0.104***	0.116***	0.099***	0.305***
F	0.982*	3.949***	6.955***	5.092***	5.620***	4.889***	12.612***
df	212	212	212	212	212	212	212

注：*** 表示 $P<0.001$，** 表示 $P<0.01$，* 表示 $P<0.05$，双尾检验。

通过对利益相关者权利属性均值的计算，绘制出图 8-2，按照利益大小不同，分别代表合作机构、员工、分包商和用户。

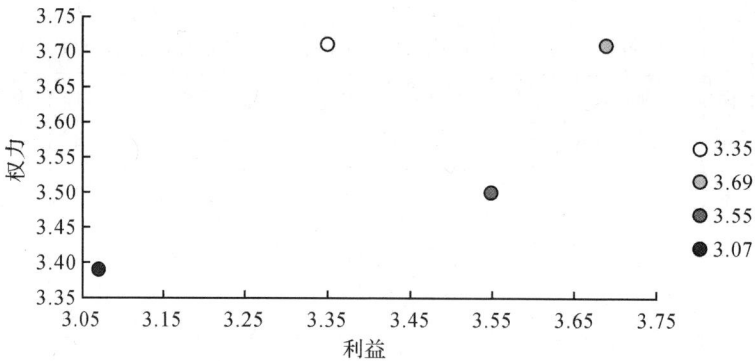

图 8-2　利益相关者权利属性

利益相关者按照权利属性分类，可以分为三类：高度平衡型利益相关者，低度平衡型利益相关者和中间型利益相关者。在本章中，高度平衡型利益相关者是用户，中间型利益相关者是分包商和员工，低度平衡型利益相关者是合作机构，如表 8-15 所示。

表 8-15　利益相关者分类

权力 利益	大	小
大	用户	员工
小	分包商	合作机构

每类利益相关者所带来的 CoPS 创新风险依次为：分包商 3.272、员工 3.227、合作机构 3.093 和用户 3.087。本章认为，相对于高度平衡型和低度平衡型利益相关者，中间型利益相关者所带来的 CoPS 创新风险更大，由此假设 H_5 得到验证。

8.5　实证结果汇总分析与讨论

总体的检验结果如表 8-16 所示。从表中可知，假设 H_{1c}（用户和分包商）、假设 H_{1b}（员工）未被证实，其他假设均被证实。

表 8-16　假设检验结果汇总

假设	结果			
	员工	用户	分包商	合作机构
假设 H_1：网络关系强度与 CoPS 创新风险呈"U"型关系	Y	Y	Y	Y
假设 H_{1a}：互动频率与 CoPS 创新风险显著负相关	Y	Y	Y	Y
假设 H_{1b}：互惠性与 CoPS 创新风险呈"U"型关系	N	Y	Y	Y
假设 H_{1c}：投入资源与 CoPS 创新风险呈"U"型关系	Y	N	N	Y
假设 H_2：网络关系强度与机会主义行为之间呈"U"型的关系	Y	Y	Y	Y
假设 H_3：机会主义行为与 CoPS 创新风险之间有显著的正向影响	Y	Y	Y	Y
假设 H_4：机会主义行为在网络关系强度与 CoPS 创新风险之间发挥着中介作用	Y	Y	Y	Y
假设 H_5：中间型利益相关者带来的 CoPS 创新风险大于其他利益相关者	Y			

（1）网络关系强度与 CoPS 创新风险呈先减后增的"U"型关系（假设 H_1）。关于网络关系强度与创新绩效的关系目前主要有三种观点：第一种观点认为，网络关系强度与企业绩效显著正相关（程聪等，2013；谢洪明等，2007；何亚琼等，2005；Larson，1992；Hansen，1999；Jarillo，1988）；第二种观点以格兰诺维特等为代表，认为弱关系更有利于企业技术创新，而 Uzzi（1997）则认为联结强弱与企业创新绩效可能不是线性关系，而是一种先增后减的倒"U"型关系，这是第三种观点。在网络关系强度与 CoPS 创新风险的关系上，本章得出的结论与 Uzzi 的观点相似，即网络关系强度与 CoPS 创新风险之间存在先减后增的"U"型关系。当网络关系强度很弱时（互动频率低，投入资源少，互惠性程度低），系统集成商与利益相关者相互依赖性差，在此情况下，利益相关者出于短期利益考量，可能实施机会主义行为，进而对 CoPS 造成一定影响。随着网络关系强度的增强，系统集成商和利益相关者都投入了大量资源，系统集成商与利益相关者之间依赖性将稳步增强，形成双边锁定。维护自身利益、减少机会主义是系统集成商和利益相关者共同的理性选择，此时 CoPS 创新风险很低。随着网络关系强度的持续增强，系统集成商更加依赖利益相关者，而利益相关者已经具备完全不可替代性，此时利益相关者实施机会主义行为，会对创新带来毁灭性打击。

（2）机会主义行为在网络关系强度与 CoPS 创新之间起中介作用（假设 H_4）。CoPS 创新的利益相关者众多，它们的行为受到网络关系强度的影响。根据假设 H_4 可知，网络关系对 CoPS 创新的影响主要是通过机会主义行为起作用，同时网络关系强度与机会主义行为呈"U"型关系（假设 H_2）。因此，对于网络关系强度很强的利益相关者，实施机会主义行为对 CoPS 创新所带来的负面影响更大。由于机会主义行为与 CoPS 创新风险之间正相关（假设 H_3），利益相关者一旦采取机会主义行为，就会产生风险，并且风险的程度与实施机会主义显著正相关。

（3）投入资源与 CoPS 创新风险呈"U"型关系（假设 H_{1c}）并不完全成立。互补性资源和机会主义之间是一种是先增后减的倒"U"型关系（徐二明等，2012），资源投入太多或太少都可能诱发机会主义行为（假设 H_{1c}）。然而，本章实证结果表明，对于分包商和用户而言，投入资源与 CoPS 创新风险之间显著负相关。作者推测，由于 CoPS 创新需要投入大量的专用性资源,分包商和用户投入的越多,越被锁定在 CoPS 创新中。如果把这些专用性资源挪作他用,可能会造成资源的大幅贬值,在此情况下,分包商和用户投入的资源越多,其机会主义行为越会受到遏制。

(4)互惠性与 CoPS 创新风险呈"U"型关系(假设 H_{1b})并不完全成立。对于用户、分包商和合作机构而言,互惠性与 CoPS 创新风险呈"U"型关系。在互惠性高的企业中,双方信任程度很高,可能会由于缺少监控而增加利益相关者的机会主义行为,进而导致 CoPS 创新风险。值得注意的是,本章实证结果表明,对于员工而言,互惠性与 CoPS 创新风险不是"U"型关系而是显著负相关关系。我们推测,可能由于企业存在严密的规章制度和监管机制,对于员工的机会主义行为具有一定的抑制作用,同时,当企业与员工互惠性程度较高时,员工愿意为了个人利益和集体利益努力奋斗,减少机会主义行为发生的可能性。因此,对于员工而言,互惠性与 CoPS 创新风险呈"U"型关系的假设不成立。

(5)利益相关者权利属性对 CoPS 创新风险有重要影响。相较于中间型利益相关者,高度平衡型和低度平衡型利益相关者对 CoPS 创新风险的影响更小,这在以往的研究中也有所体现。中间型利益相关者的权力和利益不对称会使得在相同网络关系强度下,其实施机会主义行为的可能性明显增加,因而造成的 CoPS 创新风险会更大。

8.6 研究结论

(1)机会主义行为对 CoPS 创新风险有决定性作用。CoPS 创新网络主要包含三大要素:主体、资源和行为。主体(利益相关者)的行动会对创新绩效产生重大影响。本章通过理论研究和大样本实证,论证了"利益相关者网络关系强度—机会主义行为—CoPS 创新风险"这一逻辑链条的存在。因此,系统集成商在与利益相关者合作时,应该关注以员工、用户、分包商和合作机构为代表的利益相关者的机会主义行为,建立有效的监督治理机制以遏制利益相关者的机会主义行为,从而减少 CoPS 创新风险。

(2)防范机会主义行为的关键在于控制好网络关系强度。根据马克思主义哲学基本原理,任何涉及"度"的问题,只有在特定的范围内,事物才能保持它自身的存在，当超过了一定的范围，事物就会向其对立面转化，因此在实践中应该秉持适度的原则，既防止"过"，又要防止"不及"。根据本章结论，网络关系强度与机会主义行为呈"U"型关系，只有网络关系强度保持适中，机会主义行为才会最少，此时风险也才最小。因此，在实际的 CoPS 创新管理中，系统集成商应注意与其他利益相关者保持合适的网络关系强度，避免因网络关系强度太弱或太强而导致，利益相关者在合作中为自身更大的利益实施机会主义行为。

（3）与不同类型的利益相关者保持不同的网络关系强度。根据本章结论，员工的互动频率、互惠性与 CoPS 创新风险显著负相关，投入资源与 CoPS 创新风险呈"U"型关系。因此对于员工，企业应提高与员工的互动频率和互惠性，尽量避免投入资源过多的员工为一己私利而实施机会主义行为。对于用户和分包商而言，投入资源、互动频率与 CoPS 创新风险显著负相关，互惠性与 CoPS 创新风险呈"U"型关系。因此，集成商应该促使用户和分包商增加资源投入，提高双方的互动频率，同时保持适度的互惠程度。对于合作机构而言，互动频率、互惠性和投入资源与 CoPS 创新风险呈"U"型关系，因此在实际的操作中，系统集成商应该尽可能与合作机构保持适中的关系，以减少 CoPS 创新风险。

（4）中间型利益相关者机会主义行为的治理至关重要。中间型利益相关者由于其利益和权力的不对称，在同样的网络关系强度下，对 CoPS 创新风险的作用更显著。以员工为例，由于其在 CoPS 创新中拥有的权力大于利益，为了追求自身利益，员工可能会用自身权力去获取利益。CERT 技术主管 Dawn Cappelli 曾公开称："CERT 发现 3/4 的公司成了内部员工背叛的受害者。"究其原因，主要是忽视员工的不良行为。因此，控制员工的这种不良行为的关键在于尽可能让员工权力和利益对称，提高员工在 CoPS 创新中的利益，让其在该创新中获得一些奖励（包括物质利益和非物质利益），进而有效避免机会主义行为的发生。总之，在 CoPS 创新中，系统集成商应努力让利益相关者的利益和权力对称，使创新风险最小化。

第9章　网络嵌入性视角下的 CoPS 创新风险生成机理

利益相关者通过投入专用性资产,建立合作关系,进而形成 CoPS 创新网络,嵌入在网络中的利益相关者又受所在结构位置和关系的影响。本章研究提出"网络嵌入性—机会主义行为—CoPS 创新风险"的风险生成机理,通过分析广深港高速铁路项目,对原有模型进行修正。实证验证网络嵌入性(网络密度、网络中心度、关系强度)、机会主义行为(敲竹杠、退出网络、道德风险、拒绝适应)和 CoPS 创新风险之间的关系。

9.1 嵌入性理论回顾

波兰尼(Polanyi)(1944)在《大变革》中首次提出"嵌入性",并将这个概念用于经济分析,认为工业革命后的经济行为是制度化过程,而现代市场经济体制应该是去"嵌入性"。这一观点在当时并没有引起其他学者的注意,直到格兰诺维特(1985)在波兰尼的基础上对嵌入性进行了进一步阐释,嵌入性才逐渐获得学术界的关注。格兰诺维特认为,社会化过程是人际互动的过程,人际互动产生的信任是组织从事交易的基础,也是决定交易成本的重要因素。(兰建平等,2009)。在格兰诺维特看来,经济学有"社会化不足"倾向,而社会学则表现为"过度社会化"。之后,嵌入性理论成了连接社会学和经济学的桥梁,在管理学、经济学和社会学中持续演化。(刘雪峰,2007)

在已有研究中,多数学者致力于研究嵌入性与企业绩效之间的关系,比较有影响力的学者是 Uzzi。Uzzi(1997)以美国纽约制衣工厂为研究对象,发现嵌入性与企业绩效之间呈现倒"U"型关系,换言之,"过度嵌入"和"嵌入不足"都会影响企业绩效。然而 Uzzi 的研究也存在明显不足:一是对社会关系如何影响经济行为没有做出较好的解释(刘雪峰,2007);二是由于没有深入挖掘嵌入性的内在维度和对企业绩效产生影响的途径，导致对嵌入性影响企业绩效的内在机理揭示得不够（Hagedoorn et al.，2008）。

9.1.1 嵌入性的分类

学术界有两种经典的嵌入性分类：一种是将嵌入性分为关系嵌入和结构嵌入（Granovetter，1985）；另一种则是基于四种影响组织行为的情境机制，将嵌入性分为结构嵌入、文化嵌入、认知嵌入和政治嵌入。现有的大多数研究采用第一种分类方法。

关系嵌入的概念源于社会资本理论（兰建平等，2009），指交易双方信赖和信息共享的程度，也包括彼此对对方的重视程度（Granovetter，1992），描述的是网络中主体之间关系的亲密程度（Granovetter，1985；Rindfleisch et al.，2001；Uzzi，1997；Wathne et al.，2001）。格兰诺维特提出了四个衡量关系嵌入程度的指标：关系持续时间、亲密程度、互动频率和相互服务内容。与关系嵌入不同，结构嵌入关注结构位置，主要考察行动者之间的联系结构，认为行动者的行为和绩效受到网络结构及行动者所在网络位置的影响。（孙国强等，2011）博特（1992）的结构洞理论是结构嵌入视角下的一个重要理论，该理论认为存在两个非冗余性联结的主体在网络中占据优势位置。Powell（1990）指出，较高的网络中心度可以为企业带来更好的绩效，因为中心度高的企业更容易获取资源和知识。Tsai（2001）研究了处于网络中不同位置的业务单元对业绩的影响，发现处在网络中心位置的业务单元效益最高。

受开放组织系统观点和格兰诺维特思想的影响，目前对嵌入性的研究，学术界形成了三种具有代表性的研究方式：一是研究行动者之间重复性交易的作用（Gulati，1995）；二是研究行动者之间相互联系的内涵，考察相互依赖的实质与来源（Uzzi，1997）；三是关注关系强度和结构位置对行动者行为的影响（Burt，1992；McEvily et al.，1999）。本章属于第三种研究方式。

9.1.2 嵌入性的负效应

CoPS涉及众多创新主体，主体间相互联结，以便促进利益相关者网络内的创新活动。但是,现有文献在阐述嵌入性对企业创新绩效的正面作用的同时,学者对其所带来的负效应也引起了高度重视。然而与前者相比,对后者的研究要少得多。Grabher(1993)对德国鲁尔地区钢铁业集群的衰退原因进行了调查分析,发现可以从功能、认知和政治锁定出发来理解产业集群网络化产生的负面作用。Uzzi(1996)认为,嵌入性同绩效之间呈倒"U"型关系,过度嵌入和嵌入不足都会影响企业绩效。Adler et al.(2002)认为,网络成员的高度团结会产生过度嵌入,使得网络内外部的信息交互僵化,阻碍新理念的流入并产生路径依赖。曾伏娥等(2015)研究了分销商横向网络,发现合作强度会抑制机会主义行为,而网络中心性会促进机会主义行为。Maggie et al.(2014)同样研究了分销商网络,通过数理推导和问卷调查方法发现,关系嵌入会抑制机会主义行为,而结构嵌入会促进机会主义行为。王发明(2006)通过引入结构嵌入的三大变量(度分布、聚集系数和平均最短路径长度),并结合美国 128 公路区的产业集群衰退案例,分析了产业集群的风险及风险性网络的特征。风险来自于嵌入,固化的关系强度在一定程度上会给产业集成带来创新惰性、路径锁定和信息阻滞等。(王国红等,2011)

9.2 模型构建

9.2.1 理论推演

(1)多主体参与是 CoPS 创新的重要特征。根据复杂性理论,系统具有强大的整体性,这一整体性并非是各子系统的简单相加。(李正锋等,2008)相似地,CoPS 也属于一个整体系统,由硬件、内嵌式软件和一些跨学科的输入组成,每个部分所表现出的多样性和关联性正是 CoPS 复杂性的体现。CoPS 创新过程包括分解、外包和集成三个阶段,集成商根据用户的需求对项目任务进行分解,将其划分为若干独立的子系统,然后外包给合适的分包商,最终由集成商将各个子系统集成后供应给用户。在上述过程中,用户并不直接参与研发,但其与集成商的合作关系属于双方的必然选择。(Hobday et al.,1999)可见,CoPS 生产过程即是创新过程。(盛亚等,2013)这种开放式的创新势必涉及众多创新主体,主体间的合作关系叠加,便形成 CoPS 利益相关者网络。

(2)从嵌入性理论探讨 CoPS 创新风险生成。CoPS 创新主体之间相互联结,形成"客户—集成商—分包商"这一利益相关者网络。系统集成商在其中发挥核心作用(盛亚等,2012),分包商、用户、政府三者相互合作(李正锋等,2008),通过该网络进行创新资源整合,实现技术突破,达到减少创新风险的目的(李金华等,2006)。根据嵌入性理论,主体的行为和产出(绩效)受到其所处的网络结构和关系的影响。(Granovetter,1985)而要想嵌入于某一网络必然要先投入专用性资产,这种投资在很大程度上会转换为沉没成本,使其无法在不受损失的情况下退出这一网络。由此可以看出,本章引用嵌入性理论,沿着"结构—行为—风险"的逻辑解释CoPS 创新风险的生成机理具有理论上的合理性。

(3)机会主义行为作为中介变量引入理论模型。交易成本理论认为,任何一个主体都拥有实施机会主义行为的动机,而动机的大小取决于某些内外部的因素(机会主义行为的前因)。其中,专用性资产的投入就是一个重要因素,作为加入 CoPS 利益相关者网络的前提,专用性资产的投入会使得网络中的交易双方对对方产生依赖,这增加了发生机会主义行为的可能性。(Williamson,1985)机会主义行为诱发的 CoPS 创新风险是系统集成商必须要面对的问题。导致 111 人罹难的联合航空 232 号航空事故,是由引擎扇叶制造商的玩忽职守所引发的;国产大飞机 ARJ21 项目频频延期的一个重要原因在于国外零件供应商蓄意拖延进度。鉴于上述情况,本章把机会主义行为作为中介变量引入理论模型,构建"嵌入性—机会主义行为—CoPS 创新风险"的风险生成机理初始概念模型。

9.2.2 变量定义

(1)嵌入性。结构嵌入主要来自于经济学中的网络结构分析,它从两个方面影响网络主体的经济行为:一是网络整体结构和功能,包括网络规模和密度等;二是网络主体作为节点所占据的结构位置,如网络中心度。此外,博特(1992)的结构洞理论也得到了学术界的广泛关注,该理论认为松散型的网络结构有助于嵌入主体进行效率提升,产生了来自于非剩余信息交换的中介优势。(黄中伟等,2008)。关系嵌入主要关注互惠预期下的双边关系对主体行为和绩效的影响。测量的指标包括关系强度和关系方向等。

（2）机会主义行为。机会主义行为是一种以欺诈的方式寻求自我利益的行为，包括蓄意对信息进行误导、歪曲、掩盖、搅乱或混淆等行为。（Williamson，1985）关于机会主义行为的分类，刘婷等（2012）按照程度的不同将机会主义行为分成强弱两种形式。瓦特内等（2000）把机会主义行为归为4种具体形式，包括逃避责任、拒绝适应、违背合同和强制修改合同。

（3）CoPS创新风险。本章将风险定义为，在CoPS创新过程中，由客体因素和主体因素所诱发的创新结果与预期目标产生差距及由此造成的损失。

表9-1　研究变量定义

变量名	定　义	参考文献
嵌入性	是指经济的行为和结果受到行为人双边社会关系和整体社会关系网络的影响，是社会网络塑造经济行为的过程	Granovetter(1985)；Uzzi(1996)
机会主义行为	是一种以欺诈的方式寻求自我利益的行为，包括蓄意对信息进行误导、歪曲、掩盖、搅乱或混淆等行为	Williamson(1985)
CoPs创新风险	在CoPS创新过程中，由客体因素和主体因素所诱发的创新结果与预期目标产生差距及由此造成的损失（质量下降、成本上升和工期延误）	Hobday et al. (1999)；陈劲等(2005)

9.3 探索性案例分析

9.3.1 研究设计

本章首先采取探索性案例研究方法，然后基于多个现实案例对CoPS创新风险生成机理初始模型进行修正和完善，最终形成本章的理论模型。

根据案例选择要符合理论要件这一原则，本章选择了广深港高速铁路项目作为探索性案例，原因如下：①该项目具有复杂程度高、前期投入大等特点，属于典型的CoPS，同时，该项目工期、质量和成本风险频发，这与本章主体高度匹配；②出于获取数据的考虑，该项目的集成商港铁集团拥有一套较完整的信息披露制度；③该项目受到公众、媒体、政府等众多主体的关注，从新闻报道、政府监管等方面也能获取大量的数据。

　　CoPS 通常包括高铁、大飞机、核电等项目，对该类项目进行直接调研或实地观察的可行性不高，因此，本章通过以下方式收集相关资料：①档案记录。主要来自港铁集团官网披露的信息和企业财务报表，这些资料主要提供一些定量的信息及相关分包商的信息。②其他渠道数据。由于该项目斥资巨大，受到民众、媒体和政府的关注，除了大量的新闻报道外，政府也时常公示相关事故调查报告，如《独立董事委员会就高铁香港段调查之第一份报告》《独立董事委员会就高铁香港段调查之第二份报告》《广深港高速铁路香港段独立专家小组报告》等。

9.3.2 案例概述

　　广深港高速铁路香港段（规划初期称区域快线）是中国广深港高速铁路位于香港的部分，起于香港西九龙填海区西九龙总站，止于香港与深圳的边境，全程 26 千米。建成后，每日会有 200 班客车前往内地，繁忙时间每小时会有 10 班来回列车，行车班次最多时每班相距 3 分钟。该项目每年可节省市民乘车时间 4 000 万个小时，在建造期间可创造 5 000 个职位，而营运期间则可创造 1 万多个职位。2010 年初，港铁公司给出的预算是 650 亿[①]。

　　作为该项目系统集成商的港铁公司是我国香港最大的铁路运输系统运营商，拥有 12 条路线的轻铁系统、87 座铁路站及 68 座轻铁站，铁路网覆盖全港，相关领域的创新能力毋庸置疑。政府和用户（市民）同样在项目中发挥着重要作用（港铁公司所报预算由政府全额出资，高铁轨道由"公用通道"改为"专用通道"也是由市民和政府共同决定的）。截至 2013 年 6 月，项目中大型的已批合约多达 38 个[②]，每个合约都由若干承建商负责。在广深港高速铁路香港段建设过程中，发生的重大事件如表 9-1 所示。

---

① 数据来源：《广深港高速铁路正式拍板，香港到深圳只需 14 分钟》，中国新闻网。
② 数据来源：港铁集团官网。

表9-2　广深港高速铁路香港段重大事件

时间	事件
2006-02-06	行政会议指示九广铁路公司以公用通道方案兴建北环线连接落马洲
2007-01	深圳方面决定增设一座铁路站——福田站
2007-10	广深港高铁成为时任行政长官所发表的《2007至2008年度香港行政长官施政报告》的《十大建设计划》之一
2007-12	九广铁路、香港地铁两铁合并为港铁公司,项目统筹事务交由港铁负责
2008-01-02	开展项目招标,内容包括路轨隧道及西九龙总站的初步设计
2008-04-22	行政会议批准港铁集团对项目进行进一步的规划设计
2008-11-28	香港特区按照《铁路条例》将广深港高铁香港段的方案刊宪
2009-02-24	内地和香港双方代表签署有关广深港高铁香港段和广深段的衔接安排备忘录
2009-12-18	香港相关部门推迟对香港特区兴建广深港高速铁路香港段669亿港元拨款申请审批,延期至2010年1月8日再度审批
2010-01-16	财务委员会正式通过拨款申请
2010-01-27	项目正式动工
2011-08-10	隧道钻挖工程开始
2014-04-15	第一次对外公布项目延误
2015-06-30	第二次对外公布项目延误,并增加了项目预算

资料来源:作者根据资料整理。

9.3.3 案例分析

(1)广深港高铁香港段项目创新风险。本章将CoPS创新风险划分为三个维度:工期延迟、质量下降、成本上升。广深港高速铁路香港段项目的创新风险详见表9-3。对"质量下降"一项,该项目仍处在施工阶段,并没有出现较为严重的质量问题。"成本上升"一项,不仅应该包含由于项目延期带来的预算上升,机会成本也应记入其中。

(2)广深港高铁香港段项目参与主体的机会主义行为。广深港高铁香港段由于一些特殊原因,采用了专用通道方案(全隧道方案),系国内首例,增加了工程难度。结合香港地区《有关广深港高速铁路香港段建造

表 9-3 　广深港高速铁路香港段项目创新风险

成本上升	质量下降	工期延迟
成本由 2010 年公布的 650 亿港元上升至 853 亿港元，增长近 31.23%	首批抵港的电缆被疑有质量问题（铜芯纯度不足），可能引致漏电、爆炸事故	2014 年 4 月 15 日港铁公司宣布原定于 2015 年完工的项目延期至 2017 年。2015 年 6 月港铁方面再次宣布工程项目延期至 2018 年第三季度

工程延误的关注事项》和自行收集的资料，作者做出以下分析：①RL 集团隧道挖钻机存在质量问题。由于该项目属于全隧道高速铁路，隧道钻挖效率同工期有很大关系。其中，元朗隧道段的 2 台隧道钻挖机因为挖掘效率低下，严重拖慢了工程进度[①]。根据港铁公司独董的报告结论，两台隧道钻挖机在运行过程中并未出现操作性失误，可见 RL 集团为了在维护和修理上获取额外的收益，偷工减料，致使两台隧道钻挖机出现一定程度的质量问题。②承建商 XC 营造厂强制修改合同。802 合约是该项目首批订立的合同之一，合同内容主要包括南昌物业地基移除及重置工程。作为承建商，XC 营造厂在施工前想当然地以为需要被抽除的桩柱都是垂直的，并以此为前提报价 3.33 亿港元（合同价格）。但是，施工时发现很大一部分桩柱是变形的，先前的移桩方法并不适用。因此，承建商 XC 营造厂违背合同内容，私自采用日本最新的转动机和楔块方法施工，虽然效果良好，但工期和成本都大幅提升。2011 年，港铁公司表示该合同将延期约 44 周，此外，该合同也因为超支 1.6 倍而成为超支最严重的合同，目前估计需要 8.6 亿港币。③承建商 XL 隐瞒电缆质量问题。出现质量问题的是西九龙低压供电系统工程，总价值为 5.49 亿港元，承建商是 XL 工业。高铁和地铁工程所用电缆一般为欧洲进口的高品质电缆，在该项目中，承建商为压低成本，隐瞒信息，改用价格更低廉的某品牌电缆，该品牌电缆在业内口碑较差，铜芯纯度不足，存在安全隐患。具体如表 9-4 所示。

---

① 隧道钻挖机"昭君"因为支撑靴和前后支撑（两者均用以承受 TMB 工作时所产生的巨大反作用力）有问题，使得工作效率受影响；而另一台钻挖机"樊梨花二世"因防水系统问题，遭受雨水侵蚀。这两种挖钻机制造流程复杂，必须按照隧道的尺寸定制，价格极高。

表 9-4　广深港高速铁路香港段项目参与主体的机会主义行为

行为主体	RL 集团	XC 营造厂	XL 工业
机会主义行为	偷工减料	强制修改合同	道德风险

　　(3)广深港高铁香港段项目的利益相关者网络。嵌入性理论认为,网络主体行为受到两方面影响:一是主体所属的二元关系与性质;二是网络结构及其所在的网络位置。(张闯等,2015)这两方面内容也成为划分关系性嵌入和结构性嵌入的依据。一般学者采用互动时间、情感强度、亲密程度和互惠行动等指标,测量关系嵌入程度。(Granovetter,1973)本章仅利用主体之间合作项目的数量来衡量关系嵌入程度,并绘制出广深港高铁香港段项目创新网络。结构性嵌入的一个重要指标是网络中心度,作者可以简单地通过计算网络中某个节点同其他节点之间的直接联系数量来获得。

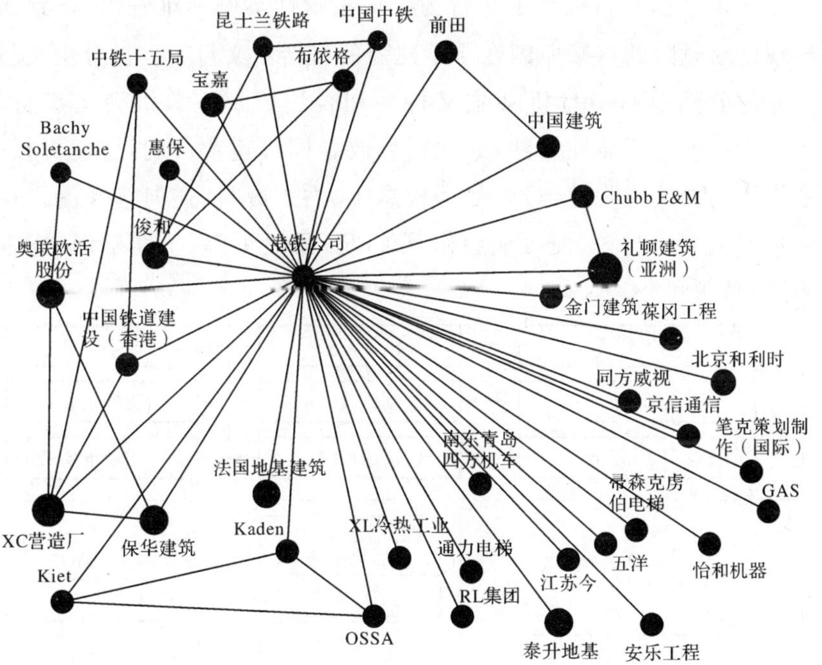

图 9-1　广深港高铁香港段项目利益相关者网络

　　注:RL 集团并没有直接出现在承建商名单中,但它是项目中 4 台隧道钻挖机("昭君""樊梨花""嫦娥""铁娘子")的制造商。这种动辄上亿港元的设备本身就属于复杂产品,因此在进行绘图时,我们将 RL 集团和港铁公司之间的关系看作存在 4 份合同,而这种合同并非仅限于买卖关系,设备的工作、维护、修理等都需要 RL 集团参与。

图 9-1 中，点的大小表示该主体所拥有的项目合约的数量（港铁公司除外），本章将其理解为关系嵌入程度，而结构嵌入程度通过中心度来衡量。不难看出，XC 营造厂、礼顿建筑（亚洲）和澳联欧沃股份在该项目中，结构嵌入程度较高。其中，XC 营造厂涉及 3 项合同（802、810b 和 826），而这 3 项合同中每项都需要若干承建商合作完成，如 810b 涉及澳联欧沃股份、保华建筑等多家公司，同这些承建商的合作提高了 XC 营造厂的网络中心度。另外，RL 集团和 XL 工业两者仅同港铁公司存在大量合作（项目所用 4 台隧道挖钻机由 RL 集团制造，XL 工业和港铁公司存在 4 项合同），这种高频率的合作正是高关系嵌入的体现。

9.3.4 模型的进一步探索

（1）CoPS 创新与机会主义行为。从探索性案例不难看出，导致该项目出现创新风险的直接原因在于承建商的机会主义行为。机会主义行为可划分为公然（Blatant）机会主义行为和合法（Lawful）机会主义行为。前者指缔约方违背显性契约，如强行修改合同或违背合同，逃避责任等；后者指缔约方违背隐性契约，如消极怠工、偷工减料、逆向选择等。承建商一旦实施上述行为，便可能会出现 CoPS 质量下降、工期延误、成本上升等问题，如图 9-2 所示。

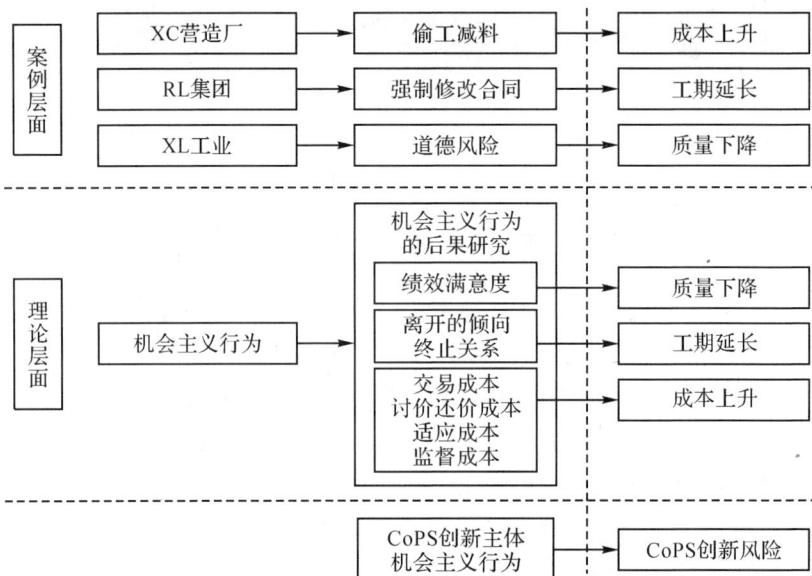

图 9-2　CoPS 创新风险与机会主义行为

(2)嵌入性与机会主义行为。在本案例中,XC 营造厂因为较高的结构嵌入而拥有权力,这种权力使其有能力对抗来自港铁公司的惩罚,因此,XC 营造厂倾向于实施公然机会主义行为。与 XC 营造厂不同,XL 工业和 RL 集团的权力和信息都不占优,它们不能通过公然机会主义行为获取利益,这两个承建商只能利用自己关系嵌入程度高的特点,通过合法机会主义行为获得更多的利益。由此可见,这两类嵌入性情境都可以触发主体实施机会主义行为。

(3)案例研究的新发现。一是关系性嵌入的调节作用。吴绍波等(2008)认为,CoPS 的系统集成商在选择合作伙伴时会考虑已有的关系强度、工作经验等要素。如图 9-3 显示,XC 营造厂实施机会主义行为的原因在于较高的网络中心度,而中铁建、俊和等公司的网络中心度同样也高,但并没有实施机会主义行为,可见关系性嵌入可能在结构性嵌入与机会主义行为之间起调节作用。二是机会主义行为的维度划分。结合理论和探索性案例,本章将机会主义行为划分为合法机会主义行为和公然机会主义行为。

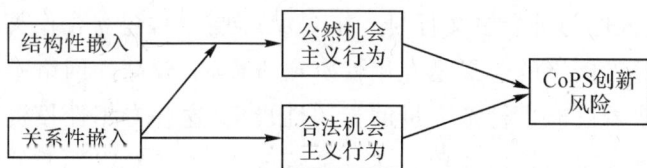

图 9-3 CoPS 创新风险生成机理模型

9.4 研究设计

9.4.1 变量维度划分

结构性嵌入的主要测量指标有网络密度、网络中心度、网络规模等。关系性嵌入测量指标则包括关系强度、关系稳定性等。本章借鉴 Maggie et al.(2014)的研究,用关系强度测量关系性嵌入。借鉴瓦特内等(2000)的研究,将公然机会主义行为进一步细分为敲竹杠和退出网络,将合法机会主义行为细分为道德风险和拒绝适应。将 CoPS 创新风险细分为质量下降、成本上升和工期延迟。具体变量维度划分情况如表 9-5 所示。

表 9-5　变量维度划分

一级变量	二级变量	三级变量	划分依据
嵌入性	结构性嵌入	网络密度	Granovetter,1985；Maggie et al.,2014
		网络中心度	
	关系性嵌入	关系强度	
机会主义行为	公然机会主义行为	敲竹杠	Williamson,1985；Wathne et al.,2000
		退出网络	
	合法机会主义行为	道德风险	
		拒绝适应	
CoPS 创新风险		质量下降	项目管理三要素
		成本上升	
		工期延迟	

9.4.2 提出假设

（1）嵌入性与机会主义行为。在 CoPS 创新中，建立合作关系进而形成利益相关者网络的前提是专用性资产投资，而较高的网络中心度和网络密度代表着已经进行了大量的专用性投资，这些专用性投资不可能无成本地或低成本地转作他用。在这种情况下，资产专用性低的利益相关者就有对资产专用性高的利益相关者进行敲竹杠以获私利的动机。当网络外部存在更好的机会或网络内收益无法达到预期时，退出网络的情况就可能出现。一方面，低中心度的利益相关者通常依赖于高中心度的利益相关者，这种依赖降低了其退出网络的可能性。另一方面，低网络密度在一定程度上意味着企业规模和实力偏弱，这使得企业无力承担退出网络所必须支付的违约成本。因此，提出以下假设：

H_{1a}：网络中心度对 CoPS 创新主体的敲竹杠行为具有显著的正向影响；

H_{1b}：网络中心度对 CoPS 创新主体的退出网络行为具有显著的正向影响；

H_{1c}：网络密度对 CoPS 创新主体的敲竹杠行为具有显著的正向影响；

H_{1d}:网络密度对 CoPS 创新主体的退出网络行为具有显著的正向影响。

道德风险是机会主义行为的一种表现形式,指的是 CoPS 创新主体凭借信息优势,在损害整体利益的基础上牟取私利的行为,属于事后机会主义行为。CoPS 知识和技术体系复杂,核心技术严格保密,单一创新主体不可能掌握所有信息,信息不对称势必存在。高关系强度可以加快合作双方信息与资源的流动速度,提升沟通效率(Rowley,1997),因此,高关系强度会抑制信息不对称,从而降低出现道德风险的可能性。政策、用户需求等因素的变化会引起 CoPS 创新环境的变动,为了适应这种环境的变化,必要的投入在所难免,在此情况下,违背隐性契约的拒绝适应行为(Refusal to Adapt)可能会出现。众所周知,隐性契约得以执行的关键在于声誉机制,在关系性嵌入视角下,声誉的作用得以凸显,关系强度高的双方一方面会产生信任、共识和行为准则(El et al.,2011);另一方面出于对社会惩戒(Social Sanction)的惧怕,CoPS 创新主体有抑制实施机会主义行为的意愿(Westphal et al.,2003)。因此,提出以下假设:

H_{1e}:关系强度对 CoPS 创新主体的道德风险具有显著的负向影响;

H_{1f}:关系强度对 CoPS 创新主体的拒绝适应行为具有显著的负向影响。

(2)机会主义行为的中介作用。CoPS 创新中,利益相关者在利益相关者网络中与外界进行资源、信息和能力交换,嵌入关系影响其行为模式,并最终会改变嵌入网络中的企业运行绩效。(易法敏等,2009)本章将 CoPS 创新风险分为成本上升、质量下降和工期延迟 3 个维度,并且它们并不是完全独立的,而是两两之间存在内在联系。(吴君民等,2008)例如,工期延迟自然意味着各项开支增加,质量要求高意味着成本增加和工期延迟。当 CoPS 创新成员出现道德风险(偷工减料、消极怠工等)时,CoPS 产品的质量和工期自然无法得到保障。拒绝适应本质上是将自身成本转移给合作方(Wathne et al.,2000),但由于专业化分工,这种转移并非等价转移,CoPS 总成本仍然是上升的。敲竹杠和退出网络等行为会导致合作伙伴的专用性资产投入低于整体最优值,影响合作创新绩效。(Baldenius,2006;Das et al.,1996)因此,提出以下假设:

H_{2a}:敲竹杠行为在网络中心度与 CoPS 创新风险之间起中介作用;

H_{2b}：退出网络行为在网络中心度与 CoPS 创新风险之间起中介作用；

H_{2c}：敲竹杠行为在网络密度与 CoPS 创新风险之间起中介作用；

H_{2d}：退出网络行为在网络密度与 CoPS 创新风险之间起中介作用；

H_{2e}：拒绝适应行为在关系强度与 CoPS 创新风险之间起中介作用；

H_{2f}：道德风险在关系强度与 CoPS 创新风险之间起中介作用。

（3）关系性嵌入的调节作用。主体行为既受到整体网络结构的影响，也受双边关系质量的影响。（Granovetter，1985）在合作初期，关系强度弱，持续时间短（关系性嵌入程度低），此时双方的决策主要出于经济考虑而非情感依附。（刘婷等，2012）但当关系嵌入程度加深时，利益相关者被锁定于网络中，此时实施公然机会主义行为既要考虑经济损失，也要考虑情感损失，因此，利益相关者的公然机会主义行为受到抑制。因此，提出以下假设：

H_{3a}：关系强度在网络中心度和敲竹杠行为之间起负向调节作用；

H_{3b}：关系强度在网络中心度和退出网络行为之间起负向调节作用；

H_{3c}：关系强度在网络密度和敲竹杠行为之间起负向调节作用；

H_{3d}：关系强度在网络密度和退出网络行为之间起负向调节作用。

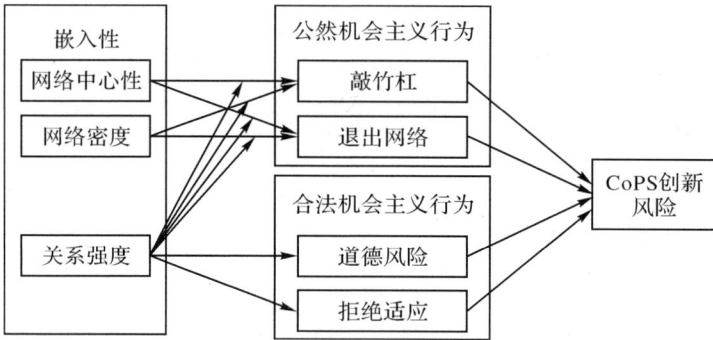

图 9-4 研究假设

9.4.3 数据收集

（1）问卷设计。①阅读文献。借鉴网络嵌入性、机会主义行为、CoPS 创新风险等相关研究，作者联系 CoPS 的现实背景，参照现有的成熟量表设计题项,完成问卷初稿。②在完成初稿的基础上,作者征询研究团队意见,通过汇报、团队交流等方式改进问卷。③在正式发放问卷之前作者进行了小范围调查。预调研一共发放了 50 份问卷,其中回收有效问卷 42 份。最终根据预调研的结果对个别题项的内容和表述方式进行了修改,形成终稿。

本章采用了 Likert 7 点量表,1 为完全不同意,7 为完全同意,受访者对题项进行主观打分。同时,为了保证问卷的信度和效度,问卷进行了反向题项设置(见附件 8)。

(2)问卷发放。出于对调查的便利性及时间、成本等因素及作者所在研究团队的既有关系资源的考虑,本章主要选取浙江省和上海市作为主要问卷发放地。发放对象主要是系统集成商的管理者、研发人员等,这些受访者一般对项目情况比较了解,有利于获取准确和可靠的数据。

本章在项目选择上,借鉴了盛亚等(2013)的研究,设定如下条件:①采用单件定制或小批量方式进行生产或服务;②产品单价高(样本企业中,所有产品单价都高于 10 万元),拥有专门的研发设计部门;③项目周期大于 30 个工作日;④属于创新型企业,利益相关者网络明显。

截至 2015 年 8 月 31 日,共计发放问卷 320 份,回收有效问卷 221 份(已剔除无效问卷),回收率为 69.1%。

9.4.4 数据初步分析

(1)描述性统计。本章采用 SPSS 对样本进行描述性统计分析。样本企业多数为行业中的系统集成商,以大型制造业、建筑业和通信业等行业为主,从项目规模和生产周期来看,基本上符合 CoPS 的基本特征。

(2)信度检验。经检验,各潜变量 Cronbach's α 值均大于 0.7,表明信度较好。

(3)效度检验。经检验,因子载荷系数都高于 0.5,KMO 值也都大于 0.7,表明效度良好。

(4)相关分析与回归三大问题检验。相关分析如表 9-6 所示。回归三大问题检验:①多重共线性检验。方差膨胀因子 VIF 均小于 6,容忍度 TOL 均大于 0.4,可以认为不存在多重共线性问题;②异方差检验。通过散点图检验异方差,所得结果大致呈现出无序状态;③序列相关检验。通过杜宾沃特森检验，DW 值靠近 2，证明不存在序列相关问题。

表 9-6　各变量相关系数

	网络中心度	道德风险	网络密度	关系强度	拒绝适应	敲竹杠	退出网络	创新风险
网络中心度	1							
道德风险	0.535	1						
	0.000							
网络密度	0.648	0.503	1					
	0.000	0.000						
关系强度	−0.536	−0.520	0.443	1				
	0.000	0.000	0.000					
拒绝适应	0.628	−0.505	0.566	−0.491	1			
	0.000	0.000	0.000	0.000				
敲竹杠	0.286	−0.164	0.279	−0.221	−0.182	1		
	0.000	0.015	0.000	0.001	0.007			
退出网络	0.219	−0.207	0.235	−0.158	0.305	0.380	1	
	0.001	0.002	0.000	0.019	0.000	0.000		
CoPS 创新风险	0.124	0.114	−0.203	0.104	0.148	0.725	0.335	1
	0.065	0.021	0.002	0.000	0.028	0.000	0.000	

9.5 实证研究

本章主要利用 SPSS 软件对各项假设进行检验，包括调节效应的检验、中介效应的检验及嵌入性与机会主义行为关系的检验。

9.5.1 嵌入性与机会主义行为

（1）结构性嵌入与公然机会主义行为的关系。以网络密度和网络中心度为自变量，敲竹杠和退出网络为因变量，开展回归分析。结果如表 9-

7 和 9-8 所示。

从表 9-7 可以看出,模型对网络中心度、网络密度两者与敲竹杠行为的关系开展回归分析。两者可以解释敲竹杠行为总变异的 27.7%,$Sig.$ 值为 0.000,小于标准值 0.05,可以认为该模型显著。此外,两者非标准化系数分别是 0.377($Sig.=0.034$)和 0.281($Sig.=0.006$),说明网络中心度、网络密度两者与敲竹杠行为正相关,即假设 H_{1a} 和 H_{1c} 成立。

表 9-7　结构性嵌入与敲竹杠行为的回归分析

模　型	非标准化系数 B	标准误差	标准化系数 Beta	显著性 $Sig.$	调整后的 R^2
(常量)	6.371	0.392		0.000	
网络中心度	0.377	0.183	0.281	0.034	0.277
网络密度	0.281	0.194	0.162	0.006	

从表 9-8 可以看出,模型对网络中心度、网络密度两者与退出网络行为的关系开展回归分析。两者可以解释退出网络行为总变异的 35.4%,Sig. 值为 0.000,可以认为该模型显著。两者非标准化系数分别是 0.466($Sig.=0.017$)和 0.304($Sig.=0.025$),说明网络中心度、网络密度两者与退出网络行为正相关,即假设 H_{1b} 和 H_{1c} 成立。

表 9-8　结构性嵌入与退出网络的回归分析

模　型	非标准化系数 B	标准误差	标准化系数 Beta	显著性 $Sig.$	调整后的 R^2
(常量)	3.686	0.233		0.000	
网络中心度	0.466	0.249	0.316	0.017	0.354
网络密度	0.304	0.156	0.259	0.025	

(2)关系性嵌入与合法机会主义行为的关系。以关系强度为自变量,分别对道德风险和拒绝适应开展回归分析,如表 9-9 和表 9-10 所示。结果显示,两个模型的常量均显著($Sig.$ 均为 0.000),并且关系强度对道德风险和拒绝适应的变异解释度分别为 26.7% 和 23.7%,非标准化系数分别为 -0.629($Sig.=0.000$)和 -0.603($Sig.=0.000$),则关系强度同道德风险和拒绝适应均呈负相关关系,即假设 H_{1e} 和 H_{1f} 成立。

表 9-9　关系性嵌入与道德风险的回归分析

模　型	非标准化系数 B	标准误差	标准化系数 Beta	显著性	调整后的 R^2
（常量）	6.987	0.224		0.000	0.267
关系强度	−0.629	0.070	−0.520	0.000	

表 9-10　关系性嵌入与拒绝适应的回归分析

模　型	非标准化系数 B	标准误差	标准化系数 Beta	显著性	调整后的 R^2
（常量）	6.703	0.232		0.000	0.237
关系强度	−0.603	0.072	−0.491	0.000	

9.5.2 机会主义行为中介效应的检验

表 9-11 用于检验敲竹杠行为在结构性嵌入与 CoPS 创新风险之间的中介效应。检验步骤如下：①对结构性嵌入与 CoPS 创新风险进行回归分析；②对结构性嵌入与敲竹杠行为进行回归分析；③在前两步均显著性的情况下，将结构性嵌入和敲竹杠行为共同作为自变量，对 CoPS 创新风险进行回归分析。步骤①中，网络中心度和网络密度对 CoPS 创新风险的回归系数分别是 0.917($Sig. = 0.012$) 和 0.621($Sig. = 0.007$)，显著。步骤②的检验在前文的假设检验中已经完成。步骤③中，比较模型 2 和模型 3，可以发现在各系数均显著的情况下，模型 3 的两项系数(0.712 和 0.531)均低于模型 2(0.917 和 0.621)的，换言之，直接效应相比总效应有所降低，即中介效应成立，假设 H_{2a} 和 H_{2c} 成立。

表 9-11　敲竹杠的中介效应检验

模　型	进入变量	非标准化系数 B	标准误差	标准化系数 Beta	$Sig.$	调整后的 R^2
1	（常量）			Beta	0.000	0.313
	网络中心度	0.980	0.064	1.276	0.000	

续 表

模 型	进入变量	非标准化系数 B	标准误差	标准化系数 Beta	Sig.	调整后的 R^2
2	（常量）	4.134	0.249		0.000	0.326
	网络中心度	0.917	0.234	0.742	0.012	
	网络密度	0.621	0.239	0.432	0.007	
3	（常量）	5.213	0.271		0.022	0.354
	网络中心度	0.712	0.361	0.432	0.009	
	网络密度	0.531	0.209	0.461	0.019	
	敲竹杠	0.681	0.071	0.491	0.000	
F				33.886		
Sig.				0.000		

表 9-12 用于检验退出网络行为在结构性嵌入与 CoPS 创新风险之间的中介效应。步骤①和②的检验与敲竹杠的中介检验相同。步骤③中,在系数均显著的情况下,模型 1 的两项系数(0.682 和 0.351)均低于表 9-11 中的模型 2(0.917 和 0.621),即中介效应成立,假设 H_{2b} 和 H_{2d} 成立。

表 9-12 退出网络的中介效应检验

模 型	进入变量	非标准化系数 B	标准误差	标准化系数 Beta	Sig.	调整后的 R^2
1	（常量）	3.213	0.271		0.033	0.371
	网络中心度	0.682	0.317	0.518	0.000	
	网络密度	0.351	0.312	0.339	0.002	
	敲竹杠	0.582	0.099	0.512	0.009	
F				26.286		
Sig.				0.000		

表 9-13 用于检验道德风险在关系性嵌入与 CoPS 创新风险之间的中介效应。步骤①中,关系强度的系数为 -0.586(Sig. = 0.001)。步骤③中,在系数均显著的情况下,模型 2 中关系强度的系数(0.491)低于模型 1(0.586),即中介效应成立,假设 H_{2f} 成立。

表9-13　道德风险的中介效应检验

模　型	进入变量	非标准化系数 B	标准误差	标准化系数 Beta	Sig.	调整后的 R^2
1	（常量）	5.193	0.314		0.000	0.217
	关系强度	−0.586	0.282	−0.476	0.001	
2	（常量）	3.841	0.183		0.000	0.259
	关系强度	−0.491	0.265	−0.442	0.006	
	道德风险	0.423	0.226	0.411	0.011	
F		12.886				
Sig.		0.000				

表 9-14 用于检验拒绝适应在关系性嵌入与 CoPS 创新风险之间的中介效应。在系数均显著的情况下，模型 1 中关系强度的系数（0.416）低于表 9-13 中模型 1（0.586），即中介效应成立，假设 H_{2e} 成立。

表9-14　拒绝适应的中介效应检验

	标准系数	非标准化系数 B	标准误差	标准化系数 Beta	Sig.	调整后的 R^2
1	（常量）	6.438	0.201		0.000	0.295
	关系强度	−0.416	0.236	−0.372	0.001	
	拒绝适应	0.553	0.178	0.446	0.000	
F		15.248				
Sig.		0.000				

9.5.3 关系强度的调节效应检验

关系强度（关系性嵌入）在结构性嵌入和公然机会主义行为之间可能起到调节作用。调节作用的检验一般采用分层回归的方法。本章通过 SPSS 对关系强度的调节效应进行了检验，检验结果如表 9-15 所示。与模型 1 相比，模型 2 的 R^2 增大，说明模型的整体拟合程度提高。交互项检验结果显著，说明调节效应明显。交互项系数为 −0.153，说明关系强度在网络中心度和敲竹杠之间起负向调节作用。类似地，模型 4 中交互项检验结果显著,且交互项系数为-0.261,说明关系强度在网络中心度和退出网络行为之间起负向调节作用。综上所述,假设 H_{3a} 和 H_{3b} 成立。

表 9-15 关系强度调节效应分层回归检验 1

变 量	敲竹杠		退出网络	
	模型 1	模型 2	模型 3	模型 4
常数项	3.663***	-0.028*	6.285*	2.032*
解释变量				
网络中心度(Q)	0.235**	0.182*	0.189**	0.129*
调节变量				
关系强度(G)	-0.950*	-0.179***	-0.256*	-0.238*
交互项				
$Q \times G$		-0.153*		-0.261**
调整后的 R^2	0.420	0.453	0.352	0.359
F	10.528**	19.338**	5.776**	0.958*
ΔR^2	0.088	0.030	0.050	0.004

注:*** 表示 $P<0.001$,** 表示 $P<0.01$,* 表示 $P<0.05$,双尾检验。

表 9-16 是检验关系强度在网络密度和公然机会主义行之间的调节效应的。从模型 2 和模型 4 中可以看出,交互项系数的显著性均未通过检验,调节效应不存在,即假设 H_{3c} 和 H_{3d} 不成立。

表 9-16 关系强度调节效应分层回归检验 2

变 量	敲竹杠		退出网络	
	模型 1	模型 2	模型 3	模型 4
常数项	9.125	-0.006	-6.730	0.036
解释变量				
网络密度(Q)	0.225**	0.218**	0.205**	0.158
调节变量				
关系强度(G)	-0.121	-0.114	-0.067	-0.022
交互项				
$Q \times G$		-0.013		-0.081

变　量	敲竹杠		退出网络	
	模型 1	模型 2	模型 3	模型 4
调整后的 R^2	0.313	0.336	0.352	0.359
F	10.743***	0.045	6.787**	1.632
ΔR^2	0.090	0.000	0.059	0.007

注：*** 表示 $P<0.001$，** 表示 $P<0.01$，双尾检验。

9.5.4 假设检验结果汇总与模型修正

对本章研究所提的 16 个假设进行了检验，检验结果如表 9-17 所示。

表 9-17　研究假设检验结果汇总

序号	假设	结果
H_{1a}	网络中心度对 CoPS 创新主体的敲竹杠行为具有显著的正向影响	Y
H_{1b}	网络中心度对 CoPS 创新主体的退出网络行为具有显著的正向影响	Y
H_{1c}	网络密度对 CoPS 创新主体的敲竹杠行为具有显著的正向影响	Y
H_{1d}	网络密度对 CoPS 创新主体的退出网络行为具有显著的正向影响	Y
H_{1e}	关系强度对 CoPS 创新主体的拒绝适应行为具有显著的负向影响	Y
H_{1f}	关系强度对 CoPS 创新主体的道德风险具有显著的负向影响	Y
H_{2a}	敲竹杠行为在网络中心度与 CoPS 创新风险之间起中介作用	Y
H_{2b}	退出网络行为在网络中心度与 CoPS 创新风险之间起中介作用	Y
H_{2c}	敲竹杠行为在网络密度与 CoPS 创新风险之间起中介作用	Y
H_{2d}	退出网络行为在网络密度与 CoPS 创新风险之间起中介作用	Y
H_{2e}	拒绝适应行为在关系强度与 CoPS 创新风险之间起中介作用	Y
H_{2f}	道德风险在关系强度与 CoPS 创新风险之间起中介作用	Y
H_{3a}	关系强度在网络中心度和敲竹杠之间起负向调节作用	Y
H_{3b}	关系强度在网络中心度和退出网络之间起负向调节作用	Y
H_{3c}	关系强度在网络密度和敲竹杠之间起负向调节作用	N
H_{3d}	关系强度在网络密度和退出网络之间起负向调节作用	N

可以看出，16 个假设中，14 个假设得到验证，而 H_{3c} 和 H_{3d} 未通过检验，即关系强度在网络密度和公然机会主义行之间的调节效应并不显著。

最终检验结果如图 9-5 所示。

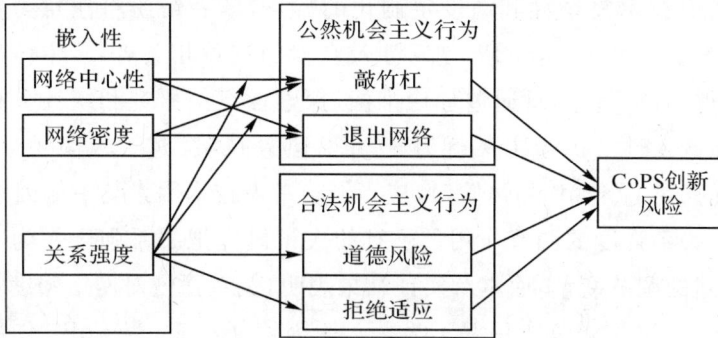

图 9-5 研究假设检验结果

9.6 研究结论

（1）嵌入性对机会主义行为具有显著影响。本章将嵌入性分为结构性嵌入和关系性嵌入，用网络中心度、网络密度和关系强度来表示嵌入性的两个维度。用敲竹杠和退出网络表示公然机会主义行为，用道德风险和拒绝适应表示合法机会主义行为。在此基础上，通过实证研究得到嵌入性对机会主义行为具有显著影响的结论。其中，网络中心度和网络密度同敲竹杠和退出网络行为呈正相关关系，而关系强度同道德风险和拒绝适应行为呈负相关关系。对此给出的解释是，结构性嵌入和关系性嵌入对机会主义行为的解释视角有所不同。前者以交易成本理论为视角，影响机制主要通过资产专用性、有限理性等内容实现；后者以社会交换理论为视角，信任、承诺等因素对机会主义行为起到抑制作用。

（2）机会主义行为在嵌入性和 CoPS 创新风险之间起部分中介作用。多主体参与式创新决定了引入嵌入性理论的合理性，而嵌入性负效应的研究和 CoPS 创新风险的现实案例都将"矛头"指向机会主义行为。一方面，嵌入性通过权力、信息、承诺和信任等因素影响机会主义行为；另一方面，机会主义行为对创新绩效的负向影响研究（Das et al.，2010）也不难证明其对 CoPS 创新风险的影响。由此，机会主义行为的中介模型得以确立。本章通过实证结果也发现，机会主义行为的 4 个维度均在 CoPS 嵌入性和创新风险之间起到部分中介作用。

（3）CoPS 创新主体实施机会主义行为会导致 CoPS 创新风险。因 CoPS 具有技术复杂性和高度定制化的特点，学者纷纷将注意力集中在技术因素上。事实上，CoPS 创新涉及众多的利益相关者，多主体行为因素应该得到重视。本章通过理论推演、探索性案例研究和统计分析论证了"网络嵌入性—机会主义行为—CoPS 创新风险"这一风险生成机理。因此，在探讨 CoPS 创新风险时，应当综合考虑技术因素与主体因素。

（4）关系强度的调节作用。已有的大量研究把关系强度作为行为与绩效之间的调节变量，而本章实证结果表明，关系强度对网络密度和公然机会主义行为的调节作用并不显著。原因可能在于，当 CoPS 创新主体网络密度足够大时，其他所有主体仅同该主体存在联结。换言之，该主体成为利益相关者网络的唯一核心，致使声誉机制失效，因此，关系强度的调节作用并不显著。但关系强度对网络中心度和公然机会主义行为的负向调节作用仍然显著。具体而言，当关系性嵌入程度高时，高网络中心度会抑制 CoPS 创新主体实施公然机会主义行为。因此，CoPS 创新主体在实践中应当注重增加并维护关系强度以减少创新主体的公然机会主义行为，从而达到降低 CoPS 创新风险的目的。

第 10 章　CoPS 创新利益相关者的网络权力影响机制

利益相关者(含系统集成商)的网络权力[①]对 CoPS 创新风险的影响很大。鉴于此,本章结合 CoPS 创新的特点,从网络属性(网络中心性和网络密度)和主体属性(知识价值性)的整合视角,将研究问题界定为揭示CoPS 创新利益相关者的网络权力影响机制。

10.1 网络权力文献综述

10.1.1 网络权力的一般理论

(1)网络权力的渊源——社会网络权力。权力是西方政治哲学中的一个核心概念,但长久以来人们对权力的本质一直没有形成统一的认识。(张践明等,2007)总结已有文献,大致可以从能力、关系和依赖三个视角来阐述:①能力观。权力是个人或组织不理睬反对意见施压于他人或组织的能力(Blau,1964),是消灭通往自己目标道路上的阻碍的能力(Krackhardt,1990),是网络中的一个节点排除另一个节点的能力(Markovsky,1992),是领导能力,是在某一时间段对某件事情发展过程的协调和指挥能力(Giddens,1998)。国内学者景秀艳(2008)和杨剑(2008)也认同权力是一种能力,是一定网络中迫使其他人满足自己意愿的能力。②关系观。很多学者将社会网络权力视为一种关系,一种来自社会交互作用的社会关系,是主动者与被动者之间的各种联系,这些关系

[①]　本章的网络权力是指不同的利益相关者因处于网络中的不同位置而拥有的权力,是一种因结构特征而产生的位置属性,而非个体属性。而利益相关者理论中的权力则是指因利益相关者投入了专用性资产,由此而产生的保障利益实现的一种能力,是个体属性。

可以是血缘和亲情，也可以是经济和利益。权力是"网络""场""关系"，是一个交相辉映的繁杂场而非单向的层级制的简单关系，每个节点都是双重身份，既是权力的施加方，又同时受到其他节点权力的支配。(Foucault，2000)Martain(1992)将权力视为网络中节点所在位置及其结构属性，并非个人能力之类的属性。③依赖观。权力大小反映依赖性的强弱，社会网络中的个体禀赋不一，资源占有不一，地理优势不一，为了生存和成长，很多弱势者不得不依赖他人。当某个人或组织占有了其他人或组织发展所必需的资源，就必然因为被依赖使其形成了权力，并且资源需求越急或资源量越稀少，被依赖者的权力就越大。

(2)网络权力的内涵和特点。在网络中获取自身生存和发展所需资源同时，企业手中也掌握着他人所需的资源或服务，这是企业之间结网的根本动机，此时企业之间出现既相互依赖又相互制约的关系，使得企业之间的权力关系呈现为一种相互交错的关系网。在此情况下，企业自身权力跨越企业边界，逐渐扩展为网络权力。网络权力因网络化的资源投入和使用而产生，其中资源的占有状况是决定不同企业网络权力大小的核心要素。

网络权力在运行中体现出互赖性、动态性、结构性、非对等性、空间性和中心性等特点。(景秀艳，2007；徐俪凤，2014；易明，2010)①互赖性。互赖性深刻地反映在网络成员的行事风格中，因为它们不能完全按照自身发展的理性思路来行动，必须要有集体思维，从相互依赖的角度去行动。(Powell，1990)互赖性在网络合作关系中处于核心地位，网络的资源分配方式也与相互依赖的网络结构相对应。(孙国强等，2011)企业网络因依赖而形成，节点大都具有依赖与被依赖的双重性，而当一方依赖性弱时，就成为权力的优势方。依赖程度也是网络权力配置的重要依据。(景秀艳，2008)②动态性。Dicken et al.(2001)指出，权力是一种行为，只有在切实发生的行为中才能实现其权力价值，而行动和行为本身就是一个动态过程。权力形成的基础是网络中的优势位置、异质性的资源、突出的知识储备和出众的网络能力，而这些影响因素每时每刻都在节点占据者的相互运作中不断变化，网络权力的动态性是不可避免的。(易明，2010)③结构性。网络位置不仅是占据资源的表现，也是与网络权力中心距离的直观表现。(景秀艳，2008)社会结构呈金字塔状，层次越高，占据人群越少(林南,2005),并且层级越高的占据者就越接近权力的中心。④非对等性。网络内部不太可能出现完全对等权力(Bathelt et al.,2002),存在权力差距的等级制网络结构是最合理的(魏江等,2002),不对等的结构才能对市场变化做出迅速反映(Taylor,2000)。⑤空间性。网络权力发挥作用是建立在空间基础之上的,在某种程度上空间与网络权力之间存在互动关系。网络分布在不同的环境,而不同的环境对运作网络权力的行为产生影响。(景秀艳,2007)⑥中心性。某个个体依靠其所占有的、关键的、稀缺的、不可替代的资源在网络中占据有利位置,成为网络核心(Castells,1996),而成为网络核心,就赋予了其治理网络的能力,成为网络的实际管理者,从而按照自己的意愿来影响甚至操控其他节点。

(3)网络权力的分类。现有网络权力的分类,大多数以二分法进行划分。①强制权和非强制权。(Hunt et al.,1974;Gaski et al.,1985)以是否表现出强制性为判别准则,强制权多为法定要素和奖惩要素,非强制权由情感要素和专家领导力要素构成。②直接权力和间接权力。(Johnson,1995)以是否对其他权力承受方产生直接影响为判别标准,直接权力主要是指法定的奖惩,间接权力以感召能力为主。③经济权和非经济权。(Brown,1983)以是否具有经济因素来判定,经济权主要是指经济奖惩要素,其余要素都是非经济权力。在上述网络权力分类中,以强制权与非强制权影响最大。French 和 Raven 提出的企业权力模型(强制权、奖赏权、法定权、专家权、参照权),为后续网络权力的分类提供了思路。罗宾斯(2005)在此基础上将网络权力分为强制性权力、奖赏性权力、法定性权利、专家性权力和参照性权力。

还有一些学者从其他角度对权力进行了分类。Ahituv et al.(2007)从管理学视角出发,发现组织所占据的网络位置和组织自身的知识信息量的大小决定着网络主体的权力大小。Hassan(2008)提出知识权力源于对各种知识资源的占有。在此基础上,张巍等(2011)根据权力的来源将其分为知识权力和结构权力。

10.1.2 网络结构与网络权力

以往学者从很多方面展开对网络权力来源的研究,而且从诸多视角给出了大相径庭的结论,其中网络结构决定网络权力的结论最为学者所追捧。节点在网络中的特殊位置赋予节点占据者权力,网络权力代表的就是网络位置,这是一种社会结构属性,各个节点因其占据的位置的不同进而获得大小不一的网络权力。(Wasserman et al.,1994;Brass,1993)网络主体处于中心就意味着它比其他主体占据更加有利的位置,其收集和处理信息的优势显露无遗。(Bell,2005)Emerson(1972)指出,网络权力是网络中各种位置的属性,而非个体属性,国内学者王琴(2012)也提出类似观点。不难看出,对网络权力来源最有价值的探讨方向是基于其网络结构位置进行的。

网络的不断发展,成员之间不断的相互作用,最终成就了权力非对等分布的网络结构。该网络结构由一个或几个企业主导。(Tortoriello,2004)处于网络核心位置的节点比其他位置节点拥有更多的接近重要资源和信息的机会,并且拥有更多与其他节点进行交换的机会,也就是说,处于网络核心位置的企业拥有比其他节点上的企业大得多的网络权力。另外,特殊的网络位置,诸如两个联结者之间的中介位置,能够有利于节点占据者获取新的信息(Hargadon,1997),博特把这种位置称为结构洞。处于有结构洞的网络位置就意味着占据了信息知识传递的必经之路,使其成员能够从中筛选出对自己有利好价值的信息和知识。(Zaheer,2005)

这也正与传统社会学的研究相吻合。布尔迪厄认为,企业网络是一种体制化的关系网络,网络节点所占的网络位置与其拥有的社会资本密不可分。Foucault(2000)将权力视为社会关系,指出它并不是一种从上到下的单向控制关系,而是一种相互交错的复杂网络,而权力来源于个体在社会网络中所处的位置。网络权力基本可以用中心性来量化,与其他节点的联结距离越短,说明越不需要受其他节点的制约。同时,占据高中心性的位置又容易占据更多的结构洞,而占据结构洞就相当于占据者可在一些联系缺乏的节点之间充当通道和中介,可以利用信息的不对称获得先机。

10.1.3 知识价值性与网络权力

当今,异质性的知识资源在很多行业常常发挥着比其他物质资源更大的作用。Cowan(2007)等认为,创新网络存在的首要目的是生成知识产品,同时,知识的不断创造和积聚也促进了创新网络的演化。Pérez-Nordtvedt et al.(2008)认为,知识的价值性决定了系统集成商在网络中对其他企业的吸引程度。Foucault(1980)从社会学视角出发首次提出知识权力的概念,他认为,权力和知识是不可分割的,知识是权力产生的前提条件,是获得权力的基础与途径。值得注意的是,对于 CoPS 的系统集成商来说,并不是所有的知识都能产生权力,只有有价值的知识才是权力的来源。有价值的知识必须具有:①重要性,资源越重要,其他行动者才会更加依赖,权力才会相对大;②稀缺性,网络中重要的资源越稀缺,拥有者的讨价还价的底气就越大,因此权力就会越大;③不可替代性,资源越不可替代,说明资源被模仿的可能性越小,根据资源依赖理论的观点,占有这种知识的节点的权力就越大。

10.1.4 网络权力的决定论

(1)网络权力的"能力决定论"。网络节点能力是网络节点站在网络层面上去甄别有价值的网络机会,利用已有网络关系和信息资源获取新的有价值的资源,优化局部网络结构,并且引导网络朝正确方向演化的一种不间断的动态化能力。(Bullinger,2004)Freeman(1987,1988)指出,随着节点阅历的增长,节点识别某一个社会群体和关键的有价值的社会关系的能力不断强化,而对社会结构准确识别的能力决定了该节点的权力。具有精准认知能力的节点会向更有利的网络位置转移,网络权力将属于核心位置的节点及对网络结构有着深刻理解的节点。(Krackhardt,1990)不难看出,网络权力既是一种网络化的能力,即处理网络关系的能力(陈学光等,2006),又是一种改善节点在网络中位置的能力(Hakansson et al.,1995)。

(2)网络权力的"策略决定理论"。20 世纪 70 年代,法国社会学领域的代表人物 Crozier 提出了与传统组织理论大不相同的分析视角——决策分析范式。他认为,网络结构和制度的演化究其本质是政治过程的微观化,而网络权力关系就是这种演化的深层次决定因素。节点构建网络权力关系的过程类似于一种"权力游戏",在碰到某一事件时,节点会首先考量自身所掌控的资源,接着基于自身需要去权衡利弊,进而构建或重构相互联系的权力关系。综合 Parsons et al.(1988)对社会行动和社会网络的研究,Crozier(2007)进一步指出,网络节点首先会假设网络处于某种特殊的大环境之中,其次将其自身的网络节点能力和异质性资源与其他节点的能力、资源及可能会采取的关键策略进行对比,最后做出权衡与判断,采取有针对性的行动策略,通过重塑网络权力关系和进化网络结构位置,达到自身利益最大化的目的。

(3)网络密度与网络权力。网络权力与网络密度也有分不开的联系。(王琴,2012)网络密度是创新网络分析的重要变量之一,表示网络中节点间相互联系的程度,以网络中已有的关系联结除以网络中可能存在的最大联结数计量。Oliver(1991)认为,节点之间的接触有利于信息、知识和资源的流动,联结越多代表网络密度越大,节点间的沟通也就更加充分和有效率。Meyer et al.(1977)研究发现,在越高密度的网络中,节点的嵌入性就越高,这种状况对于网络的稳定发展,建立公认的行为规范有极大的推动作用,进而对节点产生约束作用。

在CoPS这种高技术含量的创新网络中,某些节点有相似的网络位置,但是,它们的网络权力相差很大,现有研究(过于注重网络的结构属性而忽视节点的主体属性)已经不能很好阐释这种现实问题。因此,本章尝试把网络位置和主体属性结合起来,深入剖析网络权力的影响机制。

10.2 初始模型构建

10.2.1 逻辑推理

从我国CoPS创新风险事故频发这一亟待解决的现实问题出发,作者分析发现,很多风险是因系统集成商对其他利益相关者的网络权力不足而造成的。本章基于CoPS情境对网络权力进行探讨,首先应该先对CoPS产品特性和生产特性有充分了解和深度理解,继而提升到理论层次寻找答案,最后在实践中对理论进行求证。

(1)CoPS产品及生产特性决定网络权力受到多因素影响。CoPS产品特征在于其复杂性(Davies et al.,2005;Hobday et al.,1999),与传统大规模定制产品往往是由零部件直接组装不同,CoPS内嵌技术众多且对软件应用水平有极高要求,产品的复杂性和高技术含量直接决定了生产的网络性(模块化生产方式),所以在一个研发与生产同步的多主体参与创新网络之中,网络中系统集成商的网络权力必然受到不止一个因素的影响。

(2)网络位置与知识价值性对网络权力起主导作用。网络位置和知识价值性都对网络权力有重要影响。结构决定论就指出,网络权力是网络位置的体现,位置的好坏直接决定权力的大小,而中心性是网络权力的量化指标。此外,CoPS 项目有客户需求复杂、技术原理复杂、参与主体众多、创新周期长等特点(陈劲,2007),而且很多 CoPS 所在的行业都属于政府高度管制和调控的行业,例如,关系到国家安全的航空航天、核电站、大型军工设施等,关系到国家稳定的电力、电信系统等。可以说,很多CoPS 创新项目就是由政府直接发起的,用"举全国之力,汇世界之智"来形容,一点也不为过。作为 CoPS 创新的核心,系统集成商往往都是典型的知识支撑型企业,异质性、稀缺性、关键性的知识资源是系统集成商竞争优势的源泉,也是影响网络权力的关键因素。从 10.1 节文献综述情况看,现有网络权力研究大多是把网络节点的网络属性(网络中心性、网络密度)与主体属性(知识价值、资源、能力、策略)割裂开来,将两者结合起来的文章凤毛麟角,缺陷较为明显。网络中相似网络位置的节点,其网络权力不尽相同,而看似能力或资源相当的节点在网络中的影响力可能大不相同,这就说明在网络权力的研究上,网络属性和主体属性缺一不可。

(3)对于不同的网络类型,各种权力因素的作用有所差异。网络类型的分析一般从网络中心性和网络密度两方面去展开,网络中心性越高,影响和控制利益相关者行为的能力越高;而网络密度越高越有利于利益相关者之间的信息沟通和协同行动。综合 Burt(1992)和 Boutilier(2007)对网络中心性和网络密度的阐述,本章将创新网络划分为四种类型:有核紧密型(高网络中心性高网络密度结构)、无核紧密型(低网络中心性高网络密度结构)、有核松散型(高网络中心性低网络密度结构)、无核松散型(低网络中心性低网络密度结构)。本章认为,在不同的网络结构下,权力影响因素或多或少有所不同,应分类讨论。

10.2.2 构建模型

本章认为,网络位置(网络中心性)是 CoPS 创新企业网络权力的最重要来源,而网络权力是网络位置(网络中心性)的结果变量。另外,在

CoPS 情境下，系统集成商是典型的知识支撑性企业，其知识价值对网络位置与网络权力起到调节作用。本章初始概念模型如图 10-1 所示。

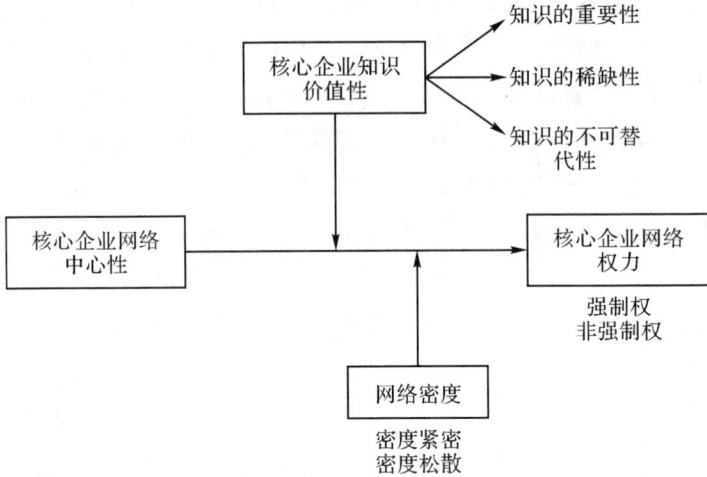

图 10-1　概念模型（初始）

10.3 探索性案例研究①

10.3.1 研究设计

（1）研究方法的选定。本章的问题是"CoPS 情境下网络权力的影响因素是什么？"而目前关于 CoPS 情境下网络权力的研究还属空白。通过对典型案例的分析，进而形成新的概念或理论（Eisenhardt, 1989），比较适合本章的研究。因此，本章拟采用探索性案例研究方法对初始概念模型进行修正和完善。

（2）研究对象的选定。选择合适的案例对象对整体研究有着重要影响，本章拟从两个不同的 CoPS 网络类型入手，探讨对于不同类型的网络，影响因素是如何发挥作用的。本章选择 S 公司民用客机 A 项目和 H 公司空分设备咸阳项目作为探索性案例，主要理由是：①代表性考虑。这两个项目十分符合 CoPS 特征，如参与主体多、技术复杂、项目时间长（咸

————————

①　本节内容见盛亚、彭哲：《网络核心成员的网络权力影响机制：基于 CoPS 的探索性案例研究》，《科技进步与对策》2015 年第 21 期，第 1—7 页。

阳项目接近 6 年且尚未完工,大型民用客机经多次延迟历时 13 年才完成),并且出现的许多项目风险(时间延误、质量下降、成本上升)都可以通过网络权力来揭示。②调研的便利性。H 公司与研究者在同一个城市,且作者导师所领导的研究团队与 H 公司有一定的业务关系,给后期调研提供了便利。A 公司属于明星企业,社会各界对其关注度甚高,可以获取很多二手资料。

（3）数据收集。H 公司的案例以一手资料为主(调研和访谈),二手资料为辅。S 公司案例以二手资料为主,一手资料为辅。一手资料的获取主要通过实地调研和访谈:①2013—2015 年期间作者多次前往 H 公司进行调研访谈,访谈对象包括一位高层领导及数位部门主管;②2015 年前往 S 公司及其附属子公司(也是项目利益相关者)进行调研,但是由于行业特殊,没有接触到中高层管理者。二手资料主要来源于外界的分析报告、各大媒体的文章、企业网站资料、期刊及论文等。

（4）数据分析方法。在一手或二手数据收集工作完成后,对所得到的数据资料采用扎根编码方法进行分析、整理和提炼,扎根编码方法能够很大程度上提升案例研究的可信度。(张霞等,2012)

10.3.2 S 公司民用客机 A 项目案例

S 公司是应国务院总理办公会议决定及国防科工委于 2000 年发布的《中国民用飞机发展报告》的号召,由 15 家中资企业共同出资,2002 年正式成立,后期响应《国家中长期科学与技术发展规划纲要（2006—2020）》,重新组建,A 项目也并入 S 公司。S 公司成立以后,"举全国之力,聚世界之智",迅速组建了一支规模庞大的研发队伍,组织开展大型客机从技术到经济、从前期筹备到后期投放市场、从关键技术的获取到总体方案的策划等一系列工作。

A 项目是一款 70~90 座的支线飞机,两人制驾驶舱,每排 5 座,双圆切面机身、下单翼、高平尾、前三点式可收放起落架、尾吊两台发动机布局,采用总线技术的航电系统,高端的 LCD 显示系统,先进的机械系统,性能极佳的发动机。2002 年开始前期准备工作,2003 年与 3 家中国民航公司签署购机合同,原计划 2009 年交付使用,但是整个研制阶段,非技术性事故不断(一些利益相关者的不配合和阻碍),这些非技术性事故的背后是 S 公司与网络成员博弈的结果。从该案例中可以很好地分析出网络权力的影响因素。S公司A项目的利益相关者包括行业技术部门、模块分包商、政府部门、科研机构、用户和直接竞争者及其他利益相关者，如图10-2所示。

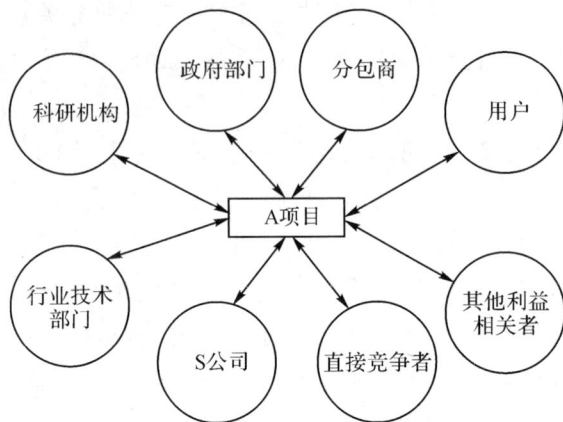

图 10-2　A 项目的利益相关者

民用航空领域属于典型的寡头垄断网络，存在少数几家系统集成商，行业的进入壁垒非常高。行业中存在几个大型的分包商，这些大型分包商对于行业的重要程度不亚于系统集成商，因为它们生产的都是非常重要的飞机零部件或系统，例如发动机（制造一台发动机的复杂程度不亚于制造一家飞机）、航电系统等。还有不计其数的小型分包商，它们的产品技术含量相对低，可替代性高。美国和欧洲的航空航天局是民用航空领域最重要的行业技术组织，它们的合格证是一架飞机进入国际市场的门槛。在民用飞机研发网络中，系统集成商处于网络中心位置，网络成员与系统集成商联系较多，而它们之间联系较少，属于典型的有核松散型网络，如图10-3所示。

围绕A项目的核心企业（S公司）的基本情况、各种非技术性事故的具体情况、事故的前后经过及其内在原因，本章将通过对有关人员的访谈内容和收集到的二手资料进行分析、整理和汇总，最后对汇总的资料进行编码。

（1）初始编码（Initial Coding）。从资料中抽象出102个概念，进一步对比归类到36个范畴中。表10-1是本章初始编码的几个示例。

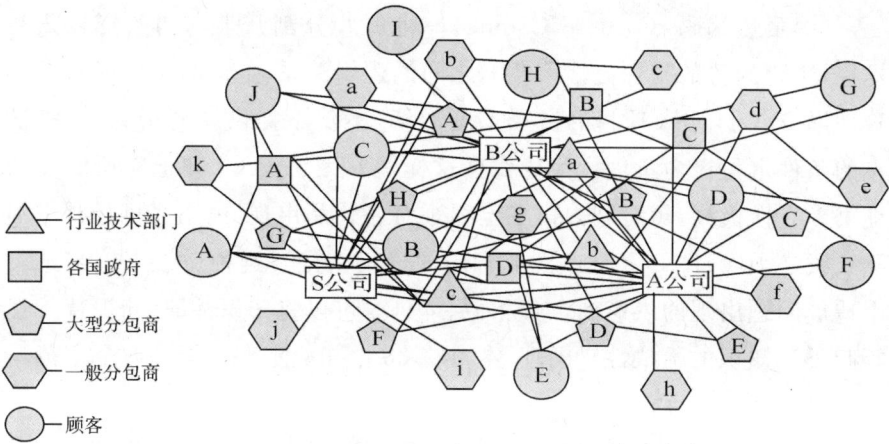

图 10-3 S 公司所在网络示意图

表 10-1 初始编码示例

典型材料	概念化	初始范畴
A 项目立项之初是"9·11"事件之后,此时国际航空市场低迷,各大国际飞机制造商、系统供应商和原材料供应商为寻求生存和发展,对 A 项目表示出了极大的热情,在技术上和商务上均采取较为积极的态度。2004 年后,国际航空市场开始复苏,A 项目所选定的系统和原材料供应商对 A 项目的研发力量投入有所保留,后续的商务谈判也变得相对困难。	市场形势	外部环境
目前 S 公司还没有掌握一些关键技术,总是面临"卡脖子"的窘境(每到合作的关键时期,就会发生合作伙伴因不肯转让核心技术而使研发工作停滞的事件),几家大型的关键设备供应商还会背地里联合涨价。	卖方市场	关键性技术
美国联邦航空管理局(FAA)不愿提供任何适航考察建议,A 项目面临历史上最严格甚至有些变态的测试。	阻拦进度	知识替代性
2006 年 S 公司重组,正式进入民用飞机制造领域,直接与 B 公司、A 公司等竞争,B 公司和 A 公司通过多种渠道,全面封杀所有对中国的技术输入。	技术封杀	强制权力
因为大股东担心在 A 项目上投入太多技术力量,会拖累原有军工产品生产能力,所以 A 项目建设之初经常性更换总设计师,致使项目进展缓慢。	权衡利弊	法定性权力
2013 年试飞时出现问题,S 公司认定问题来自供应商,但对方不承认,并指责 S 公司安装失误,历经一段烦琐的证明过程,最终供应商才承认是它的问题。	挑毛病	知识稀缺

（2）聚焦编码（Focused Coding）。将那些分割开来的初始资料归类提炼，主要的目的是探究诸多范畴之间的逻辑关系。例如，美国联邦航空管理局（FAA）对 A 项目的试飞态度冷淡，不仅不提供任何帮助，还将试飞的条件定得极为苛刻。为什么会这样呢？因为 FAA 知道它所颁发的证书专有性极高，短时间内市场上很难有替代品出现（民用客机想要飞国际航线必须经过 FAA 和欧洲航管局的资格认证），这种傲慢态度与试飞中造成问题出现的供应商十分相似。因此，可以将知识稀缺、知识替代性等归类于知识的稀缺性。同理，本章将 36 个初始范畴归纳到 8 个主范畴中，如表 10-2 所示。

表 10-2　聚焦编码结果

副范畴	主范畴
关系网络广泛、购买渠道多样、中介位置等	中心性
信息沟通不顺畅、成员交流不频繁	网络密度
技术关键、知识重要、关键性装备等	知识重要性
技术难以替代、高端材料、独家知识等	知识不可替代性
技术垄断、关键设备垄断、知识专有等	知识稀缺性
国资背景、政府背后干预、政府影响力等	政府支持
强制性权力、奖惩性权力、法定性权力等	强制权力
专家性权力、参照性权力、品牌认可度等	非强制权力

（3）主轴编码（Axial Coding）。主轴编码是把数据整合为连贯整体的方法，回答"哪里""为什么""谁""怎样""结果如何"之类的问题。本章在主轴编码之前，首先要关注以下两个现象：①关键部件供应商与 S 公司的较量（暗中联盟坐地起价、出现问题态度傲慢）。飞机关键部件主要是发动机和主飞控系统，而这两部分全世界只有欧美少数几家供应商能够提供，而且这些关键部件的复杂程度同样惊人，一点不比组装一架飞机简单。在与 S 公司谈判过程中，几家供应商暗中结盟共同哄抬价格，使飞机研发成本大幅提高，而 S 公司不得不任人宰割。在试飞环节出现问题后，S 公司专家认为问题是出自供应商，但是供应商却不像 S 公司想象中那样重视，反而十分傲慢，认为 S 公司能力不足，没有

理由质疑自己,拒不查找问题,最后 S 公司花费了大量的时间和精力证明责任确实来自供应商,该供应商才开始对所提供部件进行返修。另外,在研发的关键时刻,该供应商又以担心技术泄露为由拒不配合 S 公司的工作,或以此为由要求修改合同或提高合同价格。②A 公司和 B 公司之间对 S 公司的影响(争抢资源、技术封杀)。A 项目上马之初正是 2001 年美国"9·11"事件后,国际航空市场陷入萧条,市场需求不足,航空制造业举步维艰。此时各个国际航空制造商、关键设备和系统供应商及重要的原材料供应商为谋生存,对 A 项目表示出了极大的热情,无论在技术支持上还是商务洽谈上都很积极主动。2004 年后,"9·11"事件的影响力逐渐褪去,国际航空市场开始复苏。A 公司的380 项目,B 公司的 87 项目和 JF 项目,相继进入实质研制阶段。A 项目供应商的能力、精力和资源都有限,不可能同时投入到太多项目中,此时它们就毫不犹豫地选择抛弃 A 项目而去迎合 A 公司和 B 公司。2006 年,S 公司重组并且上马 C 项目(C 项目为超过 150 座的大型民用飞机项目,A 项目是 100 座以下的中小型民用飞机项目),直接挑战了A 公司和 B 公司的垄断地位,它们开始对 A 项目实现技术封锁,让参与它们项目的中国企业全部退出 A 项目,并且对几大供应商直接施加压力。2008 年,A 项目基本组装完成,进入试飞阶段,但是,S 公司于2008 年 3 月宣布,因关键部件供应商拒绝提供试验条件,推迟半年首飞,这与 A 公司和 B 公司对 S 公司的技术封杀有直接关系。

从图 10-4 可以看出,S 公司、A 公司和 B 公司同为系统集成商,都是网络的核心,网络位置相差无几,但是,为什么对设备和原材料供应商的影响和控制力有如此大的差别呢?此时就需要考虑它们所拥有的知识,A 公司和 B 公司作为垄断集团,在民用航空领域已然筑起很高的行业壁垒,储备了丰富的关键性和稀缺性知识;而 S 公司是新成立的公司,在飞机制造方面还处于探索阶段,所需技术还在研发中,A 项目能否成功还需要时间检验。在这种情况下,供应商势必忌惮 A 公司和 B 公司的网络权力,因为 A 公司和 B 公司的知识和技术水平能够保证产品可以走向市场,而 S 公司很难提供这种保证。

通过上述分析可知,首先要从网络位置出发,考量有核松散型网络结构中利益相关者的网络权力。一般来讲,占据高中心性网络位置的利益相关者,其网络权力相对较大。但是,从案例可以看出,网络中心性与网络权力并不是简单的线性关系,知识价值性起到正向调节作用。同时,从几个大型供应商在网络中所起作用也可以推断,知识价值性也直接影响网络权力。在此基础上,本章选择网络位置、知识价值性和网络权力作为核心范畴,将案例材料连接成证据链,如图 10-4 所示。

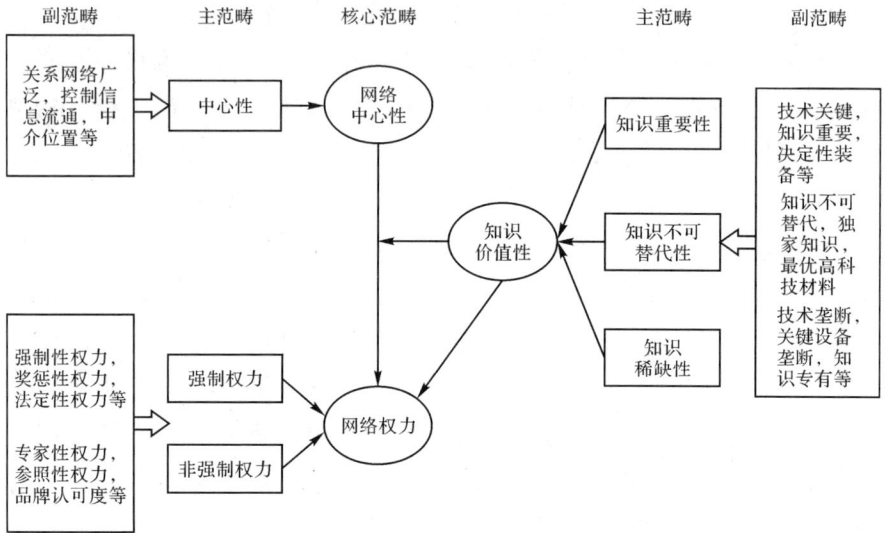

图 10-4　A 项目编码结果

10.3.3 H 公司空分设备咸阳项目案例

H 公司是通过对原企业实行股份制改造后成立的国内最大的空分设备和石化设备开发、设计、制造成套企业,是我国空分设备行业唯一一家国家级重点新产品开发制造基地,拥有国家级技术中心,享有国家外贸自营权,是亚洲最大的空分设备设计和制造基地,并已成为国际空分"五强"企业之一。

空分市场是一个细分市场,产品单一,市场上集成商比较多,关键设备供应商与重要原材料供应商沟通交流频繁,是典型的有核紧密型网络(不止一个核)。H 公司于 2009 年初与 L 公司签订咸阳项目合同,承建 2 套 4.3 万等级的空分设备,原合同规定的交付日期是 2009 年 12 月。但是,2009 年底至 2012 年期间,项目几乎像一个"烂尾楼工程",客户货款一直未付清,并且截至 2015 年底,该项目实际产能只达到当初设计的一半。

作者将一手访谈调研资料和二手数据共同整理成文本资料,然后进行初始编码、聚焦编码和轴心编码。初始编码得到 52 个概念,然后归类到 26 个初始范畴,聚焦编码得到 8 个主范畴:中心性、知识重要性、知识稀缺性、知识不可替代性、政府支持、强制性权力、非强制性权力、网络密度。在进行轴心编码时主要考虑:①关键设备分包商强制更改合同。当项目开始后,一个核心部件的分包商 A 单方面提出要求重新修改合同。该核心部件是 A 企业的发家之作,技术上处于行业领先地位,但是,随着企业的发展壮大,该部件已不是 A 企业的投资重点。咸阳项目签订后,A 企业高层发生变动,新的领导决定收缩空分部件业务,将精力投到其他更赚钱的业务上,并且在这期间这一部件的重要原材料价格出现较大涨幅,两方面的原因造成分包商 A 提出修改合同要求,否则就中止合作。H 公司最终对 A 妥协,分包商 A 强制修改合同的行为不仅大大拖延了工期而且使成本上升。究其原因,是市场上很难找到分包商 A 的替代厂家,一旦更换分包商不仅时间上要拖延,而且产品的质量也得不到保障。另外,虽然客户的合同款是分阶段付给集成商的,但集成商对一些核心分包商却是全额付款。因此,核心分包商不担心得罪集成商,敢于挑战集成商的底线。②客户隐瞒资金状况,延迟付款。咸阳项目的客户 B 是一家大型国企,也是国内空分市场的最大用户。在咸阳项目招标时就受到了全行业的高度关注,整个空分行业的集成商不遗余力地与客户搞好关系,甚至不惜低价投标,只为跟客户 B 搭上关系。在项目进行中,B 公司的资金链出现问题,B 公司一边隐瞒资金状况,一边催 H 公司加快进度,当到达支付日期时,B 公司屡次提出延迟付款。B 公司能在出现财务困境时对 H 公司提出不合理要求,是因为该公司与网络中大多数成员保持联系,随时可以找到替代者。H 公司咸阳项目编码结果如图 10-5 所示。

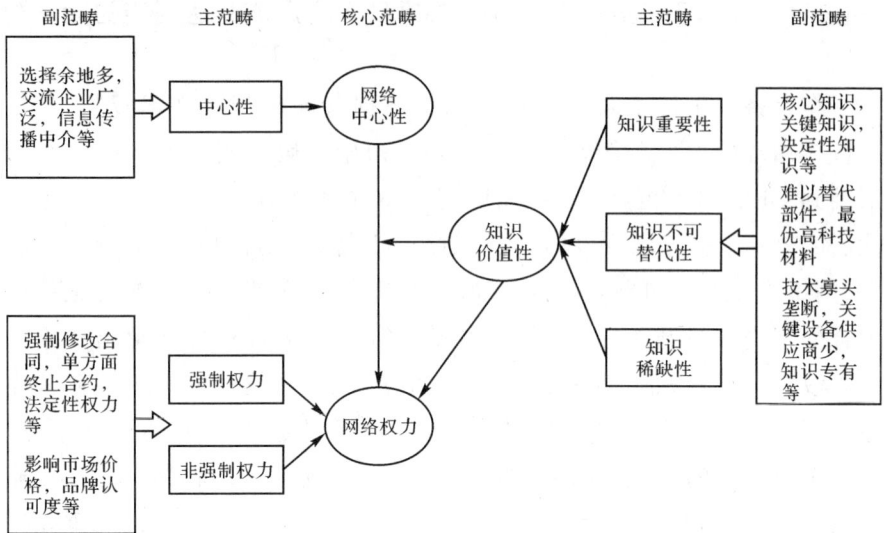

图 10-5　H 公司咸阳项目编码结果

10.3.4 案例分析与模型修正

结合案例与已有理论，本章形成以下四个命题。

命题 1：占据优越网络位置的集成商，其网络权力大。

结构决定论认为，网络节点位置赋予占据节点的集成商以权力，甚至于地位权力（Position Power）从某种程度上替代了权力。（孙国强等，2011）第一个案例中可以看到，虽然 S 公司在 A 项目的研发过程中遭受到了种种困境，但是 A 项目最终还是一波三折地完成并投向市场，而 A 项目所面对的困境和时间延误在国际航空制造业领域也是很常见的问题。S 公司凭借其自身优势占据了网络核心位置，以系统集成商的身份出现在网络中，最终凭借其位置优势赋予的权力，恰当地运用权力成功地从困境中解脱，最终完成 A 项目。另外，从 A 公司和 B 公司对几大供应商施加的影响也可以看出，几个关键供应商之所以对 A 公司和 B 公司言听计从，是因为 A 公司和 B 公司占据了有利的网络位置，不仅能影响政府政策，也能直接联系全球市场。第二个案例中同样可以看出，客户 B 是凭借其高中心性才对系统集成商提出无理要求的。所以从案例中可以得出，有利的网络位置赋予节点占据者更大的网络权力。

命题 2：节点的知识价值性越高，其网络权力越大。

从 A 项目可以看见，美国和欧洲航管部门的态度对 A 项目至关重要，没有它们的证书，A 项目就进入不了国际市场。几个关键部件或原材料供应商敢于与 S 公司针锋相对，给它们底气的就是它们关键的、重要的、不可替代的知识资源。S 公司想要顺利完成 A 项目，离不开这些关键部件和原材料供应商，而国内企业还不具备这些知识储备，短时间之内根本没有替代者。因此，S 公司只能暂时忍让。咸阳项目也说明了这一点，项目中核心部件分包商以中止合作相要挟，强制修改合同，就是因为该分包商在技术上处于领先地位，使得 H 公司对它产生依赖。

命题 3：有价值的知识在网络位置与网络权力之间起到正向调节作用。

关键部件供应商敢于和 S 公司较劲，知识价值性是它们的底气所在，可以设想，假如该供应商在网络中处于边缘位置，或是中心性很低的位置，它根本没有机会和集成商较劲，在此基础上，它具备的知识价值性才得以体现。值得注意的是，从案例分析中，很难区分是知识价值性在网络中心性与网络权力之间起调节作用，还是知识价值性直接影响网络权力。

命题 4：在网络密度不同的网络中，中心性和知识价值性对网络权力的影响存在差异。

案例一是有核松散型网络结构，表明行业是垄断竞争或寡头垄断，在该种网络中，集成商权力优势明显。从案例中可以看出，A 公司、B 公司作为网络中的绝对核心，网络中的其他利益相关者均不敢挑战它们的权威，而它们之所以对 S 公司显得"不尊重"，是因为虽然 S 公司凭借自己的能力和优势进入了这样一个高壁垒的行业，但是，能否在行业中站稳脚跟并长期生存还是一个未知数。在此之前，俄罗斯、印度尼西亚、日本和巴西都有意进入这个行业分一杯羹，但是，都是进入不久就顶不住各方压力而退出了。从案例结果看，虽然经历过磨难，A 项目最终还是成功了。成功的原因在于 S 公司处于优势网络位置，即使它现在的知识价值性还不如 A、B 公司及某些关键部件供应商，但是，优越的网络位置赋予了其不可忽视的网络权力，可以与 A、B 公司周旋。案例二是有核紧密型网络的代表，在这种密度高的网络中，集成商因网络位置带来的优势没有松散型网络大，从案例中可以明显看出，知识价值性给了核心部件分包商挑战中心性更高的集成商的底气。

案例研究还有以下新发现：①政府支持的影响。A 项目作为市场上的新产品，虽然自身设计一流，各方面性能突出，但是，航空公司需要重新学习和适应新机机型，需要新增大量成本，按照常理推断，市场接受度应该是有待观察的，但是，国内两家航空公司作为 A 项目的首批用户对 A 项目格外信任。可以看到，与 S 公司一样，这两家航空公司也是国资背景，作者有理由推测，正是因为政府的干预，提升了 S 公司的网络权力，使得它在供应商面前底气更足。FAA 阻拦 A 项目的试飞和取证，背后的受益方就是 A、B 公司，它们作为有政府支持的重要网络成员，对其他网络成员的强制力和影响力更大。②网络位置与知识价值性之间的关系。案例发现 A、B 公司的位置优势无异，但是它们网络权力明显大于 S 公司的，暂时还无法确定是知识价值在网络位置与网络权力之间产生调节作用，还是知识价值性本身产生了网络权力。③网络位置优越的企业所拥有的有价值知识储备也很多。一类是如 S 公司，占据网络核心地位后，合理地运用权力不断交换知识和积累知识，如今已基本具备作为飞机制造集成商所必须具备的知识和技术。另一类如同关键供应商和欧美航管部门，它们凭借自己手里关键性的、稀缺性的知识储备在网络中站稳脚跟，并且逐步向网络核心位置移动（在航空制造业领域，以前是 A、B 公司自己掌握全部知识，后来一些分包商在逐渐跟上，开始接近网络核心位置，发言权也逐步增大）。

通过上述分析，再对比初始模型，做出如下修改：①将知识价值性对网络位置与网络权力的调节作用去掉；②新加主范畴网络密度，作为网络位置、知识价值性与网络权力的调节变量；③考虑控制变量的影响，如政府支持、企业规模等。本章修正模型如图 10-6 所示。

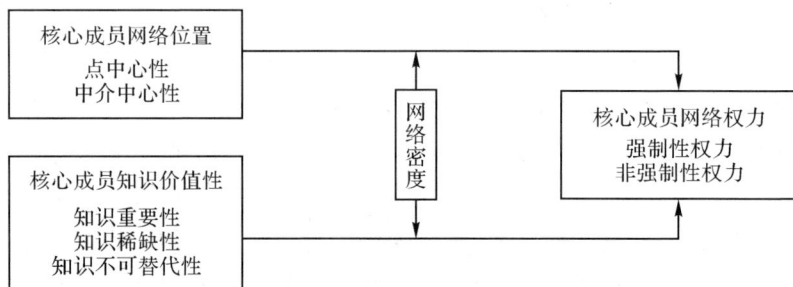

图 10-6　CoPS 创新利益相关者网络权力影响机制模型

10.4 实证设计与分析

10.4.1 研究假设

（1）网络位置与网络权力。网络中心位置不仅可以带来"接近"有价值信息的优势，还可以为组织带来基于从属关系的优势。（Bell,2005）与其他节点联结的数量越多表示获取重要的信息、内幕和资金的优势越大，而联结距离越短，说明不需要受其他节点制约。占据高中心性的位置又容易占据更多的结构洞，而占据结构洞位置就相当于占据者在联系缺乏的节点之间充当通道和中介，可以利用信息的不对称获得很多先机。中心性高的节点凭借位置优势使其他节点对其产生依赖从而形成权力。（景秀艳,2008）衡量节点中心性最普遍的指标是点中心性和中介中心性，当点中心性越高或中介中心性越高时，节点手中必然拥有其他节点生存和发展所依附的重要资源，如关键信息、重要原材料等，或是必须通过它才能与自己想要联系的节点搭上线。此时高点中心性/高中介中心性节点就具备对依赖它的节点发号施令的权力，可以让它们按照自己的意愿行事。因此，得出以下假设：

H_1：集成商的网络位置越优越，其网络权力越大；

H_{1a}：集成商的点中心性与其强制性权力正相关；

H_{1b}：集成商的点中心性与其非强制性权力正相关；

H_{1c}：集成商的中介中心性与其强制性权力正相关；

H_{1d}：集成商的中介中心性与其非强制性权力正相关。

（2）知识价值性与网络权力。重要的、稀缺的、不可替代的知识是企业竞争力与权力的来源（Wernerfelt,1984；Barney,1991），当企业有了这些知识资源，就必然会对其他企业产生约束和影响，从而拥有了在网络中的发言权。因此，得出以下假设：

H_2：集成商的知识价值性与网络权力正相关；

H_{2a}：集成商的知识重要性与其强制性权力正相关；

H_{2b}：集成商的知识重要性与其非强制性权力正相关；

H_{2c}：集成商的知识稀缺性与其强制性权力正相关；

H_{2d}：集成商的知识稀缺性与其非强制性权力正相关；

H_{2e}：集成商的知识不可替代性与其强制性权力正相关；

H_{2f}：集成商的知识不可替代性与其非强制性权力正相关。

（3）网络密度、网络位置与网络权力。网络密度是创新网络分析的重要变量之一，表示网络中节点间相互联系的程度，以网络中已有的联结数量除以网络中可能存在的最大联结数计量。Oliver（1991）认为，节点之间形成有效的接触有利于信息、知识和资源的流动，联结越多，网络密度越大，节点间的沟通更加充分和有效率。当网络中成员的交流和信息交换频繁时，处于优越网络位置的节点的优势就会弱化。（Timothy et al.，1997）因此，得出以下假设：

H_3：网络密度减弱网络位置对网络权力的影响；

H_{3a}：网络密度减弱点中心性对强制性权力的影响；

H_{3b}：网络密度减弱点中心性对非强制性权力的影响；

H_{3c}：网络密度减弱中介中心性对强制性权力的影响；

H_{3d}：网络密度减弱中介中心性对非强制性权力的影响。

（4）网络密度、知识价值性与网络权力。如（3）中所述，网络密度的高低意味着沟通交流的效率，当网络密度高时，网络中成员不需要太多的媒介就可以接触到自己发展所需的资源和信息，位置优势减弱。网络中的依赖关系直接取决于企业自身资源对其他企业的重要性，在 CoPS 情境下，高质量的知识资源在网络密度偏高时就会更加显著。因此，得出以下假设：

H_4：网络密度加强知识价值性对网络权力的影响；

H_{4a}：网络密度加强知识重要性对强制性权力的影响；

H_{4b}：网络密度加强知识重要性对非强制性权力的影响；

H_{4c}：网络密度加强知识稀缺性对强制性权力的影响；

H_{4d}：网络密度加强知识稀缺性对非强制性权力的影响；

H_{4e}：网络密度加强知识不可替代性对强制性权力的影响；

H_{4f}：网络密度加强知识不可替代性对非强制性权力的影响。

10.4.2 研究设计

（1）变量测量与问卷设计。本章主要涉及两个自变量（网络位置和知识价值性），一个调节变量（网络密度）和一个因变量（网络权力）。本章对这几个变量的测量参考了已有文献，再结合本章的实际情况和情境进行适当修正。①网络位置。本章用点中心性和中介中心性刻画网络位置，主要借鉴王晓娟(2007)和朱亚丽(2009)的量表，再结合调研访谈情况，对点中心性和中介中心性各提出 3 个题项。②知识价值性。本章将知识价值性分为知识重要性、知识稀缺性和知识不可替代性，主要借鉴 Sze-Sze Wong(2008)、Pérez-Nordtvedt et al. (2008)、刘立等(2014)的研究成果，分别对知识重要性、知识稀缺性和知识不可替代性各提出 2 个题项。③网络权力。本章把网络权力分为强制性权力和非强制性权力，主要参考 Hunt et al. (1974)，Gaski et al. (1985)，Xiande(2008)等的研究成果，各提出 4 个题项。④网络密度。本章参照 Burt(1992)和罗志恒等(2009)等的研究成果，提出 6 个题项。⑤控制变量。企业规模主要以企业职工数来衡量，行业类型主要涉及建筑工程、交通运输、通信软件等。

上述题项都来自较为成熟的量表，应该结合具体情境做出恰当修改。题项修改过程如下：①学术团队会议；②调研访谈，通过与访谈对象的交流，找到能够让企业家们接受的非学术化的表达方式；③预测量问卷，在发放问卷前，在小范围内发放了 50 份问卷，收回 42 份，根据受访人提出的问题进行了修改。本章最终问卷见附录 9。

(2)问卷发放与数据收集。问卷的发放对象应该满足以下 3 个条件：①公司的单件产品价格以万元为单位，技术复杂且技术融合，项目持续时间在 1 个月以上；②公司产品以小批量或单件定制方式进行，与客户保持持续沟通；③填写问卷的对象最好是参与到项目中且中途没有退出的中高层管理人员。

问卷的发放时间为 2015 年 6 月至 8 月，主要通过以下两种形式：①调研企业现场发放。在浙大中控、中电 52 所、杭氧集团、中航商用发动机公司、中国船舶集团等公司进行调研访谈时，一并进行了问卷的发放工作，共发放了 200 份问卷，回收了 185 份。②团队社会关系。委托研究团队成员代为发放电子问卷，共发放 180 份，回收 131 份。在浙江、安徽、上海、江苏、江西等省市发放问卷 380 份，回收 316 份，回收率 77%。

10.4.3 数据初步分析

(1)描述性统计分析。最终获得有效问卷样本 291 份，有效率 77%。问卷具有以下特征：①超过 75% 的企业从事 CoPS 创新的时间在 10 年以内,超过 10 年的企业和不足 3 年的企业数目相当,情况也和现实情况比较贴近。②国内的 CoPS 市场以国企为主,外资和合资企业次之,民企为辅。因为很多 CoPS 领域关系国计民生,均受到政府管制,国企有政策优势,外资和合资具有技术优势,民企大都承担了一些技术含量较低的工作。③从事 CoPS 的企业一般规模较大,多为 500 人以上的大型企业。④行业分布以机械制造业为主,通信软件业和交通运输业次之。

(2)信度检验。本章采用 SPSS 19.0 软件进行检验,由表 10-3 可以看出问卷主要变量 Cronbach's α 值均在 0.7 以上,表明问卷整体信度很高。

表 10-3　问卷主要变量的 Cronbach's α 系数

测　量	Cronbach's α 系数	测量题数
利益相关者网络位置	0.808	6
利益相关者知识价值性	0.802	6
网络密度	0.745	6
利益相关者网络权力	0.879	8

对各个变量的子维度进行 CITC 检验,所有题项的 CITC 值都高于 0.40,所以各题项信度较高,不需要进行删除。

(2)效度检验。采用因子分析方法(EFA)检验问卷效度,在做 EFA 之前必须通过 KMO 检验和 Bartlett's 球形检验来判断数据是否达到分析要求。①对网络位置进行 KMO 检验和 Bartlett's 球形检验,KMO 值为 0.808,大于 0.7,虽然效果不是最好但是可以接受;而 Bartlett's 球形检验的结果 $Sig.$ 值为 0.000,小于 0.01,两项检验均达到要求。旋转后的因子载荷结果表明,6 个题项被归为 2 个因子,因子 1 与点中心性对应,因子 2 与中介中心性对应,题项的因子载荷的结果均大于 0.5,说明题项有效。②对知识价值性做 KMO 检验和 Bartlett's 球形检验,KMO 值为 0.802,大于 0.7,球形检验 $Sig.$ 值为 0.000,小于 0.01,两项检验均达到要求。旋转后 6 个题项被归为 3 个因子,因子 1 与知识重要性对应,因子 2 与知识不可替代性对应,因子 3 与知识稀缺性对应,3 个因子对应题项的因子载荷均大于 0.5,说明题项是有效的。③对网络权力做 KMO 检验和 Bartlett's 球形检验,KMO 值为 0.879,大于 0.7,可以接受;

Bartlett's 球形检验的结果 $Sig.$ 值为 0.000,小于 0.01,两项检验均达到要求。旋转后 8 个题项被归为 2 个因子,因子 1 与强制性权力对应,因子 2 与非强制性权力对应,2 个因子对应的 8 个题项旋转后的因子载荷均大于 0.5,说明题项设计符合设想。④ 对网络密度做 KMO 检验和 Bartlett's 球形检验,KMO 值为 0.745,大于 0.7,可以接受,Bartlett's 球形检验的结果 $Sig.$ 值为 0.000,小于 0.01,两项检验均达到要求。旋转后 6 个题项被归为 1 个因子(网络密度)。而因子对应的 6 个题项旋转后的因子载荷均大于 0.5,说明题项设计符合设想。

如表 10-4 所示,网络位置、知识价值性、网络密度和网络权力累积解释方差百分比分别达到了 69.266%,65.832%,68.458%,72.559%,因此,可以认为,本章的测量量表具有较好的区分效度,收集的数据具有良好的信度和效度,适合进一步研究各变量之间的关系及验证假设。

表 10-4   大样本中各变量的累积解释方差百分比

变　量	累积解释方差百分比
网络位置	69.266%
知识价值性	65.832%
网络密度	68.458%
网络权力	71,559%

10.4.4 相关分析

作者用 Pearson 相关系数分析法来研究网络位置、知识价值性、网络密度和网络权力之间的相关程度。如表 10-5 所示,在 0.01 的显著性水平上,网络位置(点中心性与中介中心性)与网络权力(强制性权力与非强制性权力)有显著的正相关关系;知识价值性(知识重要性、知识稀缺性与知识不可替代性)和网络权力之间都显著相关;行业类型和企业规模也与网络权力有显著相关性等。

表 10-5　研究变量间的相关性分析结果

		1	2	3	4	5	6	7	8	9	10
点中心性	相关系数	1									
	显著性										
中介中心性	相关系数	0.561**	1								
	显著性	0.000									
知识重要性	相关系数	0.449**	0.593**	1							
	显著性	0.000	0.000								
知识稀缺性	相关系数	0.542**	0.564**	0.462**	1						
	显著性	0.000	0.000	0.000							
知识不可替代性	相关系数	0.308*	0.348**	0.198**	0.302**	1					
	显著性	0.000	0.000	0.010	0.000						
网络密度	相关系数	0.413**	0.689*	0.483**	0.338**	0.398*	1				
	显著性	0.000	0.000	0.007	0.000	0.000					
企业规模	相关系数	0.448**	0.487**	−490**	0.539**	0.479**	0.598**	1			
	显著性	0.000	0.000	0.000	0.000	0.000	0.000				
行业类型	相关系数	0.281**	0.498**	−0.378**	0.364**	0.299**	0.587**	0.567**	1		
	显著性	0.000	0.000	0.000	0.000	0.000	0.000	0.000			
强制性权力	相关系数	0.438**	0.467**	−460**	0.689**	0.449**	0.561**	0.537**	−660**	1	
	显著性	0.000	0.000	0.000	0.000	0.000	0.000	0.000	0.000		

续　表

		1	2	3	4	5	6	7	8	9	10
非强制性权力	相关系数	0.261**	0.468**	−0.350**	0.384**	0.279**	0.386**	0.568**			1
	显著性	0.000	0.000	0.000	0.000	0.000	0.000	0.000	0.000	0.000	

注：**表示 $P<0.01$，*表示 $P<0.05$，双尾检验。

10.4.5　回归分析与假设验证

（1）网络位置与网络权力的回归分析。首先，本章以网络位置为自变量，网络权力为因变量，企业规模和行业类型为控制变量，再分别将两者的维度展开构建回归模型。回归结果表明，VIF 值都接近 1.000，模型没有多重共线性问题；DW 值都在 2 附近，也不存在序列相关问题。网络位置的回归系数为 0.810，回归系数的显著性指标 $Sig.$ 近似等于 0.003，小于 0.01，表明在 0.01 的显著性水平上是显著的。中介中心性对强制性权力的回归系数是 0.680，回归系数的显著性指标 $Sig.$ 近似等于 0.000，小于 0.01，表明在 0.01 的显著性水平上是显著的。中介中心性对非强制性权力的回归系数是 0.722，回归系数的显著性指标 $Sig.$ 近似等于 0.000，小于 0.01，表明在 0.01 的显著性水平上是显著的。点中心性对强制性权力的回归系数是 −0.022，回归系数的显著性指标 $Sig.$ 近似等于 0.051，大于 0.05，表明在 0.05 的显著性水平上是不显著的。点中心性对非强制性权力的回归系数是 0.752，回归系数的显著性指标 $Sig.$ 近似等于 0.000，小于 0.01，表明在 0.01 的显著性水平上是显著的。综上所述，网络位置与网络权力的因果关系成立，但是，点中心性与强制性权力的因果性不明显，其他三组因果关系显著。即 H_1，H_{1b}，H_{1c}，H_{1d} 都成立，而 H_{1a} 不成立。

（2）知识价值性与网络权力的回归分析。首先，本章以知识价值性作自变量，网络权力作因变量，企业规模和行业类型为控制变量，再分别将两者的维度展开构建回归模型。回归结果表明，VIF 值都接近 1.000，都不大于 10，模型没有多重共线性问题；而 DW 值都在 2 附近，不存在序列相关问题。知识价值性的回归系数为 0.327，显著性指标 $Sig.$ 近似等于 0.000，小于 0.01，表明在 0.01 的显著性水平上是显著的。知识重要性对强制性权力的回归系数为 0.770,但是回归系数的显著性指标 $Sig.$ 近似等于 0.152,大于 0.05,表明在 0.05 的显著性水平上是不显著的。知识重要性对非强制性权力的回归系数为 0.407,回归系数的显著性指标 $Sig.$ 近似等于 0.013,小于 0.05,表明在 0.05 的显著性水平上是显著的。知识稀缺性对强制性权力的回归系数为 0.369,回归系数的显著性指标 $Sig.$ 近似等于 0.000,小于 0.01,表明在 0.01 的显著性水平上是显著的。知识稀缺性对非强制性权力的回归系数为 0.134,回归系数的显著性指标 $Sig.$ 近似等于 0.002,小于 0.01,表明在 0.01 的显著性水平上是显著的。知识不可替代性对强制性权力的回归系数为 0.218,回归系数的显著性指标 $Sig.$ 近似等于 0.003,小于 0.01,表明在 0.01 的显著性水平上是显著的。知识不可替代性对非强制性权力的回归系数为 0.365,回归系数的显著性指标 $Sig.$ 近似等于 0.000,小于 0.01,表明在 0.01 的显著性水平上是显著的。综上所述,H_2,H_{2b},H_{2c},H_{2d},H_{2e},H_{2f},H_{2g} 都成立,只有 H_{2a} 不成立。

10.4.6 调节作用检验与假设验证

(1)网络密度对网络位置与网络权力的调节作用检验。首先,本章检验网络密度对网络位置和网络权力的调节作用,然后再一次将网络位置和网络权力按维度分别检验。从表 10-6 可知,模型 1、模型 2、模型 3 的 R^2 数值越来越大,且相对应的 ΔR^2 也越来越大,说明模型的整体拟合度在不断提升。在网络位置和网络密度都对网络权力回归显著的情况下,两者的交互项也同样显著,说明网络密度的调节效应是存在的。由于系数为 -0.171,所以网络密度减弱网络位置对网络权力的影响。从表 10-7 和表 10-8 中可以看出,网络密度减弱点中心性对非强制性权力的影响,减弱中介中心性对强制性权力和非强制性权力的影响。值得注意的是,网络密度在点中心性与强制性权力之间的调节效应不显著。由此可知,假设 H_3,H_{3b},H_{3c},H_{3d} 都成立,假设 H_{3a} 不成立。

表 10-6　网络密度在网络位置与网络权力间的调节作用

自变量	因变量:网络权力		
	模型 1	模型 2	模型 3
企业规模	-0.110	-0.114	-0.121
行业类型	-0.120	-0.109	-1.110
网络位置	0.456^*	0.434^*	0.345^*
网络密度		-1.879^{**}	-1.560^{**}
网络位置×网络密度			-0.171^*
R^2	0.468	0.497	0.691
$\triangle R^2$		0.029	0.194
F	47.278^*	43.631^{**}	37.312^{**}

注:$**$ 表示 $P<0.01$,$*$ 表示 $P<0.05$,双尾检验。

表 10-7　网络密度在点中心性与强制性权力和非强制性权力间的调节作用

自变量	因变量:强制性权力			因变量:非强制性权力		
	模型 1	模型 2	模型 3	模型 4	模型 5	模型 6
企业规模	-0.110	-0.109	-0.121	-0.111	-0.110	-0.132
行业类型	0.112	0.103	0.119	0.102	0.105	0.109
点中心性	-0.022	-0.025	0.484^{**}	0.219^*	0.314^*	0.368^*
网络密度		-1.790^*	-1.565^*		-1.727^{**}	-1.370^*
点中心性×网络密度			-0.121			-0.153^*
R^2	0.510	0.533	0.566	0.396	0.409	0.432
$\triangle R^2$		0.023	0.033		0.013	0.023
F	49.763^{**}	45.763^{**}	34.868^*	52.454^{**}	48.454^{**}	45.356^{**}

注:$**$ 表示 $P<0.01$,$*$ 表示 $P<0.05$,双尾检验。

表 10-8　网络密度在中介中心性与强制性权力和非强制性权力间的调节作用

自变量	因变量:强制性权力			因变量:非强制性权力		
	模型 1	模型 2	模型 3	模型 4	模型 5	模型 6
企业规模	-0.101	-0.102	-0.132	-0.100	-0.102	-0.101

续　表

自变量	因变量:强制性权力			因变量:非强制性权力		
	模型 1	模型 2	模型 3	模型 4	模型 5	模型 6
行业类型	0.102	0.110	0.120	0.129	0.110	0.108
中介中心性	0.424**	0.404**	0.362**	0.389*	0.356***	0.373***
网络密度		−1.780*	−1.680*		−1.356**	−1.234**
中介中心性×网络密度			−0.048*			−0.036*
R^2	0.498	0.533	0.576	0.359	0.409	0.486
ΔR^2		0.035	0.043		0.040	0.083
F	48.345**	45.763**	34.868*	61.678**	58.454***	45.356**

注:*** 表示 $P<0.001$,** 表示 $P<0.01$,* 表示 $P<0.05$,双尾检验。

将两个回归方程的模型绘制于一张图中(图 10-7),从图中可以看到,网络位置与网络权力正相关,而且实线(表示低网络密度)的斜率大于虚线(表示高网络密度)的,这表明网络的密度越低,网络位置对网络权力的作用越明显。

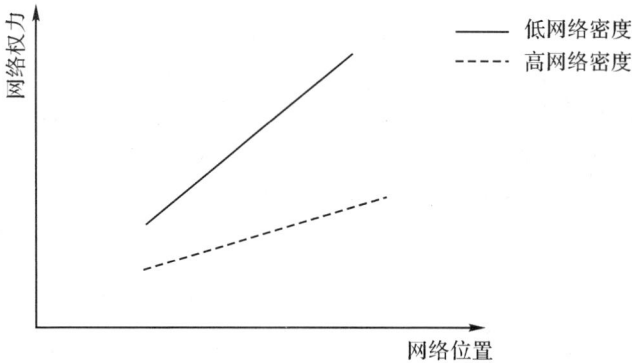

图 10-7　网络密度在网络位置与网络权力间的调节效应

(2)网络密度对知识价值性与网络权力的调节作用检验。首先,本章检验网络密度对知识价值性和网络权力的调节作用(表 10-9),然后再一次将网络位置和网络权力按维度分别检验(表 10-10、表 10-11 和表 10-12)。从表 10-9 可知,模型 1、模型 2、模型 3 的 R^2 数值越来越大,且相对应的 ΔR^2 也越来越大,说明模型的整体拟合度在不断提升。而在知识价

值性和网络密度都对网络权力回归显著的情况下,两者的交互项也同样
显著,说明网络密度的调节效应是存在的。由于系数为 0.348,所以网络
密度加强知识价值性对网络权力的影响。从表 10-10、表 10-11、表 10-12
中也可以看出,网络密度加强知识重要性对非强制性权力的影响,加强知
识稀缺性对强制性权力和非强制性权力的影响,加强知识不可替代性对
强制性权力和非强制性权力的影响,只有在知识重要性与强制性权力间
的调节效应不显著。由此可知假设 H_4,H_{4b},H_{4c},H_{4d},H_{4e},H_{4f} 都成立,假
设 H_{4a} 不成立。

表 10-9　网络密度在知识价值性与网络权力间的调节作用

自变量	因变量:网络权力		
	模型 1	模型 2	模型 3
企业规模	−0.120	−0.102	−0.101
行业类型	0.120	0.110	0.119
知识价值性	0.246	0.284*	0.362*
网络密度		0.345*	0.356*
知识价值性×网络密度			0.348**
R^2	0.639	0.657	0.691
ΔR^2		0.014	0.034
F	47.987**	44.631**	47.312*

注:** 表示 $P<0.01$,* 表示 $P<0.05$,双尾检验。

表 10-10　网络密度在知识重要性与强制性权力和非强制性权力间的调节作用

自变量	因变量:强制性权力			因变量:非强制性权力		
	模型 1	模型 2	模型 3	模型 4	模型 5	模型 6
企业规模	−0.101	−0.122	−0.132	−0.100	−0.102	−0.101
行业类型	0.102	0.110	0.120	0.129	0.100	0.108
知识重要性	0.275	0.289	0.301	0.548*	0.568*	0.690*
网络密度		0.245*	0.268*		0.345*	0.468*
知识重要性×网络密度			0.223			0.182*

续　表

自变量	因变量:强制性权力			因变量:非强制性权力		
	模型 1	模型 2	模型 3	模型 4	模型 5	模型 6
R^2	0.289	0.369	0.512	0.480	0.512	0.590
ΔR^2		0.080	0.143		0.032	0.078
F	28.980*	23.422**	20.636*	42.567**	38.468**	35.837**

注：**表示 $P<0.01$，* 表示 $P<0.05$，双尾检验。

表 10-11　网络密度在知识稀缺性及强制性权力与非强制性权力间的调节作用

自变量	因变量:强制性权力			因变量:非强制性权力		
	模型 1	模型 2	模型 3	模型 1	模型 2	模型 3
企业规模	−0.121	−0.122	−0.132	−0.103	−0.102	−0.101
行业类型	0.109	0.112	0.110	0.129	0.105	0.118
知识稀缺性	0.134*	0.156*	0.234*	0.433*	0.464**	0.489**
网络密度		0.325**	0.368**		0.409**	0.457**
知识稀缺性×网络密度			0.189*			0.134**
R^2	0.288	0.369	0.512	0.464	0.512	0.590
ΔR^2		0.081	0.143		0.048	0.078
F	67.707**	53.422**	42.636*	103.777**	98.468**	85.837*

注：**表示 $P<0.01$，* 表示 $P<0.05$，双尾检验。

表 10-12　网络密度在知识不可替代性及强制性权力与非强制权性力间的调节作用

自变量	因变量:强制性权力			因变量:非强制性权力		
	模型 1	模型 2	模型 3	模型 1	模型 2	模型 3
企业规模	−0.101	−0.102	−0.132	−0.142	−0.102	−0.112
行业类型	0.108	0.112	0.110	0.128	0.155	0.118
知识不可替代性	0.406*	0.498*	0.550**	0.387*	0.425**	0.525***
网络密度		0.323**	0.369*		0.459*	0.487*
知识不可替代性×网络密度			0.457*			0.408*

续　表

自变量	因变量:强制性权力			因变量:非强制性权力		
	模型 1	模型 2	模型 3	模型 1	模型 2	模型 3
R^2	0.323	0.369	0.512	0.498	0.512	0.590
ΔR^2		0.046	0.143		0.014	0.078
F	47.787**	43.422***	32.636*	72.321**	68.468**	55.837**

注:*** 表示 $P<0.001$,** 表示 $P<0.01$,* 表示 $P<0.05$,双尾检验。

将两个回归方程的模型绘制于一张图中(图 10-8),可以看出,知识价值性与网络权力正相关,而且实线(表示低网络密度)的斜率小于虚线(表示高网络密度)的,这表明网络的密度越高,知识价值性对网络权力作用越明显。

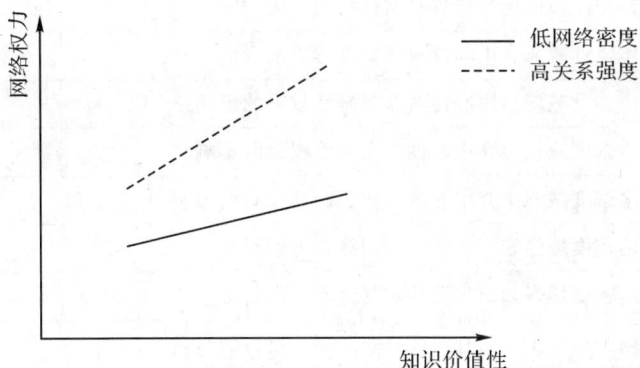

图 10-8　网络密度在知识价值性与网络权力间的调节效应

10.4.7 实验结果汇总与讨论

各假设的验证结果如表 10-13 所示。

表 10-13　研究假设验证结果汇总

序号	假设	结果
H_1	集成商的网络位置越优越,其网络权力越大	Y
H_{1a}	集成商的点中心性与其强制性权力正相关	N
H_{1b}	集成商的点中心性与其非强制性权力正相关	Y

续　表

序号	假设	结果
H_{1c}	集成商的中介中心性与其强制性权力正相关	Y
H_{1d}	集成商的中介中心性与其非强制性权力正相关	Y
H_2	集成商的知识价值性与网络权力正相关	Y
H_{2a}	集成商的知识重要性与其强制性权力正相关	N
H_{2b}	集成商的知识重要性与其非强制性权力正相关	Y
H_{2c}	集成商的知识稀缺性与其强制性权力正相关	Y
H_{2d}	集成商的知识稀缺性与其非强制性权力正相关	Y
H_{2e}	集成商的知识不可替代性与其强制性权力正相关	Y
H_{2f}	集成商的知识不可替代性与其非强制性权力正相关	Y
H_3	网络密度减弱网络位置对网络权力的影响节	Y
H_{3a}	网络密度减弱点中心性对强制性权力的影响	N
H_{3b}	网络密度减弱点中心性对非强制性权力的影响	Y
H_{3c}	网络密度减弱中介中心性对强制性权力的影响	Y
H_{3d}	网络密度减弱中介中心性对非强制性权力的影响	Y
H_4	网络密度加强知识价值性对网络权力的影响	Y
H_{4a}	网络密度加强知识重要性对强制性权力的影响	N
H_{4b}	网络密度加强知识重要性对非强制性权力的影响	Y
H_{4c}	网络密度加强知识稀缺性对强制性权力的影响	Y
H_{4d}	网络密度加强知识稀缺性对非强制性权力的影响	Y
H_{4e}	网络密度加强知识不可替代性对强制性权力的影响	Y
H_{4f}	网络密度加强知识不可替代性对非强制性权力的影响	Y

（1）网络位置是网络权力的重要影响因素，但是点中心性与强制性权力关系不显著。在 CoPS 情境中，网络位置的作用与受主流追捧的"结构决定论"吻合，优越的网络位置给占据者以获取信息和资源的便利和优势，更加容易使占据者发展壮大，从而有资本对其他节点发号施令。在进一步的分析后作者发现，点中心性对强制性权力的正向影响不明显，但是中介中心性对其影响则十分明显。在高度发达的现代工业网中，特别是 CoPS 情境下，基本都是跨国网络，点中心性反映的是与其他节点的联结

数目的多少,但是联系有强有弱,单纯的接触并不能为企业网络实权添砖加瓦,只有占据更多结构洞的位置,充当信息、资源流通的中间人,和网络中的一些关键成员建立良好关系才能牢牢掌控网络成员,在网络中产生更大的控制力和影响力。

(2)知识价值性是网络权力的重要影响因素,但是知识重要性与网络强制性权力的关系不显著。研究表明,在 CoPS 情境下,知识资源的作用超越很多实物资源,是企业最不可或缺的资源。知识价值性决定了企业在网络中对其他企业的吸引程度(Pérez-Nordtvedt et al.,2008),拥有网络生产的重要知识和技术是在网络中拥有话语权的必备条件(Claus et al.,2003)。研究还发现,知识重要性对强制性权力不起作用,说明只有企业不断提高知识的稀缺性和不可替代性,才能扩大自身的网络权力。

(3)网络密度加强知识价值性对网络权力的影响,但是减弱网络位置对网络权力的影响。本章表明,网络密度并非直接影响网络权力,而是对网络权力影响因素起到调节作用,并且调节效应有所差异。在低密度网络下,知识价值性的作用受到抑制,需要该知识的节点不一定能获得,想卖的节点又必须通过其他节点才能找到买家。而在网络密度大时,市场变得透明,节点能够不受干扰地接触到想接触的节点,网络中的话语权开始向拥有异质性知识资源的节点倾斜。网络位置刚好与知识价值性相反,在网络密度低时,网络成员间分工明确,界限明显,所以交流不多,信息和资源的流通效率都不高,占据优势网络位置的节点就意味着占据更多信息流和资源流,其他节点只有通过它才能获取自身生存和发展的必需品。而在网络密度大时,网络位置属性对网络权力的正向影响被削弱了,因为在这种情况下,网络相对透明,网络中网络联结多为齐美尔联结,节点间交流频繁,沟通效率高,减少了单个行动者的个性、权力和冲突。(Simmel,1950;Coleman,1990)

10.5 研究结论

(1)集成商的网络权力主要受网络位置与知识价值性的影响。网络位置代表了节点的社会结构属性,是在具体的网络中才能体现的,离开了这一网络就毫无价值。而知识价值性反映的则是节点的个体属性,因为高质量的知识就是最重要的资源，是成功的关键要素，是解决问题和创造价值的核心资源。以往文献过于关注网络结构属性，而没有将不同个体区别对待，网络中的很多节点有相当位置但是其网络影响力却差异很大，或是不同网络中的两个位置相似节点，话语权也有大有小。因此，节点个体属性不容忽视。占据了某一网络位置就获得了相应的网络权力，而知识价值性是个体在网络中生存和发展的支撑力量，也是网络博弈的制胜武器，两者对于网络权力来说缺一不可。

（2）占据关键位置，培养与重要节点的强关系，提高知识的稀缺性和不可替代性是关键。从案例和实证研究中作者都可以看出，只有占据关键位置，把控关键通道，拥有重量级盟友才能让其他节点对自己产生依赖。另外，为企业带来网络权力的是知识稀缺性和不可替代性而非重要性。CoPS 具有参与主体多、涉及技术复杂的特征，如此庞大的工作，重要性的知识众多，如民用航空领域的飞机组装技术，但是，组装技术并不难获取，俄罗斯、日本、印度尼西亚、巴西等国都掌握此技术。

（3）网络密度的调节作用不可忽视，加强知识价值性对网络权力的影响，减弱网络位置的影响。作者在研究中发现，网络密度作为影响力最大的权变因素出现，这是以往研究所忽略的。网络密度通过节点间网络活动的频率和效率来加强（减弱）知识价值性（网络位置）对网络权力的影响。在低密度的网络中，位置优势尽显无疑，优越的网络位置发挥着比知识价值性更大的作用。而在高密度的网络中，网络位置的优势地位被知识价值性所取代，因为节点间的交流和沟通可以绕开中介位置。

第11章 利益相关者网络视角的 CoPS 创新过程风险控制策略

以往的过程风险研究多侧重于大型工程项目而忽略 CoPS 系统,因此,本章引入利益相关者网络视角,探索基于 CoPS 创新过程的风险生成机理及对应的风险管理模式。本章构建了基于"焦点企业(系统集成商)—利益相关者"网络的过程风险管理模式,并将这一过程风险管理模式应用于杭州杭氧股份有限公司和杭州汽轮机股份有限公司,以此检验该过程风险管理模式的有效性。

11.1 风险控制文献回顾

综合现有文献作者认为,合同机制、关系治理、组织整合、引入第三方专业机构等是风险控制的有效措施。

11.1.1 合同机制

合同的灵活性比价格更重要,也是提高满意度的重要保证。(Harris et al.,1998)增强合同灵活性一般有 3 种方式:①分阶段合同。分阶段合同可以保护客户免于被套牢(Aubert,1997)。②变化价格合同。应当根据所处情况,制订一个固定价格合同和变化价格的激励合同(Osei-Bryson et al.,2006)。③利益分享合同,合同设计中应充分体现绩效而非成本。Fitgerald(1994)提出了两类利益分享合同:一类是供应商可以从节约的费用或提高的利润中分享利益;另一类是供应商可以从全部利润(或损失)中分享利益的合同,付款须根据客户绩效,甚至是客户在市场中的表现。

11.1.2 关系治理

Poppo et al.（2002）提出，关系治理的作用在于强化义务、许诺和期望等，提高灵活性、团结程度和信息交换水平。Uzzi（1997）甚至认为，关系范式可以代替复杂的、明确的合同或进行纵向整合。高度信任的双方以合作共赢为共同目标，互相理解和支持，协同合作，促进知识有序传播，致力于共同提高竞争力。Ebert et al.（2001）等提出在项目初期建立跨功能小组，以鼓励在各领域专家之间加强联络，运用联盟关系促进信息交流，发现成员的专业潜力，缓解文化冲突，解决争议。Goo et al.（2008）发现，为达到被称为"嵌入式"（Uzzi，1997）的状态，双方需发展相关机制，以期在合作关系中建立有效的关系模式，坚持和谐的争议解决方式，促进相互依赖。此外，应根据条件变化及时调整相关机制，因为团队成员的信任在不同阶段表现不同。（Jarvenpaa，2000）

11.1.3 组织整合

组织间整合属于显性手段，是从组织层面对参与项目的组织间职能、角色等进行分配和协调。Aubert（1997）等认为，提高互相保障系数和降低风险的方法包括纵向整合、相互抵押和弥补投资等，这促使双方更紧密地结合，减少了机会主义行为。Bendor-Samuel（2001）等建议，与服务提供商建立伙伴关系，采用股份制等方式，共同投资新业务所必需的技术领域，共担风险，共获收益。常用的组织整合有 3 种：①相互抵押。这种做法的优点在于双方会承诺并努力维护对方利益，但也存在问题，如果其中有潜在机会主义的一方将对方投入的部分资产挪作他用，将损害另一方利益。②双供应源。由于每个供应商都担心业务被其他供应商夺走，会努力提供更高的绩效和质量。（Ngwebyama，1999）双供应源时常被视为缓解套牢风险的机制，它保护客户不受唯一供应商的自满状态的损害（Aubert，1998）。③发展伙伴关系。随着共赢理念的深入人心，合作双方也越来越致力于建立长期关系尤其是伙伴关系。

11.1.4 引入第三方专业机构

外包的评价和协商需要技术、法律、管理、沟通等各方面专业技能，此时研究团队应当引入外部技术、法律专业机构(Lacity et al.,1993),由专家团队提供专业指导、咨询,其作用不仅在于建议,更在于监督,它们应熟悉服务细节,以考核和保证供应商的绩效和质量。为降低风险,Bahli(2002)建议,应当将第三方专业机构引入整个项目周期过程中。更重要的是,团队不能仅仅满足于购买第三方的服务,而是要努力将第三方的智力、知识等资源与内部管理团队有机整合,使团队通过不断学习而提高专业化水平,更好地管理外包资产和分包商。

11.2 CoPS 创新利益相关者网络的构建

11.2.1 假设前提

当前,社会网络研究的外延越来越大,其独特的视角越来越受到学者的青睐。在管理学领域,学者们越来越认识到,在项目实施过程中所形成的社会网络结构,对各利益相关者行为及项目绩效有着重要影响,并指出社会网络是影响项目能否成功的关键因素。(Rowley,1997)只有对项目中利益相关者所构成的社会网络结构进行研究,才能够更好地分析它们之间的关系结构、行为策略等问题。(Editorial,2009)

CoPS 创新项目通常规模大,建设周期长,必须依靠各个利益相关者之间的有效合作。它们之间的合作关系构成了 CoPS 创新利益相关者网络。因此,本章的 CoPS 创新利益相关者网络模型的构建主要基于以下假设:一是在 CoPS 创新中,各利益相关者所采取的措施、策略等会受到它们所构成的利益相关者网络结构的影响,即各利益相关者的行为不仅受到其他利益相关者行为的影响,同时还会受到它们在利益相关者网络中所处位置的影响;二是各利益相关者不仅可以通过采取行动对其他相关者施加影响,还可以通过自身在社会网络中的位置,以及网络的整体结构对其他相关者的行为施加影响;三是利益相关者之间关系的种类越多,它们之间的联系愈紧密。

11.2.2 网络表达方式的确定

社会网络分析法常采用的数学表达方式是社群图法、矩阵法、关系代数法及社会计量学，这几种方法各有自己适合的对象，如表 11-1 所示。为了清晰地展现利益相关者在网络中的位置，与其他利益相关者的关系及整体网络的特点，本章选择社群图法和矩阵法作为利益相关者网络的表达方式。

表 11-1　社会网络模型的基本数学表达形式

数学表达形式	适用对象
社群图法	描述小型群体的关系形式，直观清晰地表现网络的结构特征和成员之间的关系
矩阵法	表达和分析不同类型的社会网络，可以对矩阵直接计算获得社会网络的许多基本特征
社会计量学	研究结构、行、块等模型
关系代数法	对角色和位置关系的分析

在 CoPS 创新利益相关者网络中，节点代表着 CoPS 创新项目中的全部利益相关者，各利益相关者性质不一样，各有各的特点，它们一起组成 CoPS 创新利益相关者网络。由于在项目中利益相关者扮演的角色或者所处的项目生命周期存在差异，会导致该网络中一般会存在处于核心位置的利益相关者，以支撑全局网络的平稳运行和发展。另外，由于 CoPS 创新会在各个创新阶段形成不同的利益相关者网络，所以网络模型中的一些利益相关者会发生动态的变化，不断地有利益相关者加入或者退出该网络。因此，建立 CoPS 创新利益相关者网络的关键是选择和识别节点，这就需要先弄明白研究的对象是谁、研究对象有哪些特点或者属性。

11.2.3　网络节点的确定

(1)利益相关者的界定。社会网络分析方法是把研究对象中的组织或个体看作网络的节点。那么，在构建 CoPS 创新利益相关者网络时，第一个步骤是确定节点，即识别利益相关者。在识别之前，需要对 CoPS 创新利益相关者做出清晰的界定。参照 Clarkson(1995)的定义，并结合 CoPS 的特点，本章把 CoPS 利益相关者定义为：对 CoPS 投入一定专用性资产，能够影响 CoPS 过程并且其利益受到 CoPS 创新影响的个人或组织。

　　因为 CoPS 创新项目在每个阶段的任务是不同的,需要投入的资源也不一样,而资源又来自于不同的利益相关者。所以,这些组织或个体在 CoPS 创新的整个生命周期内是动态变化的,并且在不同阶段,利益相关者所承担的角色也是变化的。一言以蔽之,CoPS 创新利益相关者网络是动态变化的,这一点对于本章至关重要。

　　(2)网络节点数据的搜集。社会网络分析方法中对于数据的搜集有很多方法,常用数据搜集方法如表 11-2 所示。

表 11-2　数据收集的方法

方　法	对　象	特　点
整体网络法	全体网络成员	客观、全面、成本高
滚雪球法	被提名的网络成员	适用于挖掘特定的网络,忽略孤立者
不完全个体中心网络法	被选择的个体网络成员及其网络成员之间的网络	主观,适用于从全体里面抽取小样本
完全个体中心网络法	被选择的个体网络	主观、成本低、解释局部社会网络结构

　　资料来源:Haaneman et al. ,2005。

　　CoPS 创新项目中,系统集成商参与了 CoPS 创新的各个阶段,随着项目生命周期的推进,各利益相关者逐渐进入网络当中,因此,针对 CoPS 创新项目这一特点,本章采用滚雪球法进行数据的搜集。

　　利用滚雪球方法首先需要研究者对研究对象的总体情况有个大致的了解,然后确定出一个初始的样本,从这些初始的样本出发了解这些样本的接触者,把这些接触者也扩充到样本中,按照同样的方法寻找接触者的接触者直到获得完整样本。第一步,本章以系统集成商为切入点,通过与系统集成商沟通研究的目的、意义和实践价值,首先获得系统集成商的配合与支持,接着通过对项目相关人员进行访谈,获得第一层项目利益相关者。第二步,从第一层的利益相关者出发,搜集与它们接触的第二层项目利益相关者,第二层利益相关者应满足一个重要条件,即对第一层利益相关者向 CoPS 投入的专用性资产有重要影响,没有第二层利益相关者的参与,该专用性资产就不存在。第三步,重复第二步的内容,直至利益相关者搜集完整。第四步,对 CoPS 创新利益相关者进行编码处理。整个

CoPS 创新利益相关者的搜集工作如图 11-1 所示。

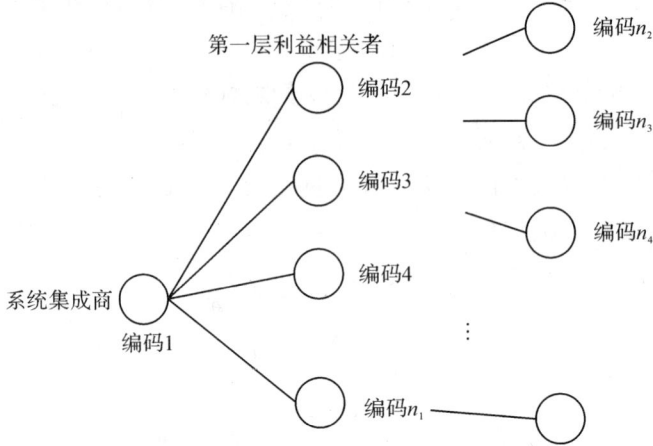

图 11-1 CoPS 创新利益相关者搜集工作示意图

11.2.4 网络关系的确定

（1）网络关系的界定。与利益相关者的定义相契合，本章将 CoPS 创新利益相关者网络关系定义为，CoPS 创新项目中所涉及的组织（个人）与组织（个人）之间在 CoPS 创新整个生命周期各个阶段上所形成的，在向 CoPS 提供专用性资产或参与专用性资产生产的活动过程中而建立的各种关系的总和。

参考已有文献，本章依据利益相关者的专用性资产投入，将 CoPS 创新利益相关者网络关系划分为人力关系、物质关系和社会关系。①人力关系。因人力资产投入而形成的利益相关者之间的关系。比如，某一利益相关者为了完成交易，可能会组织员工生产新的产品，安排员工去学习新的技术，培训员工使用新的设备或直接安排技术人员去指导另一利益相关者的生产活动等。②物质关系。物质关系是基于利益相关者间投入物质资产而形成的关系，某一利益相关者为顺利完成交易，可能会开设新的生产线，购入新的设备或者建设新的厂房等。③社会关系。社会关系是指因为人情、面子、友谊等社会资产而形成的关系。

（2）网络关系的赋权。引入变量关系强度作为 CoPS 创新利益相关者网络关系的权重。关系强度可以衡量 CoPS 创新利益相关者之间联系的紧密程度,这种紧密程度能够反映出利益相关者之间资源依赖情况及信息共享水平。各利益相关者之间关系的强弱程度存在着差别,这会影响网络密度和个体中心性的计量,而以往的关于中心性和网络密度的测度公式并没有考虑关系强度。为了较准确地度量中心性和网络密度,本章对各利益相关者之间的关系进行简单的量化处理,即将某一关系按强弱程度分为弱关系、较弱关系、中等关系、较强关系、强关系,分别用1分、2分、3分、4分、5分进行表示,没有关系则记为0分,然后将3种关系的得分相加以表示关系强度,如表11-3所示。

表 11-3　邻接矩阵

利益相关者	A1	A2	A3	A4	…	AI
A1	0	C_{12}	C_{13}	C_{14}	…	
A2	C_{21}	0	C_{23}	C_{24}	…	
A3	C_{31}	C_{32}	0	C_{34}	…	
A4	C_{41}	C_{42}	C_{43}	0	…	
…	…	…	…	…	…	
AJ	G_{J1}	G_{J2}	G_{J3}	…	…	G_{JI}

注:其中 AI 代表各利益相关者,其中 $I=1,2,3,4,\cdots$;C_{IJ} 代表 AI 和 AJ 之间的关系强度。

（3）网络关系的数据搜集。在进行关系数据搜集的时候,本章也是按照滚雪球方法进行的。通过调查问卷的方式获取 CoPS 创新利益相关者之间的关系数据,但是要获得实际的关系情况比较困难,这也是降低社会网络分析准确性的一个因素。（Reagans et al.,2003）原因在于:一是要保证所有利益相关者都愿意填问卷,否则就不能构建完整的利益相关者网络;二是需要利益相关者填写真实的资料,这会导致有些被调查对象产生顾虑。为提高关系数据的有效性,本章在获得系统集成商认可和支持的情况下,对其他利益相关者进行了问卷调查,并对关键成员进行了深度访谈,以确保问卷信息的真实性。

11.3 模型构建

选取中心性和网络密度刻画 CoPS 创新利益相关者网络,其中中心性度量的是利益相关者网络中节点的重要性,网络密度用于分析利益相关者网络的整体结构。在此基础上,作者分析由利益相关者网络结构可能引致的 CoPS 创新风险,并提出相应的风险应对策略和措施。

11.3.1 利益相关者中心性和网络密度的界定

(1)中心性。中心性指标可以衡量某个利益相关者对其他利益相关者的影响,或者说是其他利益相关者对该利益相关者的依赖程度。因此,中心性指标可以用来度量某个利益相关者的重要程度。通常有 3 种测量中心性的指标,包括点度中心性(Degree Centrality)、接近中心性(Closeness Centrality)和中介中心性(Between Centrality)。

本章采用点度中心性测量节点的中心性,点度中心性通常是指与节点直接相连的线的数量[见式(11-1)],在一定程度上刻画了某个点的中心地位。一般而言,在 CoPS 创新利益相关者网络中,某个利益相关者的点度中心性越大,说明该利益相关者与其他的利益相关者的直接关联数越大,该利益相关者越处于核心地位,从而拥有更大的权力。具体表现为获取、控制信息和资源的能力越强,对其他利益相关者的影响力越大,在项目过程中越具有话语权,当然在利益分配方面越具有优势。一个点的点度中心性通常与图的规模有关,当图的规模不同时,不同点的点度中心性不具有可比性。为了克服这一问题,Freeman(1979)提出了相对点度中心性的概念,所谓相对点度中心性是指点的实际度数与可能最大度数之,如式(11-2)所示。

$$C_D(AI) = d(AI) \qquad (11\text{-}1)$$

$$C'_d(AI) = \frac{d(AI)}{N-1} \qquad (11\text{-}2)$$

其中,$C_D(AI)$ 代表点度中心性,$C'_d(AI)$ 代表相对点度中心性,$d(AI)$ 代表与 AI 相连的线的数目,N 代表利益相关者的个数。

(2)网络密度。网络密度是指网络中实际存在的关系数目与可能存在的最大关系数目的比值公式[见式(11-3)],体现了网络的紧密程度。例如,当网络密度为 1,则代表着网络中的每一个利益相关者都与其他利益相关者发生联系;当网络密度为 0 时,则意味着每一个利益相关者都是孤立的个体。

$$T = 2L/N(N-1) \qquad (11-3)$$

其中,T 代表网络密度,L 代表利益相关者之间的连线条数,N 代表利益相关者的个数。

网络密度是 CoPS 创新项目中利益相关者关系紧密程度的指示器(高密度网络如图 11-2 所示,低密度网络如图 11-3 所示)。网络密度越大,各利益相关者之间的联系越紧密,其他利益相关者对某一个利益相关者的影响也就越大。换言之,一个利益相关者受到的网络制约就越严重。

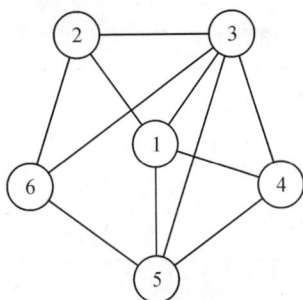

图 11-2 高密度网络图　　　图 11-3 低密度网络图

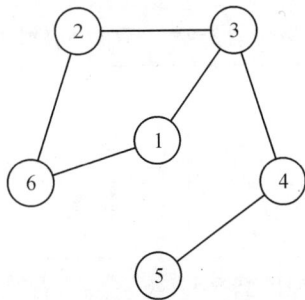

传统的关于中心性和网络密度的测度公式并没有考虑关系强度的影响,为弥补这一不足,本章对相对点度中心性的公式进行修正,如式(11-4)所示。

$$C_D = S/w_M(N-1) \qquad (11-4)$$

其中,C_D 表示修正后的相对点度中心性,S 代表某节点的实际赋权值之和,N 代表利益相关者的个数,w_M 代表单条连线的最大赋权值。

式(11-5)是修正的网络密度公式。

$$T = 2S/\{N \times (N-1) \times w_M\} \qquad (11-5)$$

其中,T 代表修正后的网络密度,S 代表某节点的实际赋权值之和,N 代表利益相关者的个数,w_M 代表单条连线的最大赋权值。

11.3.2 CoPS 创新利益相关者网络结构与利益相关者行为的关系

在项目实施过程中,利益相关者网络结构及利益相关者在网络中所处的位置,会对利益相关者的行为产生重要影响。Rowley(1997)提出了利益相关者 SNA 模型(表 11-4)。该模型的实质是从焦点企业出发,研究网络结构如何影响焦点企业的行为,其基本论点是:①随着网络密度的提高,焦点企业的利益相关者约束焦点企业行为的能力增强;②随着焦点企业中心性的提高,其承受利益相关者压力的能力增强;③在高网络密度和高中心性的情境下,焦点企业选择妥协型角色;④低网络密度和高中心性的情境下,焦点企业选择指挥型角色;⑤高网络密度和低中心性的情境下,焦点企业选择从属型角色;⑥低网络密度和低中心性的情境下,焦点企业选择独居型角色。

表 11-4　利益相关者 SNA 模型

		目标组织中心性	
		高	低
网络密度	高	妥协型	从属型
	低	指挥型	独居型

资料来源:Rowley,1997。

受 Rowley 的研究启发,本章认为,利益相关者为应对利益相关者网络结构的压力,可能会采取以下行为方式。

(1)占据桥或切割点位置。如果两个利益相关者仅通过唯一的关系连在一起,则称此关系为"桥"。(Patacchini et al.,2008)切割点在整体网络中扮演着重要的中介角色,如果将它移开,那么整体网络可能被分裂为互不联结的两个或者更多的子网。(Knoke,et al.,2008)对于 CoPS 创新项目来说,可能有桥或切割点的存在,它们通常是资源交换的关键点。处于桥或切割点位置的利益相关者能够凭借自身的优势地位,比其他利益相关者更快得到更多有价值的资源,还可以获取更多的回报,从而占据网络优势地位。

(2)提高中心性。在利益相关者网络中,处于中心位置的利益相关者更容易获得资源、信息、知识等,比其他利益相关者拥有更大的权力和占据更高的地位,并能够对其他利益相关者施加更强的影响力。中心性很高的利益相关者可以采取一些措施维护自己的中心性,以达到长期占据垄断地位的目的;而先前中心性不高的利益相关者则可以采取一些措施提高自己的中心性,以提高自己在整个利益相关者网络中的地位。

(3)提高网络密度。联系紧密的整体网络不仅为节点提供各种社会资源,同时也成为限制节点行为的重要力量。(Wasserman et al.,1994)一般地讲,网络密度越高,各利益相关者受到来自网络结构的约束越明显,单个利益相关者的自主行为能力越弱。由此可见,为稳定利益相关者之间的关系,提高利益相关者网络密度是有效策略。

(4)增强联合性。在具有不对称关系的网络中,节点之间必须合作才能获得共同的资源(Lamb et al.,2010)。合作方式之一是寻找占据优势位置的利益相关者,与其合作,组建策略联盟或实施合并,以便更有效地控制网络资源(如信息、服务、原料、技术等),进而提高利益相关者应对网络结构压力的能力。例如,在我国,政府在相当长的时期内承担着监管各种大型项目的责任,并且不断加大对项目及项目各方监管的力度,具有较大的影响力,因此,利益相关者大多希望通过增强同政府的联合性来提高项目的成功率。

11.3.3 CoPS创新利益相关者网络结构与CoPS创新风险的关系

(1)CoPS创新利益相关者网络结构的划分。结合前文,并借鉴SNA模型,本部分构建"网络密度—中心性"二维分类矩阵,将CoPS创新利益相关者网络结构划分为四种类型:有核紧密型(高中心性高网络密度结构),无核紧密型(低中心性高网络密度结构),有核松散型(高中心性低网络密度结构)和无核松散型(低中心性低网络密度结构)。CoPS创新利益相关者网络结构如图11-4所示。

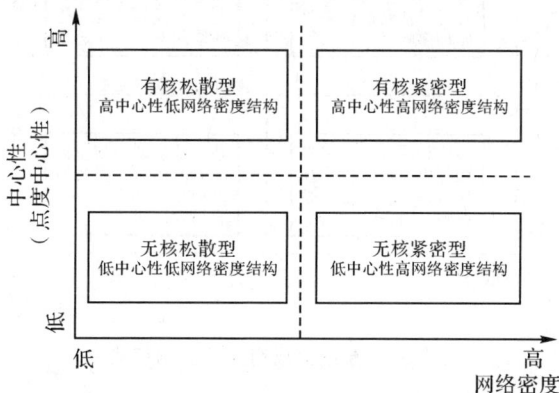

图11-4 CoPS创新利益相关者网络结构类型

(2)CoPS 创新风险的界定。本部分将 CoPS 创新风险定义为,在 CoPS 创新过程中,因利益相关者所处的网络位置及整体网络的特点而引致的利益相关者机会主义行为及由此诱发的创新结果与预期目标的差距和损失(质量下降、成本上升和时间延误)。

(3)CoPS 创新利益相关者网络结构会引致 CoPS 创新风险。CoPS 创新利益相关者网络结构会对利益相关者的行为产生影响,利益相关者可能采取逃避责任、拒绝适应、违背合同、强制再谈判等显性机会主义行为或偷懒、偷工减料、不作为和隐瞒扭曲信息等隐性机会主义行为(盛亚等,2013),机会主义行为会进一步影响 CoPS 的质量、成本和进度。以有核紧密型网络结构为例,高网络密度说明网络联结多为齐美尔联结,齐美尔联结有助于利益相关者之间的沟通和信息交流,减少单个行动者的个性、力量和冲突(Coleman,1990),因而利益相关者能够协同行动,要求再谈判或修改合同;高中心性说明系统集成商具有较强的控制能力,利益相关者采取主动的威胁行为时,将有所顾忌,但对于系统集成商的机会主义行为也可能会被联合抵制。

11.3.4 风险控制策略

本部分以系统集成商为切入点,综合考虑利益相关者网络的网络密度及中心性,以此来制订风险控制策略,如图 11-5 所示。

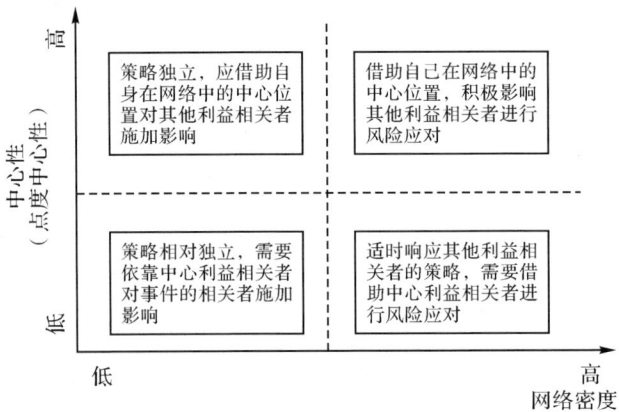

图 11-5 系统集成商风险控制策略

（1）有核松散型网络结构中系统集成商风险控制策略。当网络密度较低、系统集成商中心性较高时，利益相关者之间联系比较少，系统集成商受到其他利益相关者的影响较小，但对其他各利益相关者的影响却较大。在此情况下，系统集成商应对 CoPS 创新风险时，应采取独立的策略，充分利用高中心性优势对造成 CoPS 创新风险的利益相关者施加影响，以此降低 CoPS 创新风险发生的可能性。

（2）有核紧密型网络结构中系统集成商风险控制策略。当网络密度、系统集成商中心性都较高时，利益相关者之间联系比较多，系统集成商既受到其他利益相关者的影响，也能对其他利益相关者施加较大的影响。在此情况下，系统集成商应对 CoPS 创新风险时，需要考虑其他利益相关者的策略，采取灵活多变的应对措施。

（3）无核松散型网络结构中系统集成商风险控制策略。当网络密度、系统集成商中心性都较低时，系统集成商受到其他利益相关者的影响较小，同时，对其他各利益相关者的影响也较小。在此情况下，系统集成商应对 CoPS 创新风险时，应主动加强与中心性较高的利益相关者之间的联系，借助它们对其他利益相关者施加影响。

（4）无核紧密型网络结构中系统集成商风险控制策略。当网络密度较高、系统集成商中心性较低时，系统集成商受到其他利益相关者的影响较人，但对其他利益相关者的影响却较弱。在此情况下，系统集成商应对 CoPS 创新风险时，应考虑其他利益相关者的现有策略，制订相应的对策，而且应该加强与网络中心性较高的利益相关者之间的信息交流，以获取关于项目的更多信息，增强对其他各利益相关者的影响力。

通过上文推演，构建出 CoPS 创新风险控制的概念模型，如图 11-6 所示。

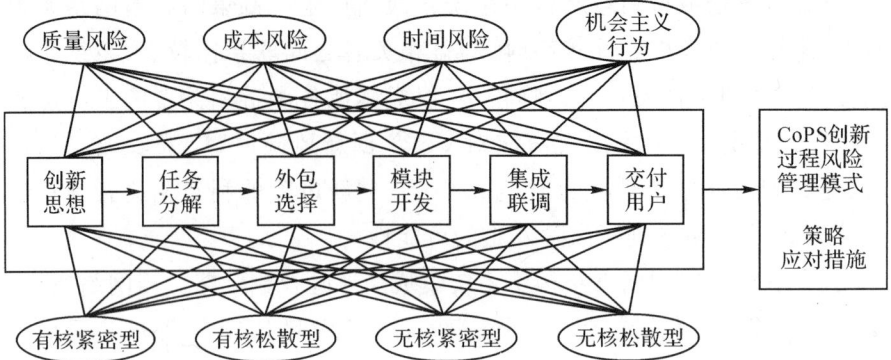

图 11-6　概念模型

11.4 杭州杭氧股份有限公司案例研究

11.4.1 案例背景资料介绍

杭州杭氧股份有限公司(以下简称杭氧)的主营业务是空分设备设计与制造,主要产品有外压缩和内压缩流程的各种规格的空分设备、液体设备、液化设备、纯氮设备等,是我国空分设备行业唯一一家国家级重点新产品开发、制造基地,是亚洲最大的空分设备设计和制造基地,并已成为国际空分五强企业之一。杭氧空分产品覆盖全国各地和世界40多个国家和地区。

五万等级化工型内压缩空分装置项目是杭氧自主研发的空分设备,该项目的成功打破了国外空分厂商对技术和市场的垄断,极大地提升了我国重大工业装备的设计和制造水平。五万等级化工型内压缩空分装置项目历时一年(2004—2005),分为创新思想、任务分解、外包选择、模块开发、集成联调和交付用户跟踪完善六个阶段(图 11-7)。

图 11-7　杭氧五万等级化工型内压缩空分装置项目过程图

11.4.2 识别每一阶段主要利益相关者

作者采用滚雪球法,以杭氧为切入点,通过问卷调查和分析二手数据的方法获得主要利益相关者的信息。项目中各阶段所涉及的主要利益相关者如表11-5所示。

表11-5 杭氧五万等级化工型内压缩空分装置项目各阶段利益相关者

阶 段	利益相关者	单位名称
创新思想	系统集成商	杭氧
	用户	中原大化、齐鲁石化、大唐国际
任务分解	系统集成商	杭氧
外包选择	系统集成商	杭氧
	供应商	杭氧子公司、英格索兰有限公司、美国沃克沙轴承公司
	用户	中原大化、齐鲁石化、大唐国际
模块开发	系统集成商	杭氧
	供应商	杭氧子公司、英格索兰有限公司、美国沃克沙轴承公司、林德有限公司、江西南方压缩机配件厂、天水风动机械有限公司
	用户	中原大化、齐鲁石化、大唐国际
集成联调	系统集成商	杭氧
	供应商	杭氧子公司、英格索兰有限公司、美国沃克沙轴承公司
	用户	中原大化、齐鲁石化、大唐国际
交付用户跟踪完善	系统集成商	杭氧
	供应商	杭氧子公司、英格索兰有限公司、美国沃克沙轴承公司
	用户	中原大化、齐鲁石化、大唐国际

资料来源:蒋瑶:《CoPS创新利益相关者冲突协调案例研究》,浙江工商大学2009年硕士论文。

11.4.3 创新思想阶段

(1)利益相关者的确定。创新思想阶段涉及的主要利益相关者是中原大化、齐鲁石化、大唐国际等用户和杭氧内部的高层经理和员工,如表11-6所示。①系统集成商的高层管理人员具有很强的创新精神,五万等级化工型内压缩空分装置项目就是高层管理人员在用户发出招标信息后，果断决策和积极推动下的自主创新产物，他们的创新精神对杭氧的发展起了重要作用。②在杭氧的高层管理人员决定投标该项目后，杭氧成立了专门的项目团队，项目团队中的技术人员在拿下该项目订单的过程中扮演了重要角色，它们通过与用户的不断沟通，将用户功能性的要求转化为杭氧可以识别的技术语言，并提出整个系统的初步架构和解决方案。③用户在该阶段具有很大的经济利益，设备的单价非常高，用户购买需要付出很高代价。

表 11-6　创新思想阶段利益相关者

利益相关者	单位名称
系统集成商	杭氧
用户	中原大化、齐鲁石化、大唐国际

（2）利益相关者关系的确定。首先从杭氧出发，得出杭氧与用户（中原大化、齐鲁石化、大唐国际）之间的关系强度；再从用户出发，得出用户之间的关系强度，其中关系强度为人力关系、物质关系和社会关系的得分之和（下同），创新思想阶段利益相关者关系强度如表 11-7 所示。①杭氧虽然占据了国内 50% 以上的市场份额，但也面临激烈竞争，主要竞争对手为国内的开封空分和四川空分，国外的法夜空和林德，杭氧并不具备垄断地位。②空分设备的用户都是国内行业垄断寡头，如中原大化、齐鲁石化、大唐国际等，具有强大的经济实力和行业影响力，因此在购买空分设备时具有强势地位。用户采用招标的方式采购空分设备，如果杭氧想中标，在设计方案满足条件的前提下，价格还必须有竞争力。

表 11-7　创新思想阶段利益相关者关系强度

	杭　氧	中原大化	齐鲁石化	大唐国际
杭　氧	—	10.0	9.8	10.1
中原大化		—	4.1	4.0
齐鲁石化			—	4.0
大唐国际				—

（3）利益相关者网络结构的确定。本部分用 Netdraw 软件绘制杭氧五万等级化工型内压缩空分装置项目创新思想阶段利益相关者网络图

（图 11-8）。并且利用式(11-4)和式(11-5)计算得出修正的相对点度中心性为 0.664,修正的网络密度为 0.467。由于相对点度中心性指标值为 0.664,大于 0.5,并且网络密度指标值为 0.467,小于 0.5,创新思想阶段的利益相关者网络结构属于有核松散型(高中心性低网络密度)。

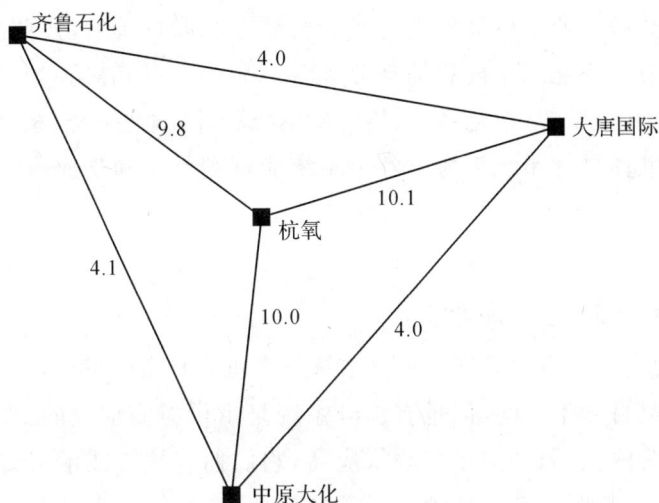

图 11-8　创新思想阶段利益相关者网络图

由图 11-8 可知,系统集成商杭氧和各用户之间存在较强的关系,而各用户之间则存在较弱的关系。杭氧和各用户之间的关系较强,主要原因在于,在空分设备市场上,杭氧并不是唯一的供应商,它还面临着与其他供应商的激烈竞争。为了获得用户青睐并顺利拿到订单,杭氧投入了大量的人力关系和物质关系并不断地与用户沟通,期望设计出使用户满意的产品。各用户之间的关系较弱,原因在于虽然各用户存在相似的购买需求,但是用户之间信息沟通并不顺畅,尤其是关于空分设备具体需求的信息沟通。

（4)风险控制策略的选择。针对有核松散型的利益相关者网络,系统集成商应利用自身在网络中的中心位置对其他利益相关者施加影响,以此降低 CoPS 创新风险发生的可能性。在创新思想阶段,用户之间信息沟通不顺畅会导致空分设备需求多样化,这不仅增加了创新思想阶段的研发成本,而且延长了初始方案的出炉时间。系统集成商可以在加强用户沟通的同时,将某用户关于空分设备的需求信息传递给其他用户,以尽快使各用户的需求趋于统一。当然,也可以建立跨组织小组,鼓励各用户组之间的成员加强联络,提高信息沟通的顺畅程度。

11.4.4 任务分解阶段

任务分解主要由杭氧独立完成。杭氧在获取订单后,按照应用技术类别将五万等级化工型内压缩空分装置划分为以下相对独立的子系统:动力系统、制冷系统、净化系统、热交换系统、产品输送系统、精馏系统、控制系统和液体贮存系统。为了各子系统能顺利对接和集成,在任务分解阶段要明确各子系统之间的接口信息。

11.4.5 外包选择阶段

(1)利益相关者的确定。整套系统是由杭氧自主研发的,大部分子系统是由杭氧自己生产的,但也有部分系统是由供应商提供的。这些供应商可以分为两类:第一类是核心供应商,它们拥有核心技术,包括英格索兰有限公司、美国沃克沙轴承公司等国外大公司;第二类是普通供应商,主要是一些没有核心技术的国内供应商,具体如表 11-8 所示。

表 11-8　外包选择阶段利益相关者

利益相关者	单位名称
系统集成商	杭氧
供应商	杭氧子公司、英格索兰有限公司、美国沃克沙轴承公司
用　户	中原大化、齐鲁石化、大唐国际

(2)利益相关者关系强度的确定。外包选择阶段利益相关者之间的关系强度如表 11-9 所示。

表 11-9　外包选择阶段利益相关者关系强度

	杭　氧	杭氧子公司	英格索兰有限公司	美国沃克沙轴承公司	中原大化	齐鲁石化	大唐国际
杭　氧		10.5	4.3	4.6	8.9	8.8	9.2
杭氧子公司			0	0	0	0	0
英格索兰有限公司				0	0	0	0

续　表

	杭　氧	杭氧子公司	英格索兰有限公司	美国沃克沙轴承公司	中原大化	齐鲁石化	大唐国际
美国沃克沙轴承公司					0	0	0
中原大化						4.1	4.0
齐鲁石化							4.0
大唐国际							

在外包选择阶段,①杭氧与用户(中原大化、齐鲁石化、大唐国际)之间存在较强关系,主要原因在于,杭氧需要安排专人与用户保持长期联系,随时了解用户需求的变化。②杭氧子公司与杭氧之间存在强关系。一是由于双方之间有悠久的合作历史。二是子公司为了参与这个项目,安排专人接触杭氧领导或想方设法与杭氧处理好关系。③供应商大部分都是杭氧自己选定的。杭氧因受到总成本的约束,所以在供应商选择时会综合考虑供应商的技术、质量和报价。④核心供应商拥有核心技术,可以实行技术封锁,杭氧没有相关的技术,只能采购它们的零部件,而且这些产品一般单价比较高,需要定制。在合作中,杭氧能从核心供应商处学到一些非核心技术。⑤还有一些供应商是普通供应商,它们没有核心技术,可替代性高,对创新的影响很小。

(3)利益相关者网络结构的确定。同样,本部分用 Netdraw 软件绘出此项目外包选择阶段利益相关者网络如图 11-9 所示。利用式(11-4)和式(11-5)计算得出修正的相对点度中心性为 0.514,修正的网络密度为 0.185。由于相对点度中心性指标值为 0.514,大于 0.5,并且修正的网络密度指标值为 0.185,小于 0.5,外包选择阶段的利益相关者网络结构属于有核松散型(高中心性低网络密度)。

(4)风险控制策略的选择。针对有核松散型的利益相关者,系统集成商应充分利用其中心位置的优势对可能带来风险的利益相关者施加影响,以此降低 CoPS 创新风险发生的可能性。针对利益相关者可能做出的逃避责任行为,杭氧可以采取合同机制,签订变化价格合同;或签订分阶段合同,根据环境的变化及时做出调整。针对核心供应商议价能力强,外购件价格过高,导致系统整体成本上升的问题,杭氧可以一方面努力发展第二供应源,另一方面与现有的核心供应商发展伙伴关系,创造双赢的局面。

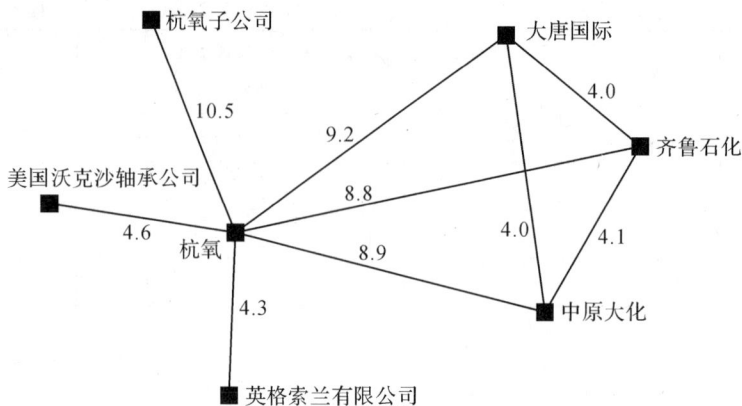

图 11-9　外包选择阶段利益相关者网络图

11.4.6 模块开发阶段

（1）利益相关者的确定。如前所述，空分设备的大部分子系统都是杭氧自己设计开发的，其余是供应商提供的。而对于自己开发的子系统，有些部件还需要外购，因此，这一阶段的利益相关者的数量有所增加，如表 11-10 所示。

表 11-10　模块开发阶段利益相关者

利益相关者	单位名称
系统集成商	杭氧
供应商	杭氧子公司、英格索兰有限公司、美国沃克沙轴承公司、林德有限公司、江西南方压缩机配件厂、天水风动机械有限公司
用　户	中原大化、齐鲁石化、大唐国际

（2）利益相关者关系强度的确定。模块开发阶段利益相关者之间的关系强度如表 11-11 所示。

表 11-11　模块开发阶段利益相关者之间的关系强度

	A	B	C	D	E	F	G	H	I	J
杭　氧		12.1	5.7	6.4	13.4	13.4	13.5	4.7	9.7	9.6
杭氧子公司			0	0	0	0	0	0	7.4	8.6

续 表

	A	B	C	D	E	F	G	H	I	J
英格索兰有限公司				0	0	0	0	0	0	0
美国沃克沙轴承公司					0	0	0	0	0	0
中原大化						4.4	4.5	7.0		
齐鲁石化							4.4	7.1	0	0
大唐国际								7.0	0	0
林德有限公司									0	0
江西南方压缩机配件厂										5.1
天水风动机械有限公司										

注：A—杭氧，B—杭氧子公司，C—英格索兰有限公司，D—美国沃克沙轴承公司，E—中原大化，F—齐鲁石化，G—大唐国际，H—林德有限公司，I—江西南方压缩机配件厂，J—天水风动机械有限公司。

在模块开发阶段，①杭氧与用户（中原大化、齐鲁石化、大唐国际）存在强关系，主要原因在于杭氧需要与用户保持联系，随时了解用户需求的变化。②杭氧子公司与杭氧之间也存在强联系。杭氧子公司承担了大量开发任务，为完成这些任务，子公司需要安排员工去杭氧学习新技术和使用新设备。③核心供应商与杭氧之间的关系较弱。除投入一定人力关系和物质关系完成杭氧的订单外，它们不会花很多精力维持双方关系。林德有限公司既是杭氧的供应商，也是杭氧的竞争对手，所以与杭氧的关系较英格索兰有限公司和美国沃克沙轴承公司更弱。④普通供应商与杭氧之间的关系较强。杭氧对于它们而言是优质用户，它们会投入足够多的人力、物质和社会关系，生产符合杭氧要求的产品，以期能和杭氧保持长期的合作关系。⑤用户之间存在频繁的互动。它们定期组织项目评审会，交流需求变动信息，审核项目进展情况。⑥林德有限公司与用户之间的关系值得关注。林德有限公司只是一个部件的供应商，但它却与用户建立了直接的联系。可能的解释是，作为杭氧的竞争者，它与本项目用户建立关系是为了谋求在以后合作的机会。

（3）利益相关者网络结构的确定。此时，模块开发阶段利益相关者网络如图11-10所示。修正的相对点度中心性为0.656，修正的网络密度为0.213。由于相对点度中心性指标值为0.656，大于0.5，并且网络密度指标值为 0.213，小于 0.5，模块开发阶段的利益相关者网络结构属于有核松散型（高中心性低网络密度）。

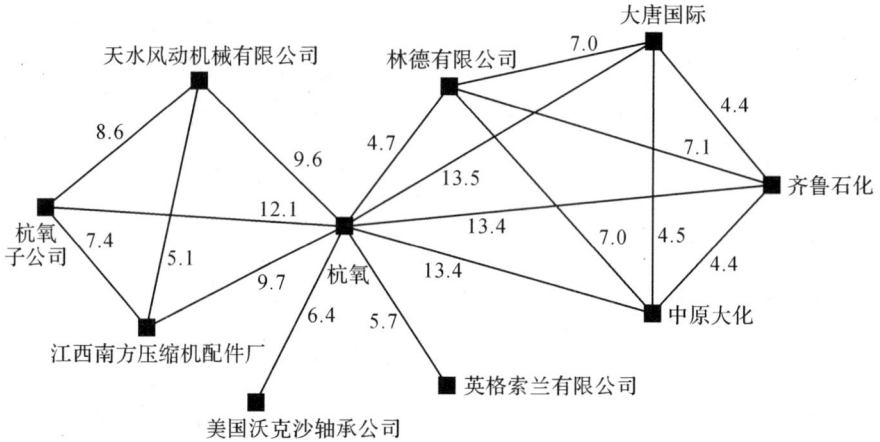

图 11-10 模块开发阶段利益相关者网络图

（4）风险控制策略的选择。模块开发阶段虽然依然是有核松散型网络结构，但是，网络密度比外包选择阶段要大，杭氧可以充分利用自身网络位置优势，加强对利益相关者的控制。例如，杭氧可以加强与利益相关者的联系以孤立林德有限公司，从而巩固自身网络位置优势。另外，杭氧可以通过投资、联盟等形式加强与核心供应商的关系，或者寻找替代的供应商，以弱化核心供应商的影响力。

11.4.7 集成联调阶段

（1）利益相关者的确定。集成联调阶段的主要工作是将之前分开生产的各子系统进行组装，其中涉及的利益相关者如表 11-12 所示。

表 11-12 集成联调阶段利益相关者

利益相关者	单位名称
系统集成商	杭氧
供应商	杭氧子公司、英格索兰有限公司、美国沃克沙轴承公司
用 户	中原大化、齐鲁石化、大唐国际

（2）利益相关者关系的确定。集成联调阶段利益相关者之间的关系

强度如表 11-13 所示。

表 11-13　集成联调阶段利益相关者关系强度

	杭氧	杭氧子公司	英格索兰有限公司	美国沃克沙轴承公司	中原大化	齐鲁石化	大唐国际
杭　　氧		10.7	5.1	4.7	9.2	8.6	9.5
杭氧子公司			0	0	0	0	0
英格索兰有限公司				0	0	0	0
美国沃克沙轴承公司					0	0	0
中原大化						4.1	4.0
齐鲁石化							4.0
大唐国际							

　　所有的子系统开发完成后,并不能像普通产品那样进行简单组装,而要经过系统的集成后才能交付用户。集成过程中出现的一些问题需要通过联合调试来解决。

　　杭氧是集成联调的主体,它负责将各供应商的子系统集合成一个系统。供应商主要起辅助作用,它们需要将各自负责的子系统运抵总装车间,并安排技术人员到现场参与总装。总装完成之后还要进行联合调试,并运用现代的技术手段,对整个系统进行仿真模拟,以检测整个装备在仿真状态下的运行情况。需要指出的是,用户也会参与到集成联调阶段,因为空分设备一旦交付用户,经过现场安装和调试之后就进入运行状态,不会再有大的变动和修改,所以用户要在空分设备出厂前进行全面审核,以初步确认空分设备的各项功能是否达到要求。

　　(3)利益相关者网络结构的确定。此时,集成联调阶段利益相关者网络如图 11-11 所示。修正的相对点度中心性为 0.531,修正的网络密度为 0.190。由于中心性指标值为 0.531,大于 0.5,并且修正的网络密度指标值为 0.190,小于 0.5,集成联调阶段的利益相关者网络结构属于有核松散型(高中心性低网络密度)。

　　(4)风险控制策略的选择。系统集成商可以在签订合同时注意加入奖惩条例或采用分批次付清款项的方法控制风险。若产品未按时交付或在集成联调时出现质量问题,则采取惩罚措施或拒绝支付尾款。另外,对

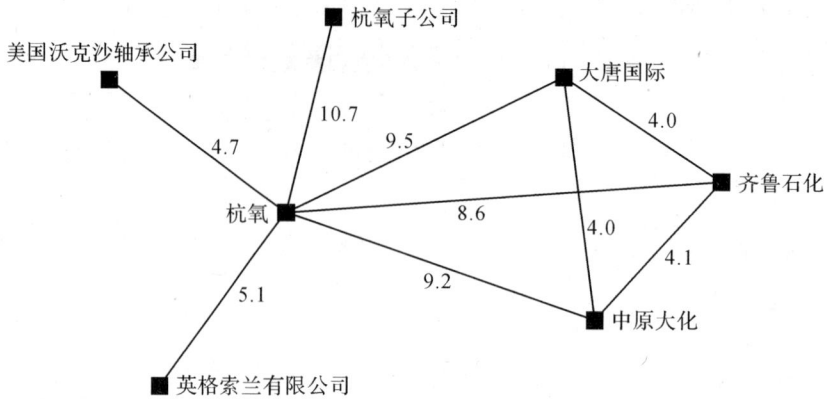

图 11-11　集成联调阶段利益相关者网络图

于系统集成商或其他供应商而言，生产过程中存在的不确定性因素太多，为了应对不确定性，系统集成商可以将集成联调的日期设定得更早一点，这样即使在集成联调过程中发现零部件存在设计或质量问题，也有足够的时间进行弥补。

11.4.8 交付用户跟踪完善阶段

（1）利益相关者的确定。交付用户跟踪完善阶段的主要工作包括项目的现场安装及以后的系统维护工作，主要涉及的利益相关者如表 11-14 所示。

表 11-14　交付用户跟踪完善阶段利益相关者

利益相关者	单位名称
系统集成商	杭氧
供应商	杭氧子公司、英格索兰有限公司、美国沃克沙轴承公司
用　户	中原大化、齐鲁石化、大唐国际

（2）利益相关者关系的确定。交付用户跟踪完善阶段利益相关者之间的关系强度如表 11-15 所示。

表 11-15　交付用户跟踪完善阶段利益相关者关系强度

	杭氧	杭氧子公司	英格索兰有限公司	美国沃克沙轴承公司	中原大化	齐鲁石化	大唐国际
杭　氧		8.7	3.5	4.1	8.8	8.6	7.9
杭氧子公司			0	0	0	0	0
英格索兰有限公司				0	0	0	0
美国沃克沙轴承公司					0	0	0
中原大化						4.1	4.0
齐鲁石化							4.0
大唐国际							

　　与大规模制造产品不同,空分设备的交付需要一个持续的过程。只有经过现场安装、调试和运行后才可以完全交付给用户。用户会请第三方机构对空分设备进行评估和验收,验收通过后,杭氧还要为用户提供两年的质保期,期间一旦设备出现问题,杭氧必须立即派技术人员处理。

　　(3)利益相关者网络结构的确定。此时,交付用户跟踪完善阶段利益相关者网络如图 11-12 所示。修正的相对点度中心性为 0.462,修正的网络密度为 0.170。由于修正的相对点度中心性指标值为 0.462,小于 0.5,且修正的网络密度指标值为 0.170,小于 0.5,交付用户跟踪完善阶段的利益相关者网络结构属于无核松散型(低中心性低网络密度)。

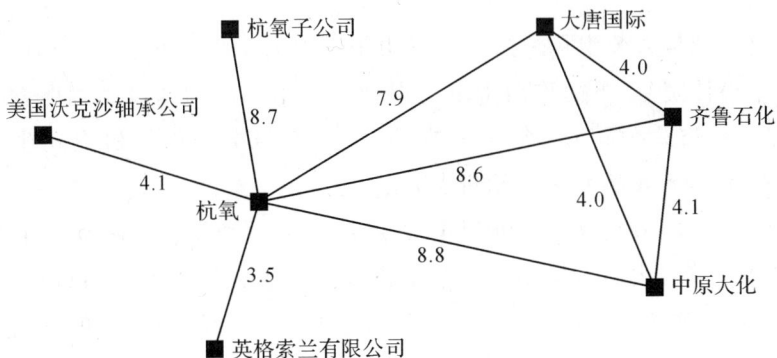

图 11-12　交付用户跟踪完善阶段利益相关者网络图

　　低网络密度和低中心性说明杭氧与利益相关者均不能向对方施加有效影响。在这种网络结构下,系统集成商的控制能力弱,利益相关者不注重与杭氧的关系建设，容易从自身出发做出违背合同的短视行为。对杭氧而言，它有义务在空分设备交付后的两年时间内提供质保服务，而核心供应商则不受这样条件的约束。在质保期内，空分设备出现问题需要核心供应商提供相应服务时，核心供应商可能采取消极的态度。

（4）风险控制策略的选择。系统集成商在应对 CoPS 创新风险时，应尽量采取风险转移的策略，并主动加强与中心性较高的利益相关者的联系，通过它们在网络中的地位来应对其他利益相关者施加的影响。此外，系统集成商可以将"供应商须对其提供的子系统或零部件提供两年的质保服务"条款写入合同以加强对核心供应商的约束。

11.5 杭州汽轮机股份有限公司案例研究

11.5.1 案例背景资料介绍

杭州汽轮机股份有限公司（以下简称杭汽轮）是一家拥有悠久历史的国有控股上市企业，是中国装备制造业的领军企业，是中国工业汽轮机主要标准的制订者和技术引领者。其产品门类包括汽轮机、燃气轮机、压缩机等一系列重大装备产品，曾荣获国家科技进步一等奖一项、二等奖三项。该公司几乎囊括了国内工业汽轮机首台套的设计和制造，我国各经济发展时期重点建设工程项目的国产工业驱动汽轮机，绝大部分由该公司提供。

重庆神华万州电厂新建工程是由中国电力工程顾问集团公司所属西南电力设计院（以下简称西南电力设计院）、中国电力建设工程咨询公司（以下简称咨询公司）联合承包的，该新建工程中采用了杭汽轮生产的 1 000MW 全容量给水泵汽轮机。

作为国内首台套 1 000MW 全容量给水泵汽轮机，它解决了我国 1 000MW 等级火力发电站给水泵汽轮机变参数、多种汽源、高负荷、高转速、变转速、变负荷、调节控制可靠性要求高等关键问题。该项目是杭汽轮自主研发的，拥有自主知识产权。它已成功应用于重庆神华万州电厂超临界 1 000MW 火电站，并远销美国、韩国等国家。该项目技术创新突出，工程实用性强，社会经济效益显著，达到国内领先、国际先进水平。

杭汽轮 1 000MW 全容量给水泵组项目历时近两年时间（2012 年 11

月至 2014 年 11 月),其过程可分为创新思想、任务分解、外包选择、模块
开发、集成联调和交付用户跟踪完善六个阶段,具体如图 11-13 所示。

图 11-13　杭汽轮 1 000MW 全容量给水泵组项目过程图

11.5.2 识别每一阶段的主要利益相关者

杭汽轮 1 000MW 全容量给水泵组项目中各阶段所涉及的主要利益
相关者如表 11-16 所示。

表 11-16　杭汽轮 1 000MW 全容量给水泵组项目各阶段利益相关者

阶　段	利益相关者	单位名称
创新思想	系统集成商	杭汽轮
	用　户	重庆神华万州电厂、西南电力设计院、咨询公司
任务分解	系统集成商	杭汽轮
外包选择	系统集成商	杭汽轮
	供应商	杭汽轮辅机有限公司、苏州苏尔寿、Flender、杭州发电机厂、大连苏尔寿、仙居特种齿轮油泵厂、嘉兴德力机械厂、浙江余杭特种风机厂
	用　户	重庆神华万州电厂、西南电力设计院、咨询公司
模块开发	系统集成商	杭汽轮
	供应商	杭汽轮辅机有限公司、苏州苏尔寿、Flender、杭州发电机厂、大连苏尔寿、嘉兴德力机械厂、仙居特种齿轮油泵厂、浙江余杭特种风机厂、ROSEMOUNT、艾默生、HERION、VOITH、CONVAL、ABB、AIRPAX、MAGNETROL、APV、阿诺德、CV、ADAMS、ROTORX、登胜、AMOT、浙江高中压阀门厂、正泰电器、诸暨温度仪器厂、重庆川仪、南京晨光、无锡河埒
	用　户	重庆神华万州电厂、西南电力设计院、咨询公司

续 表

阶　段	利益相关者	单位名称
集成联调	系统集成商	杭汽轮
	供应商	杭汽轮辅机有限公司、苏州苏尔寿、Flender、杭州发电机厂
	用　户	重庆神华万州电厂、西南电力设计院、咨询公司
交付用户跟踪完善	系统集成商	杭汽轮
	供应商	杭汽轮辅机有限公司、苏州苏尔寿、Flender、杭州发电机厂
	用　户	重庆神华万州电厂、西南电力设计院、咨询公司

资料来源：作者根据访谈资料整理。

11.5.3 创新思想阶段

（1）利益相关者的确定。创新思想阶段涉及的利益相关者如表 11-17 所示。西南电力设计院和咨询公司联合承包了重庆神华万州电厂新建的工程。对于生产 1 000MW 全容量给水泵汽轮机的杭汽轮而言，可以将重庆神华万州电厂、西南电力设计院和咨询公司都视为用户。

表 11-17　创新思想阶段利益相关者

利益相关者	单位名称
系统集成商	杭汽轮
用　户	重庆神华万州电厂、西南电力设计院、咨询公司

（2）利益相关者关系的确定。创新思想阶段系统集成商杭汽轮和各用户之间的关系强度如表 11-18 所示。

表 11-18　创新思想阶段利益相关者的关系强度

	杭汽轮	西南电力设计院	咨询公司	重庆神华万州电厂
杭汽轮		10.5	10.5	0
西南电力设计院			13.1	12.5
咨询公司				13.0
重庆神华万州电厂				

西南电力设计院和咨询公司作为 1 000MW 全容量给水泵汽轮机的

购买方,与杭汽轮之间存在强关系。为了使重庆神华万州电厂工程建设项目达到国家创新项目的资质,西南电力设计院和咨询公司,在分析整个电厂构造的基础上,提出需要将给水泵汽轮机的内效率提升 2%,达到 87% 及以上的内效率值,并基于这样的特殊功能性需求发布了招标信息。杭汽轮为了获得这个项目,成立了专门的研发小组,从叶片厚度、叶片间距、叶片材质等方面进行改进以达到提高内效率的目的。在该阶段,杭汽轮不断与西南电力设计院沟通,细化各项指标,西南电力设计院也多次组织专家对杭汽轮提供的方案进行评审,提出修改意见。在历经了半年的沟通及修改之后,杭汽轮向西南电力设计院提交了最终的设计方案,并成功击败其他竞争对手获得该项目。

杭汽轮与重庆神华万州电厂之间并没有直接联系,因为重庆神华万州电厂已经将工程建设承包给了西南电力设计院和咨询公司,西南电力设计研究院拥有电厂建设的决策权,重庆神华万州电厂更多的是列席招投标现场、方案评审会,并不会直接做出决策。西南电力研究院是双方沟通的桥梁。

(3)利益相关者网络结构的确定。此时,创新思想阶段利益相关者网络如图 11-14 所示。修正的相对点度中心性为 0.467,修正的网络密度为 0.662。由于修正的相对点度中心性指标值为 0.467,小于 0.5,并且修正的网络密度指标值为 0.662,大于 0.5,创新思想阶段的利益相关者网络结构属于无核紧密型(低中心性高网络密度)。

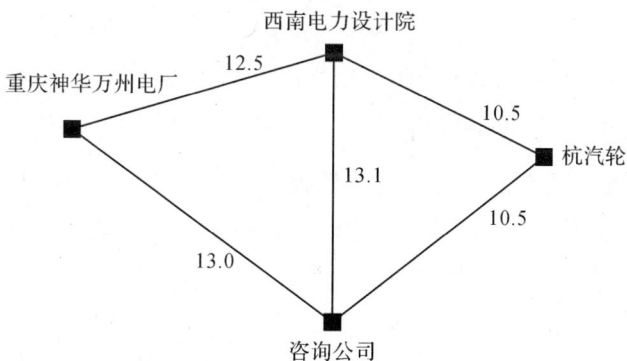

图 11-14　创新思想阶段利益相关者网络图

低中心性意味着杭汽轮对其他利益相关者的影响较弱,高网络密度意味着网络中的利益相关者之间的联系较为紧密，网络结构对它们和杭汽轮的行为影响都较大。在这种网络结构下，用户之间结成联盟。联盟内的信息传递是畅通的，而杭汽轮作为联盟外的成员，需要耗费大量的人力和财力才能了解联盟内的信息，即安排技术人员频繁的与用户沟通才能明确用户的具体需求，才能在明确的需求基础上提出方案。这样的人力和财力消耗无疑会增加创新思想阶段的成本，而反复的沟通过程也会拖延项目进度。

（4）风险控制策略的选择。在无核紧密型的利益相关者网络结构中，杭汽轮需要加强与中心性高的利益相关者之间的信息联系，进而增强对其他各利益相关者的影响以降低 CoPS 创新风险。具体地讲，杭汽轮在这一阶段可以采用组织整合的方法，与中心性高的西南电力研究院建立和发展伙伴关系，从而短期内可以更多地了解联盟内的信息，尽快明确用户的需求。从长远看，可以为以后与西南电力研究院的再次合作建立良好的基础。

11.5.4 任务分解阶段

任务分解主要由杭汽轮独立完成，在杭汽轮获取订单后，将 1 000MW 全容量给水泵汽轮机分为两大部分和 7 个子系统。两大部分包括汽轮机的主机部分和辅机部分。汽轮机的主机部分包括 5 个子系统：热力计算、调节、本体、仪器控制和装置；汽轮机的辅机部分包括 2 个子系统：气系统和油系统。

11.5.5 外包选择阶段

（1）利益相关者的确定。杭汽轮拥有独立生产汽轮机主机的能力，辅机部分一般外包给其子公司（杭汽轮辅机有限公司），此外，系统中的很多部件由供应商提供。这些供应商可以简单分为两类：第一类是核心供应商，它们拥有核心技术，包括国外企业或国外企业在国内的子公司；第二类是普通供应商，它们没有核心技术，包括杭汽轮的子公司及其他的小型供应商。外包阶段利益相关者如表 11-19 所示。

表 11-19　外包选择阶段利益相关者

利益相关者	单位名称
系统集成商	杭汽轮
供应商	杭汽轮辅机有限公司、苏州苏尔寿、Flender、杭州发电机厂、大连苏尔寿、仙居特种齿轮油泵厂、嘉兴德力机械厂、浙江余杭特种风机厂
用　户	重庆神华万州电厂、西南电力设计院、咨询公司

（2）利益相关者关系强度的确定。外包选择阶段利益相关者之间的关系强度如表 11-20 所示。

表 11-20　外包选择阶段利益相关者关系强度

	A	B	C	D	E	F	G	H	I	J	K	L
杭汽轮		7.4	9.9	9.3	10.7	8.7	9.0	9.0	8.9	10.3	11.0	10.5
重庆神华万州电厂			12.8	12.5	0	4.5	0	0	0	0	0	0
西南电力设计院				13.1	0	5.1	0	0	0	0	0	0
咨询公司					0	0	0	0	0	0	0	0
杭汽轮辅机有限公司						0	0	0	0	0	0	0
苏州苏尔寿							0	0	5.8	0	0	0
Flender								0	0	0	0	0
杭州发电机厂									0	0	0	0
大连苏尔寿										0	0	0
仙居特种齿轮油泵厂											0	0
嘉兴德力机械厂												0
浙江余杭特种风机厂												

资料来源：作者根据资料整理。

注：A—杭汽轮，B—重庆神华万州电厂，C—西南电力设计院，D—咨询公司，E—杭汽轮辅机有限公司，F—苏州苏尔寿，G—Flender，H—杭州发电机厂，I—大连苏尔寿，J—仙居特种齿轮油泵厂，K—嘉兴德力机械厂，L—浙江余杭特种风机厂。

外包选择阶段，①杭汽轮与用户（重庆神华万州电厂、西南电力设计院、咨询公司）之间、用户与用户之间存在强关系。首先，用户会直接指定一些核心部件供应商，例如用户直接指定苏州苏尔寿为给水泵供应商。其次，杭汽轮需要与用户保持长期联系，以便及时了解用户的新需求。②杭汽轮辅机有限公司与杭汽轮之间存在强关系。杭汽轮辅机有限公司依托于从西门子引进的技术，成为国内辅机市场上的领军企业，杭汽轮所生产的汽轮机辅机部分全部由杭汽轮辅机有限公司提供。③外部供应商除了苏州苏尔寿是用户指定的，其他都是杭汽轮自己选定的。④核心供应商与杭汽轮之间存在较强关系。以苏州苏尔寿为例，该公司参与了杭汽轮研发过程。

（3）利益相关者网络结构的确定。此时，外包选择阶段利益相关者网络结构如图 11-15 所示。修正的相对点度中心性为 0.630，修正的网络密度为 0.160。由于修正的相对点度中心性指标值为 0.630，大于 0.5，并且修正的网络密度指标值为 0.160，小于 0.5，外包选择阶段的利益相关者网络结构属于有核松散型（高中心性低网络密度）。

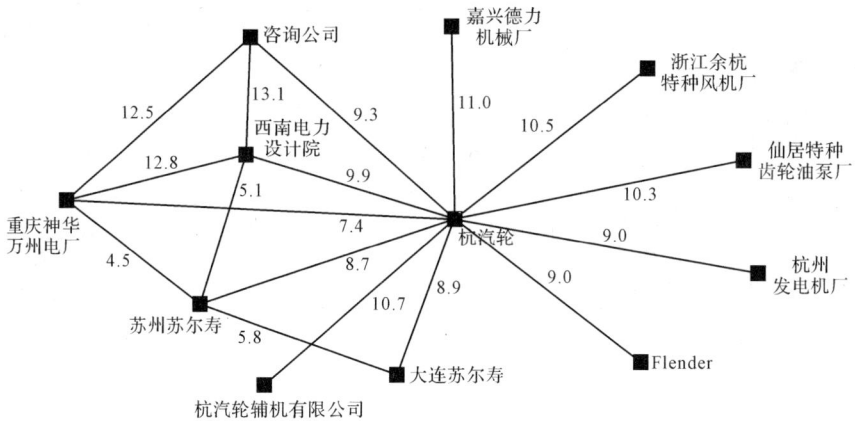

图 11-15　外包选择阶段利益相关者网络图

有核松散型网络结构下，杭汽轮占有比较优势，利益相关者会谋求更多联结以抵抗来自杭汽轮的压力。需要指出的是，核心供应商苏州苏尔寿是用户指定的给水泵供应商，用户的这种指定行为使苏州苏尔寿在价格谈判时具有很强的议价能力，加之苏州苏尔寿拥有技术优势，这进一步增强了苏州苏尔寿的议价能力。在此情况下，苏州苏尔寿可能会利用这些有利条件提高给水泵的报价，进而增加整个系统的成本。

（4）风险控制策略的选择。针对核心供应商因议价能力强而引致的抬高价格行为，杭汽轮可以采取关系治理方法，加强与用户的联系，强调与用户拥有共同的目标，让用户参与解决这类创新风险问题，通过用户给核心供应商施加压力，削弱其议价能力。

11.5.6　模块开发阶段

（1）利益相关者的确定。模块开发阶段的利益相关者如表 11-21 所示。

表 11-21　模块开发阶段利益相关者

利益相关者	单位名称
系统集成商	杭汽轮
供应商	杭汽轮辅机有限公司、苏州苏尔寿、Flender、杭州发电机厂、大连苏尔寿、嘉兴德力机械厂、仙居特种齿轮油泵厂、浙江余杭特种风机厂、ROSEMOUNT、艾默生、HERION、VOITH、CONVAL、ABB、AIRPAX、MAGNETROL、APV、阿诺德、CV、ADAMS、ROTORX、登胜、AMOT、浙江高中压阀门厂、正泰电器、诸暨温度仪器厂、重庆川仪、南京晨光、无锡河埒
用　户	重庆神华万州电厂、西南电力设计院、咨询公司

（2）利益相关者关系强度的确定。由于无法获得某些国外供应商与杭汽轮之间的关系强度信息，所以图 11-16 只展示了部分利益相关者之间的关系强度。

	杭汽轮	重庆神华万州电厂	西南电力设计院	咨询公司	杭汽轮辅机有限公司	苏州苏而寿	Flender	杭州发电机厂	大连苏尔寿	嘉兴德力机械厂	仙居特种齿轮油泵厂	浙江余杭特种风机厂	艾默生	HERION	AIRPAX	阿诺德	ADAMS	登胜	AMOT	浙江高中压阀门厂	正泰电器	诸暨温度仪器厂	重庆川仪	南京晨光	无锡河埒
杭汽轮		8.3	10.3	9.7	11.3	9.3	9	9.3	9.3	11.7	10.7	12	5.3	5	4.7	5.3	4.3	4.7	5	8.7	5.7	9.3	7.3	8.7	9.3
重庆神华万州电厂			11.7	10.3	0	7.7	0	0	0	0	0	0	0	0	0	0	0	0	0	0	0	0	0	0	0
西南电力设计院				12.7	0	8.7	0	0	0	0	0	0	0	0	0	0	0	0	0	0	0	0	0	0	0
咨询公司					0	7.3	0	0	0	0	0	0	0	0	0	0	0	0	0	0	0	0	0	0	0
杭汽轮辅机有限公司						0	0	0	0	0	0	0	0	0	0	0	4	0	0	7.7	0	7.7	0	6.7	0
苏州苏而寿							0	5	0	0	0	0	0	0	0	0	0	0	0	0	0	0	0	0	0
Flender								0	0	0	0	0	0	0	0	0	0	0	0	0	0	0	0	0	0
杭州发电机厂									0	0	0	0	0	0	0	0	0	0	0	0	0	0	0	0	0
大连苏尔寿										0	0	0	0	0	0	0	0	0	0	0	0	0	0	0	0
嘉兴德力机械厂											0	0	0	0	0	0	0	0	0	0	0	0	0	0	0
仙居特种齿轮油泵厂												0	0	0	0	0	0	0	0	0	0	0	0	0	0
浙江余杭特种风机厂													0	0	0	0	0	0	0	0	0	0	0	0	0
艾默生														0	0	0	0	0	0	0	0	0	0	0	0
HERION															0	0	0	0	0	0	0	0	0	0	0
AIRPAX																0	0	0	0	0	0	0	0	0	0
阿诺德																	0	0	0	0	0	0	0	0	0
ADAMS																		0	0	0	0	0	0	0	0
登胜																			0	0	0	0	0	0	0
AMOT																				0	0	0	0	0	0
浙江高中压阀门厂																					0	0	0	0	0
正泰电器																						0	0	0	0
诸暨温度仪器厂																							0	0	0
重庆川仪																								0	0
南京晨光																									0
无锡河埒																									

图 11-16　模块开发阶段利益相关者关系强度

在模块开发阶段,①杭汽轮主要负责主机部分。②杭汽轮与用户之间存在强联系。杭汽轮与用户联系密切,可以随时了解用户需求的变化。③子公司杭汽轮辅机有限公司与杭汽轮之间存在强关系。④核心供应商苏州苏尔寿与杭汽轮之间存在强关系。双方之间存在相互协调的过程,例如在第三次技术联络会议中提到"苏州苏尔寿需要在 2013 年 11 月 18 日前提供正式的给水泵接线图,以便杭汽轮进行相关者部分的设计"。⑤供应商中的国内供应商与杭汽轮之间存在较强的关系,因为杭汽轮是优质客户,它们希望与杭汽轮建立长期合作关系,它们在安排专人生产杭汽轮所购零部件的同时,还会加强与杭汽轮领导的沟通。

(3)利益相关者网络结构的确定。此时,模块开发阶段利益相关者网络如图 11-17 所示。修正的相对点度中心性为 0.563,修正的网络密度为 0.104。由于修正的相对点度中心性指标值为 0.563,大于 0.5,并且修正的网络密度指标值为 0.104,小于 0.5,模块开发阶段的利益相关者网络结构属于有核松散型(高中心性低网络密度)。

(4)风险控制策略的选择。对于供应商可能存在的违背合同行为,可以通过增加违约成本的方法达到减少违背合同行为的目的。例如杭汽轮可以签订分阶段合同,定期检查供应商的进度并按照进度支付款项。再如杭汽轮可以签订利益分享合同,供应商在提供超过协议水平的服务的情况下可以获得奖励。

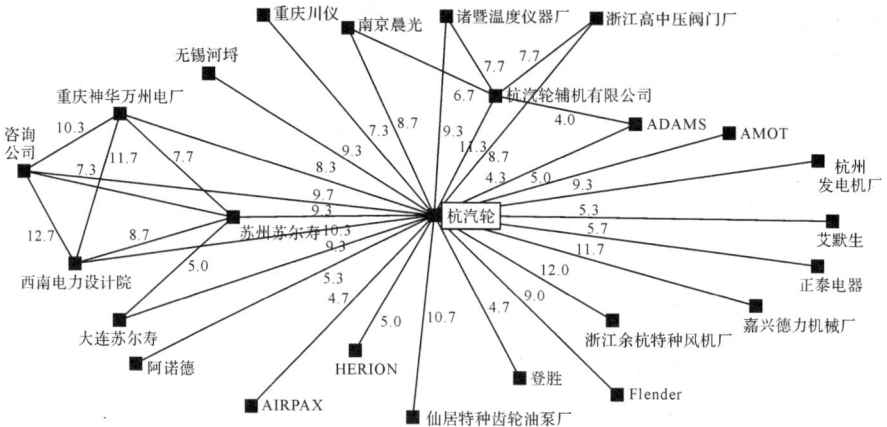

图 11-17　模块开发阶段利益相关者网络图

11.5.7 集成联调阶段

（1）利益相关者的确定。集成联调阶段涉及的利益相关者如表 11-22 所示。

表 11-22　集成联调阶段利益相关者

利益相关者	单位名称
系统集成商	杭汽轮
供应商	杭汽轮辅机有限公司、苏州苏尔寿、Flender、杭州发电机厂
用　户	重庆神华万州电厂、西南电力设计院、咨询公司

（2）利益相关者关系的确定

集成联调阶段利益相关者的关系强度如表 11-23 所示。

表 11-23　集成联调阶段利益相关者的关系强度

	杭汽轮	重庆神华万州电厂	西南电力设计院	咨询公司	杭汽轮辅机有限公司	苏州苏尔寿	Flender	杭州发电机厂
杭汽轮		7.7	8.7	8.0	10.3	8.3	5.7	9.0
重庆神华万州电厂			7.3	7.0	0	0	0	0
西南电力设计院				8.0	0	0	0	0
咨询公司					0	0	0	0
杭汽轮辅机有限公司						0	0	0
苏州苏尔寿							0	0
Flender								0
杭州发电机厂								

（3）利益相关者网络结构的确定。此时，集成联调阶段利益相关者网络如图 11-18 所示。修正的相对点度中心性为 0.550，修正的网络密度为 0.190。由于修正的点度中心性指标值为 0.550，大于 0.5，并且修正的网络密度指标值为 0.190，小于 0.5，集成联调阶段的利益相关者网络结构

属于有核松散型(高中心性低网络密度)。该阶段在各系统间的接口处最容易出现问题。Flender 提供的齿轮箱是与主机和辅机相配套的,由于设计方案不完善,加之实施过程中杭汽轮与 Flender 信息沟通不顺畅,导致联合调试时出现故障。

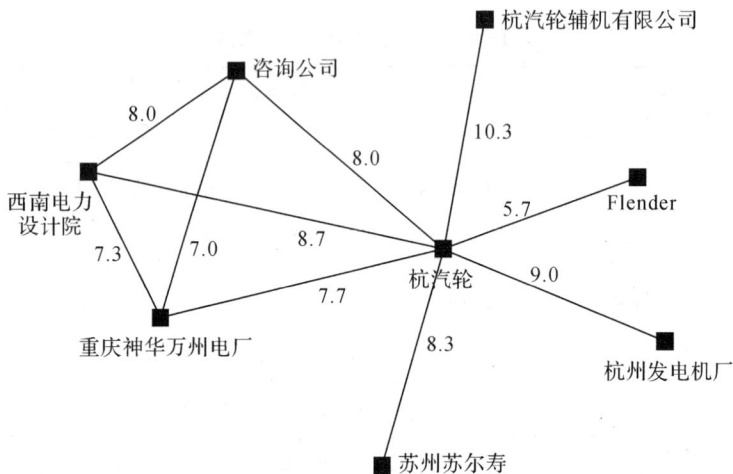

图 11-18　集成联调阶段利益相关者网络图

(4)风险控制策略的选择。针对因信息沟通不畅而引发的问题,杭汽轮可以在项目初期建立跨组织小组,鼓励各领域专家加强联络,促进信息交流。此外,还可以扩大技术联络会议的规模,让更多供应商参与其中。需要指出的是,对于供应商而言,生产过程中存在的不确定性因素太多,为了适应不确定性,系统集成商可以将集成联调的日期设定得更早一点,这样即使在集成联调过程中发现零部件存在设计或质量问题,也有足够的时间进行弥补。

11.5.8 交付用户跟踪完善阶段

(1)利益相关者的确定。交付用户跟踪完善阶段主要涉及的利益相关者如表 11-24 所示。

表 11-24 交付用户跟踪完善阶段利益相关者

利益相关者	单位名称
系统集成商	杭汽轮
供应商	杭汽轮辅机有限公司、苏州苏尔寿、Flender、杭州发电机厂
用　户	重庆神华万州电厂、西南电力设计院、咨询公司

（2）利益相关者关系的确定。交付用户跟踪完善段利益相关者之间的关系强度如表 11-25 所示。

表 11-25 交付用户跟踪完善阶段利益相关者关系强度

	杭汽轮	重庆神华万州电厂	西南电力设计院	咨询公司	杭汽轮辅机有限公司	苏州苏尔寿	Flender	杭州发电机厂
杭汽轮		6.7	8.0	7.3	8.7	6.7	6.0	7.0
重庆神华万州电厂			7.3	7.0	0	0	0	0
西南电力设计院				8.0	0	0	0	0
咨询公司					0	0	0	0
杭汽轮辅机有限公司						0	0	0
苏州苏尔寿							0	0
Flender								0
杭州发电机厂								

杭汽轮与西南电力设计院的合同签订于 2013 年 4 月，交货日期为 2014 年 6 月，实际交付用户的日期为 2014 年 11 月。杭汽轮未按时完成汽轮机的生产，延迟交货的原因主要在于业主方。业主方签订合同时约定的截止日期提前于项目实际需求。当项目完成时，其安装场地还没有准备好，也没有存放的地方，索性不要。这种现象在最近几年很普遍，主要原因有两点：一是行业内的习惯；二是经济形势不好，很多项目推迟上马。

（3）利益相关者网络结构的确定。此时，交付用户跟踪完善阶段利益相关者网络如图 11-19 所示。修正的相对点度中心性为 0.480,修正的网络密度为 0.154。由于修正的相对点度中心性指标值为 0.480,小于 0.5,并且修正的网络密度指标值为 0.154,小于 0.5,所以交付用户跟踪完善阶段的利益相关者网络结构属于无核松散型（低中心性低网络密度）。

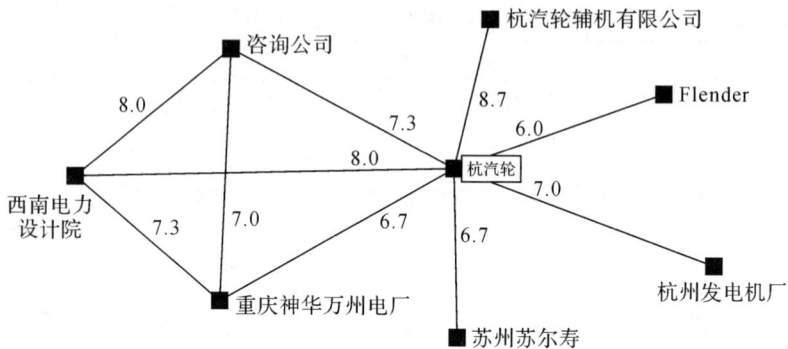

图 11-19　交付用户跟踪完善阶段利益相关者网络图

（4）风险应对策略的选择。杭汽轮应对 CoPS 创新风险时应尽量采取风险转移的策略,并主动加强与中心性较高的利益相关者之间的联系。杭汽轮还可采用合同机制,比如在合同中规定,项目安装的初期或者在试运转的时候发现设备存在问题,在质保期内（运转 12 个月、发货 18 个月）发生故障,外部供应商要及时整改,并承担运输费用和误工费用。

11.6 研究结论

（1）提出了 CoPS 创新利益相关者网络的界定方法。将利益相关者理论和社会网络理论应用到 CoPS 的生产过程中,提出了 CoPS 创新利益相关者网络模型的假设条件,界定了利益相关者网络模型中点（利益相关者）和线（关系）的定义,指出在 CoPS 推进过程中系统集成商和利益相关者之间的关系可分为人力关系、物质关系和社会关系。

（2）划分了 CoPS 创新利益相关者网络结构类型。本章利用系统集成商的网络中心性（点度中心性）和网络密度指标,构建了二维四象限的分类矩阵,将 CoPS 创新利益相关者网络结构划分为四种类型：有核紧密型（高中心性高网络密度结构）、无核紧密型（低中心性高网络密度结构）、有核松散型(高中心性低网络密度结构)和无核松散型(低中心性低网络密度结构)。

(3)给出了基于利益相关者网络结构的 CoPS 创新风险应对策略。本章基于利益相关者网络视角和 CoPS 创新过程,提出了基于"系统集成商—利益相关者网络"的 CoPS 过程风险控制模式,并应用于杭氧五万等级化工型内压缩空分装置项目、杭汽轮1 000MW全容量给水泵汽轮机组项目,证明该风险管理模式具有一定的可行性和可操作性,可以尝试应用于其他项目。

结束语

　　近年来,我国在载人航天、高速铁路、商用大飞机、大型船舶、智能芯片等CoPS研发与制造领域取得的令世人瞩目的成就成为我国经济转型升级的新名片和新引擎。但是,在这些产业高速发展的同时,风险事故也时有发生。2011年7月23日,甬台温高铁事故造成40人死亡,172人受伤。2006年公布的C919研发周期是90个月,截至2016年12月,研发周期已经超过了122个月。深圳、厦门、杭州等地在建地铁工地坍塌事件屡见报端,造成了巨大的人员和财产损失。这些重大风险事故不仅阻碍了CoPS产业的快速健康发展,也触及了政府和广大群众的敏感神经。如何有效化解CoPS创新风险,助力我国CoPS产业又好又快发展,是我们研究团队一直思索的问题。

　　2007年,盛亚主持申报获准了国家自然科学基金课题"复杂产品系统创新的利益相关者管理模式研究",3年多的研究加深了作者对相关问题的认识。从2011年起,作者开始关注CoPS创新风险问题,经大量学习国内外经典和前沿文献,以及对现实的观察,发现已有研究存在两方面的不足:一是把成熟的风险管理技术和工具直接应用于CoPS创新领域,而较少涉及CoPS创新自身所固有的特点;二是大多数研究对风险源的关注集中于客体因素,如动荡的外部环境、多变的市场需求、复杂的技术等。客体因素固然是CoPS创新风险的一个源头,但是主体因素更为重要,更应引起关注。鉴于利益相关者理论非常注重主体因素研究,同时利益相关者理论也是我们研究团队经营10多年的研究领域,于是决定把利益相关者理论引入CoPS创新风险研究领域,尝试从利益相关者主体因素视角,打开CoPS创新风险生成机理这个黑箱。2012年,盛亚负责申报的课题"复杂产品系统创新风险生成机理及其控制策略:利益相关者网络视角"得到了国家自然科学基金的资助。

为了更好地完成课题,2012 年至 2016 年期间,我们研究团队每周召开一次学术周例会,每月召开一次月例会,共同商讨研究思路,共同解决研究难题。为获得一手资料,研究团队围绕京沪高速铁路、C919 商用大飞机、智能芯片、城市地铁、大型空分设备等 CoPS 创新项目,从系统集成商入手,逐步扩展到客户、分包商、竞争者、合作者、员工、政府、科研机构等利益相关者,对涉及的中高层管理者及技术和管理专家进行了深入访谈,同时向浙江、北京、上海、江苏、山东、安徽等地发放问卷 1 800 余份。经过 4 年的努力,主要完成了以下工作:

(1)权利(利益—权力)对称是利益相关者的内在诉求。本书所涉及的利益相关者是指在 CoPS 创新中投入了一种或多种形式的赌注,能够影响创新或受到创新影响的个体或组织。股东、高管、员工、债权人、用户、合作者、供应商、政府、社区、媒体、环保组织和特殊利益集团等都是比较典型的利益相关者。本书发现,虽然从身份上看,利益相关者差异较大,但是,它们向创新投入的赌注具有不完全界定性、不易分割性、价值变化性和转换的时间滞后性等特性。在这种情况下,权利对称就成为利益相关者的内在诉求。以此为逻辑起点,本书给出了利益相关者权利对称的内涵,研究了利益相关者实现权利对称的三种方式,以及它们之间的逻辑关系。在此基础上,本书将利益相关者分成高度权利对称型、低度权利对称型、权力大于利益型和利益大于权力型四种类型,分析了权力大于利益型利益相关者和利益大于权力型利益相关者分别转化为高度权利对称型利益相关者和低度权利对称型利益相关者的途径。

(2)利益相关者权利对称性是诱发 CoPS 创新风险的主要原因。CoPS 创新与传统产品创新相比,内嵌的技术更复杂,而且开发过程高度定制化,因而技术因素是影响 CoPS 创新成功的重要方面。但 CoPS 创新还具有多主体参与式创新的特性,主体间的行为协调问题不容忽视。本书从理论和实际翔实论证了"利益相关者权利对称性—机会主义行为—CoPS 创新风险"这一风险生成机理链的存在,同时提出防范 CoPS 创新风险的关键在于建立权利对称机制。例如,某分包商是行业内的巨头(权力大),工作投入不足,以各种借口故意延迟交货,造成项目延期,以往研究结论给管理实践提供的方法是分阶段付款,但这种方法实为治标不治本,并不能有效遏制类似行为的发生。按照本书结论,CoPS 集成商可以拿出一部分创新收益与分包商共享以提高分包商的利益，进而使分包商实现权利（利益—权力）对称，分包商的机会主义行为将得到有效控制，进而有效规避项目延期风险。

（3）权利形成的基础—专用性资产投入对利益相关者的机会主义行为产生影响。本书首先研究了资产的专用性和专有性以依赖性为中介对利益相关者机会主义行为的影响，然后将专用性资产分为单边和双边两类，研究因不同专用性资产形成的"依赖（竞争性和合作性）—信任（关系型和计算型）—机会主义行为（隐性和显性）"逻辑关系。再将专用性资产分为资源性专用资产和能力性专用资产，研究了这两类专用性资产对利益相关者不同的机会主义行为（违背合同逃避责任、强制谈判修改合同、中断/限制资源供给、联合抵制退出合作）的直接影响，以及其以权利对称性为中介的间接影响。研究结果表明，资源性专用资产投入与能力性专用资产投入对机会主义行为均有正向影响，但能力性专用资产投入对机会主义行为的影响高于资源性专用资产投入，权利对称性起着部分中介作用。

（4）应该高度重视一种特殊的专用性资产（人力资本产权）对 CoPS 创新风险的影响。人力资本既与其他专用性资产存在共性也存在明显差异，因此，人力资本所有者对 CoPS 创新风险的影响机理势必与其他专用性资产所有者存在一定差异。为此，本书把人力资本作为一种特殊专用性资产，尝试从人力资本产权视角揭示 CoPS 创新风险生成机理。研究发现，人力资本产权实现不足（分为人力资本使用权实现不足和人力资本收益权实现不足）与机会主义行为（分为显性机会主义行为和隐性机会主义行为）及 CoPS 创新风险具有正相关关系。因此，CoPS 创新集成商在进行风险管理过程中，要高度重视人力资本所有者的人力资本产权实现问题，特别要针对不同类型的人力资本产权实现不足问题，采取有针对性的管理措施。同时，要注重对人力资本所有者的人力资本产权实现程度进行合理评估，对人力资本产权实现不足的情况进行事前控制，促进人力资本产权的充分实现。

（5）利益相关者网络是利益相关者个体属性和社会网络整体属性的结合。本书将利益相关者网络定义为，以资源获取为目的，以利益相关者主体属性为基础，主体间关系嵌入及其行为所形成的具有一定结构特征的网络形态。该定义既遵从了利益相关者理论一贯坚持的主体属性思想,弥补了社会网络分析对主体(网络中的节点)的忽视,又坚持了社会网络分析的整体属性思想,强化和深化了利益相关者理论的网络和整体思维,即利益相关者理论由个体到关系到网络的发展不能造成主体权利属性和网络整体属性的割裂。本书涉及的网络关系强度、网络嵌入性、网络结构类型、网络权力等均是从利益相关者网络角度展开的研究,尽管目前这些研究成果尚处于探索阶段,还不成熟。

(6)提出了利益相关者机会主义行为的两个防御策略:互惠性投资与弥补性投资。研究结果显示,互惠性投资和弥补性投资对机会主义行为均有明显的抑制作用,但互惠性投资对机会主义行为的抑制作用相对较大。互惠性投资是对方企业在本企业专用性投资的基础上相应做出的专用性投资,相对于本企业为了改善自身的不利地位而进行的弥补性投资,互惠性投资更能反映对方企业的长期合作意愿。在对方做出互惠性投资的情况下,对方企业发生机会主义行为的最严重后果是合作关系的终结,对方企业损失的是沉没成本与转移成本。由于研究结果显示,互惠性投资对机会主义行为的防御效果好于弥补性投资,因此,企业在做出专用性投资的情境中,首先应该试图获取对方相应的互惠性投资,如果这一策略不具有可行性,再考虑通过自身的弥补性投资对机会主义行为进行防御。

(7)研究了利益相关者网络视角下的 CoPS 创新过程风险控制策略。CoPS 创新过程是一个研发与生产相融合的过程,整个过程可以细分为不同阶段,每一阶段会涉及不同的利益相关者,进而会形成不同的利益相关者网络结构。本书构建了利益相关者风险演化动态模型。将利益相关者理论、社会网络理论应用到 CoPS 创新过程中,提出了 CoPS 创新利益相关者网络模型的假设条件,界定了利益相关者网络模型中点(利益相关者)和线(关系)的含义。在此基础上,对利益相关者网络进行了分类研究,利用系统集成商的网络中心性(点度中心性)和网络密度指标构建二维四象限的分类矩阵,还将 CoPS 创新利益相关者网络结构划分为四种类型:有核紧密型(高中心性高网络密度结构)、无核紧密型(低中心性高网络密度结构)、有核松散型(高中心性低网络密度结构)和无核松散型(低中心性低网络密度结构)。在此基础上,本书研究了 CoPS 创新风险的动态演化机理,提出基于"系统集成商—利益相关者网络"的过程风险管理模式。

在本书定稿之际，欣喜之余，我们也深深地意识到，本书还有非常多的问题没有得到彻底解决，希望广大读者能够就下面的问题及全书存在的其他问题给予批评和指教。

（1）利益相关者网络三要素（主体、资源、行为）尚未做到完美的结合。本书的最初设计是从三要素中的主体（利益相关者）要素出发，研究其投入的资源和相应的行为构成的利益相关者网络。从实际完成情况看，本书虽然也是按照该设计展开的，即由主体（利益相关者）、资源（专用性资产）和行为（机会主义行为）到 CoPS 创新风险，但作为主体的权利属性并不能逻辑清晰地贯穿其中，也没能很好地由此来刻画利益相关者网络。虽然在研究中作者为此做过尝试和努力（如以利益相关者主体权利属性作为控制变量，研究网络关系强度—机会主义行为—CoPS 创新风险的关系），但效果尚未达到最初的研究设计的预期。

（2）机会主义行为与 CoPS 创新风险的关系有待进一步厘清。本书中，一般是将利益相关者机会主义行为作为 CoPS 创新风险的前因，但是两者之间的关系并不很清楚，即机会主义行为与创新风险的边界划分不明确，有时将利益相关者机会主义行为等同于创新风险。机会主义行为对创新风险作用的机理还有待深入研究。此外，本书并没有将机会主义行为的威胁、可能性和实际行为做区分。事实上，已有研究注意到了机会主义行为的威胁、可能性和实际行为之间的区别，其中复杂的内在机理虽然超出了本书的研究范围，但值得进一步研究。

（3）实证研究方面的局限性。本书主要采用问卷调查和案例研究方法揭示 CoPS 创新风险生成机理，这些方法在构建风险生成机理方面比较有效，可以把这些研究统称为静态研究。在动态研究方面，本书采用了纵向案例研究，但是，限于调研难度，涉及的 CoPS 创新项目和利益相关者数量都十分有限，离期望还有差距。另外，鉴于 CoPS 创新是一项复杂工程，涉及的利益相关者众多，而且时间跨度长，仿真模型方法应该是一个不错的实证方法，如果能够把纵向案例参数录入仿真模型，可能能更加透彻地研究各种变量之间的互动关系，而且得出的数据也会更具说服力。但是，受时间和精力限制，这部分工作没有做，是作者的一大遗憾。

得益于在 CoPS 方面的长期研究和积累，2015 年，盛亚负责申报的课题"国家复杂产品生产能力比较研究"获得国家哲学社会科学基金的重点资助。从这一角度看,本书既是国家自然科学基金"复杂产品系统创新风险生成机理及其控制策略:利益相关者网络视角"的最终研究成果,也是国家哲学社会科学基金重点课题"国家复杂产品生产能力比较研究"的阶段性成果。

本书是在盛亚指导的研究生硕士论文及其与研究生合作发表的论文基础上完成的,首先要感谢这些研究生合作者:李春友(第3章第2节)、王节祥(第4章和第5章第1节)、高栋(第5章第2节)、张文静(第3章第4节和第6章)、鲍贤玮(第7章)、刘悦(第8章)、郑可一(第9章)、彭哲(第10章)、朱辉(第11章)。其余部分由盛亚和李春友整理或撰写。全书由盛亚和李春友统稿,李春友为本书第二作者。

本书凝结着课题组成员和研究团队的思想和智慧,在此特别要感谢李靖华教授、吴义爽教授、韦影副教授、徐蕾副教授、蒋樟生副教授、李玮副教授、岑杰博士、孔小磊博士,感谢他们在学术活动中为本研究积极进言和献计献策,尤其是李靖华教授和韦影副教授做了大量工作。

感谢所有为本研究提供帮助的企业界人士,尤其是在案例调研过程中,杭州杭氧股份有限公司、杭州汽轮机股份有限公司、中国中车股份有限公司、中国商用飞机有限责任公司、西南交通大学等单位,为本研究的调研提供了极大的方便,对我们三番五次的打扰不厌其烦,令人感动,特此致以深深的谢意!感谢国家自然科学基金为本研究提供的资金支持!

参考文献

[1] ABHULIMEN K E. Model for risk and reliability analysis of complex production systems: application to FPSO/Flow-Riser System[J]. Computers and Chemical Engineering, 2009 (33): 1306-1321.

[2] ADLER P S, KWON S W. Social capital: prospects for a new concept[J]. Academy of Management Review, 2002, 27 (1): 17-40.

[3] AHUJIA G. Collaboration networks, structural holes, and innovation: a longitudinal study [J]. Administrative Science Quarterly, 2000, 45(3): 425-455.

[4] AHITUV N, CARMI N. Measuring the power of information in organizations[J]. Human Systems Management, 2007, 26(4): 231-246.

[5] ALCHIAN A A, DEMSETZ H. Production, information costs and economic organization[J]. The American Economic Review, 1972: 777-795.

[6] ARTZ K W. Buyer-supplier performance: the role of asset specificity, reciprocal Investments and relational exchange[J]. British Journal of Management, 1999(10): 113-126.

[7] AUBERT B A, PATRY M, RIVARD S. Assessing the risk of IT outsourcing[M], IEEE, 2002: 685-692.

[8] BAHLI B. An assessment of information technology outsourcing risks [D]. Montreal: HEC Montreal, University of Montreal, 2002.

[9] BALDENIUS T. Ownership, incentives, and the hold-up problem

[J]. The RAND Journal of Economics, 2006, 37(2): 276-299.

[10] BARNETT M L. Why stakeholders ignore firm misconduct: a cognitive view [J]. Journal of Management, 2014, 40 (3): 676-702.

[11] BATHELT H, TAYLOR V. Clusters, power and place: inequality and local growth in time-space[J]. Geografiska Annaler, 2002, 84(2): 93-109.

[12] BELL G G. Clusters, networks and firm innovativeness [J]. Strategic Management Journal. 2005, 26(3): 287-295.

[13] BERLE A A, MEANS G C. The modern corporation and private property[M]. Chicago: Commerce Clearing House, 1932.

[14] BLAU M. Exchange and power in social life [M]. Canada: Maxwell Macmillan Incorporated, 1964.

[15] BRADY T, DAVIES A, HOBDAY M. Building an organizational capability model to help deliver integrated solutions in complex products and systems [A]. Annual Meeting of the European Academy of Management (EURAM)[C]. Bocconi University, Milan, Italy, 2003.

[16] BRASS D J, BURKHARDT M E. Potential power and power use: an investigation of structure and behavior [J]. Academy of Managemant Journal, 1993(36): 441-470.

[17] BRICKSON S L. Organizational identity orientation: the genesis of the role of the firm and distinct forms of social value[J]. Academy of Management Review, 2007, 32(3): 964-999.

[18] BULLINGER H J, AUERNHAMMER K, GOMERIGER A. Managing innovation networks in the knowledge-driven economy [J]. International Journal of Production Research. 2004, 42(17): 3337-3353.

[19] BURT R S. Toward a structural theory of action[M]. New York: Academic Press, 1992.

[20] BUVIK A, JOHN G. When does vertical coordination improve

industrial purchasing relationships? [J]. Journal of Marketing, 2000, 64(4): 52-64.

[21] CAPALDO A. Network structure and innovation: the leveraging of a dual network as a distinctive relational capability[J]. Strategic Management Journal, 2007, 28(6): 585-608.

[22] CARSON S J, MADHOK A, WU T. Uncertainty, opportunism, and governance: the effects of volatility and ambiguity on formal and relational contracting [J]. The Academy of Management Journal, 2006, 49(5): 1058-1077.

[23] CASCIARO T, PISKORSKI M J. Power imbalance, mutual dependence and constraint absorption: a closer look at resource dependence theory[J]. Administrative Science Quarterly, 2005 (50): 167-199.

[24] CASTELLS M. The rise of the network society[M]. Oxford: Blackwell, 1996.

[25] CHANG C Y, IVE G. The hold-up problem in the management of construction projects: a case study of the channel tunnel[J]. International Journal of Project Management, 2007, 25 (4): 394-404.

[26] CLAUS H, BOB B. Adapt or die: transforming your supplying chain into adaptive business netork[M]. Hoboken: John Wiley & Sons, 2003.

[27] CLARKSON M B E. A stakeholder framework of analyzing and evaluating corporate social performance[J]. Academy of Management Review, 1995, 20(1): 92-117.

[28] CROSNO J L, DAHLSTROM R. A meta-analytic review of opportunism in exchange relationships [J]. Journal of the Academy of Marketing Science, 2008, 36(2): 191-201.

[29] CONNER K R. A historical comparison of resource based view and five schools of thought within industrial organization economics: do we have a new theory of the firm? [J]. Journal of Management, 1991, 17(1):

121-154.

[30] COOPER R G. The components of risk in new product development: project new prod[J]. R&D Management, 1981, 11(2): 47-54.

[31] CRILLY D. Recasting enterprise strategy: towards stakeholder research that matters to general managers [J]. Journal of Management Studies, 2013, 50(8): 1427-1447.

[32] DAHLSTROM R, NYGAARD A. An empirical investigation of ex post transaction costs in franchised distribution channels[J]. Journal of Marketing Research, 1999: 160-170.

[33] DAS T K, TENG B S. Risk types and inter-firm alliance structures [J]. Journal of Management Studies, 1996, 33(6): 827-843.

[34] DAS T K. Time-span and risk of partner opportunism in strategic alliances[J]. Journal of Managerial Psychology, 2004, 19(8): 744-759.

[35] DAS T K, RAHMAN N. Determinants of partner opportunism in strategic alliances: a conceptual framework [J]. Journal of Business and Psychology, 2010, 25(1): 55-74.

[36] DAS T K, KUMAR R. Regulatory focus and opportunism in the alliance development process[J]. Journal of Management, 2011, 37(3): 682-708.

[37] DAVIES A, HOBDAY M. The business of projects: managing innovation in complex products and systems[M]. Cambridge: Cambridge University Press, 2005.

[38] DE V G, TEKAYA A, WANG C L. The many faces of asset specificity: a critical review of key theoretical perspectives[J]. International Journal of Management Reviews, 2011, 13(4): 329-348.

[39] DICKEN P, KELLY P F, OLDS K, et al. Chains and networks, territories and scales: toward a relational framework for analyzing the global economy[J]. Global Networks, 2001, 1(2): 89-112.

[40] DONALDSON T, PRESTON L E. The stakeholder theory and the

corporation: concepts, evidence and implications[J]. Academy of Management Review, 1995, 20(1): 65-91.

[41] DRISCOLL K, STARIK M. The primordial stakeholder: advancing the conceptual consideration of stakeholder status for the natural environment [J]. Journal of Business Ethics, 2004(49): 55-73.

[42] EBERT C, NEVE P D. Surviving global software development[J]. IEEE Software, 2001, 18(2): 62-69.

[43] EESLEY C, LENOX M J. Firm responses to secondary stakeholder action[J]. Strategic Management Journal, 2006(27): 765-781.

[44] El A A, MIGNONAC K, PERRIGOT R. Opportunistic behaviors in franchise chains: the role of cohesion among franchisees[J]. Strategic Management Journal, 2011, 32(9): 930-948.

[45] EISENHARDT K M. Building theories from case study research [J]. Academy of Management Review, 1989: 532-550.

[46] ELFRING T, HULSINK W. Networking by entrepreneurs: patterns of tie formation in emerging organizations[J]. Organization Studies, 2007, 28(12): 1849-1872.

[47] EMERSON R M. Power-dependence relations [J]. American Sociological Review, 1962: 31-41.

[48] ERIN A, WEITZ B A. Make-or-buy decisions: vertical integration and marketing productivity[J]. Sloan Management Review, 1986, 27(3): 3-19.

[49] FITGERALD G, WILLCOCKS L P. Relationships on outsourcing: contracts and partnerships [C]//The proceedings of the second European conference in information systems, Breukelen, Netherlands: Nijenrode University Press, 1994.

[50] FOUCAULT M. Power: essential works of foucault 1954-1984 [J]. Revistatabularasa Org, 2000.

[51] FRAZIER G L, RODY R C. The use of influence strategies in interfirm relationships in industrial product channels[J]. Journal of Marketing, 1991, 55(1): 52-69.

[52] FREEMAN L. Centrality in social networks: conceptual clarification [J]. Social Networks, 1979(1): 215-239.

[53] FROOMAN J. Stakeholder influence strategies[J]. Academy of Management Journal, 1999, 24(2): 191-205.

[54] GASKI J F, NEVIN J R. The differential effects of exercised and unexercised power sources in a marketing channel[J]. Journal of Marketing Research, 1985: 130-142.

[55] GIDDENS A. The nation-state and violence[M]. University of California Press, 1985.

[56] GOO J, KISHORE R, RAO H R, et al. The role of service level agreements in relational management of IT outsourcing: an empirical study[J]. MIS Quarterly, 2008, 32(3): 1-27.

[57] GRAEBNER M E. Caveat venditor: trust asymmetries in acquisitions of entrepreneurial firms [J]. The Academy of Management Journal, 2009, 52(3): 435-472.

[58] GULATI R. Social structure and alliance formation patterns: a longitudinal analysis[J]. Administrative Science Quarterly, 1995: 619-652.

[59] GUNDLACH G T, ACHROL R S, MENTZER J T. The structure of commitment in exchange[J]. Journal of Marketing, 1995, 59 (1): 78-92.

[60] HAGEDOORN J, FRANKORT H T W. The gloomy side of embeddedness: the effects of overembeddedness on inter-firm partnership formation[J]. Advances in Strategic Management, 2008(25): 503-530.

[61] HAKANSSON H, SNEHOTA I. No business is an island: the network concept of business strategy [J]. Scandinavian Journal of Management, 1989(5): 468-483.

[62] HAKANSSON H, SNEHOTA I. Developing relationships in business networks[M]. London: Routledge, 1995.

[63] HANDLEY S M, BENTON W C. The influence of exchange

hazards and power on opportunism in outsourcing relationships [J]. Journal of Operations Management，2012(30)：55-68.

[64] HANSEN K L，RUSH H. Hotspots in complex product systems：emerging issues in innovation management[J]. Technovation，1998，18(8)：555-590.

[65] HARRIS A，GUINPERO C L，HULT T M. Impact of organizational and contract flexibility on outsourcing contracts [J]. Industrial Marketing Management，1998，27(5)：373-384.

[66] HART O，MOORE J. Contracts as reference points[J]. Quarterly Journal of Economics，2008，123(1)：1-48.

[67] HAWKINS T G， WITTMANN C M， BEYERLEIN M M. Antecedents and consequences of opportunism in buyer-supplier relations：research synthesis and new frontiers [J]. Industrial Marketing Management[J]，2008，37(8)：895-909.

[68] HEIDE J B，JOHN G. The role of dependence balancing in safeguarding transaction-specific assets in conventional channels [J]. Journal of Marketing，1988，52(1)：20-35.

[69] HELLSTR M T. New vistas for technology and risk assessment？the OECD programme on emerging systemic risks and beyond[J]. Technology in Society，2009，31(3)：325-331.

[70] HOBDAY M. Product complexity，innovation and industrial organisation[J]. Research Policy，1998，26(6)：689-710.

[71] HOBDAY M，RUSH H. Technology management in complex product systems (CoPS)-ten questions answered[J]. International Journal of Technology Management，1999，17(6)：618-638.

[72] HOBDAY M. The project-based organisation：an ideal form for managing complex products and systems？ [J]. Research Policy，2000，29(7-8)：871-893.

[73] HOECHT A，TROTT P. Innovation risks of strategic outsourcing [J]. Technovation，2006，26(5)：672-681.

[74] HUNT S D，NEVIN J R. Power in a channel of distribution：

sources and consequences[J]. Journal of Marketing Research, 1974, 11(2): 186-193.

[75] JARILLO J C. On strategic networks[J]. Strategic Management Journal, 1988, 9(1): 31-41.

[76] JONES T M, FLEPS W, EIGLEY G A. Ethical theory and stakeholder related decisions: the role of stakeholder culture[J]. Academy of Management Journal, 2007, 32(1): 137-155.

[77] KERZNER H R. Project management: a systems approach to planning, scheduling and controlling[M]. John Wiley & Sons, 2013.

[78] KHANNA T, GULATI R, NOHRIA N. The dynamics of learning alliances: competition, cooperation, and relative scope[J]. Strategic Management Journal, 1998, 19(3): 193-210.

[79] KIM E. The moderating effect of long-term orientation on the relationship between interfirm power asymmetry and interfirm contracts: the cases of korea and USA[J]. The Journal of Applied Business Research, 2010(6): 135-146.

[80] KLEIN P G, MAHONEY J T, MCGAHAN A M, et al. Who is in charge? a property rights perspective on stakeholder governance [J]. Strategic Organization, 2012, 10(3): 304-315.

[81] KLOYER M, SCHOLDERER J. Effective incomplete contracts and milestones in market-distant R&D collaboration[J]. Research Policy, 2012, 41(2): 346-357.

[82] KRACKHARDT D. Assessing the political iandscape: structure, cognition, and power in organizations [J]. Administrative Science Quarterly, 1990(35): 342-369.

[83] KUMAR N, SCHEER L K, STEENKAMP J E M. The effects of perceived interdependence on dealer attitudes [J]. Journal of Marketing Research, 1995, 32(3): 348-356.

[84] LACITY M C, HIRSCHHEIM R. Information systems outsourcing: myths, metaphors and realities [M]. Chichester: John Wiley &

Sons，1993.

[85] LAMB L F，MCKEE K B. Applied public relations：cases in stakeholder management[M]. Routledge，2010.

[86] LEE K，PENG M W，LEE K. From diversi-fication premium to diversification discount during institutional transitions[J]. Journal of World Business，2003，43(1)：47-65.

[87] LUCAS R E，RAPPING L A. Real wages，employment and inflation[J]. Journal of Political Economy，1969，77(5)：721-754.

[88] LIN Z，YANG H，DEMIRKAN I. The performance consequences of ambidexterity in strategic alliance formations：empirical investigation and computational theorizing［J］. Management Science，2007，53(10)：1645-1658.

[89] LUI S S，WONG Y，LIU W. Asset specificity roles in interfirm cooperation：reducing opportunistic behavior or increasing cooperative behavior？［J］. Journal of Business Research，2009，62（11）：1214-1219.

[90] LUO Y. Opportunism in inter-firm exchanges in emerging markets[J]. Management and Organization Review，2006，2(1)：121-147.

[91] LUO Y. Are joint venture partners more opportunistic in a more volatile environment？[J]. Strategic Management Journal，2007，28(1)：39-60.

[92] MALONE T W，YATES J，BENJIAMIN R I. Electronic markets and electronic hierarchies[J]. Communications of the ACM，1987(30)：484-497.

[93] MARKOVSKY B. Network exchange outcomes：limits of predictability[J]. Social Networks，1992，14(3-4)：267-289.

[94] MASTEN S E，MEEHAN J W，SNYDER E A. The costs of organization[J]. Journal of Law，Economics and Organization，1991(7)：1-25.

[95] MCCANN J，FERRY D. An approach for assessing and managing inter-unit interdependence[J]. Academy of Management Review，

1977, 4(1): 113-119.

[96] MEYER J W, ROWAN B. Institutional organizations: formal structures as myth and ceremony [J]. American Journal of Sociology, 1977, 83(2): 340-363.

[97] MILGROM P, ROBERTS J. Economics, organization and management[M]. Prentice-Hall International, 1992.

[98] MILLER R, HOBDAY M, LEROUX-DEMERS T, et al. Innovation in complex systems industries: the case of flight simulation[J]. Industrial and Corporate Change, 1995, 4(2): 363-400.

[99] MITCHELL R K, AGLE B R, WOOD D J. Toward a theory of stakeholder identification and salience: defining the principle of who and what really counts[J]. Academy of Management Journal, 1997, 22(4): 853-886.

[100] MITCHELL R K, ROBINSON R E, MARIN A, et al. Spiritual identity, stakeholder attributes, and family business workplace spirituality stakeholder salience[EB/OL]. [2015-01-15]. http://www.ronaldmitchell.org/publications/FBSS12.

[101] MUNZER S R. A theory of property[M]. Cambridge: Cambridge University Press, 1992.

[102] MYSEN T, SVENSSON G, PAYAN J M. The key role of opportunism in business relationships[J]. Marketing Intelligence & Planning, 2011, 29(4): 436-449.

[103] NIESTEN E, JOLINK A. Incentives, opportunism and behavioral uncertainty in electricity industries[J]. Journal of Business Research, 2012(4): 1031-1039.

[104] OLIVER C. Strategic responses to institutional processes [J]. Academy of Management Review, 1991, 16(1): 145-179.

[105] OSEI-BRYSON K M, NGWENVAMA O K. Managing risks in information system outsourcing: an approach to analyzing outsourcing risks and structuring incentive contracts[J]. European Journal of Operational Research, 2006.

[106] PAJUNEN K. Stakeholder influences in organizational survival [J]. Journal of Management Studies, 2006, 43(6): 1261-1288.

[107] PANDHER G, CURRIE R. CEO Compensation: a resource advantage and stakeholder-bargaining perspective[J]. Strategic Management Journal, 2013, 34(1): 22-41.

[108] PARENT M M, DEEPHOUSE D L. A case study of stakeholder identification and prioritization by managers [J]. Journal of Business Ethics, 2007(75): 1-23.

[109] PARSONS, MICHAEL D. Power and powerlessness in industry: an analysis of the social relations of production [J]. Labor Studies Journal. 1988, 13(3): 65-66.

[110] PATACCHINI E, ZENOU Y. The strength of weak ties in crime [J]. European Economic Review, 2008, 52(2): 209-236.

[111] PéREZ-NORDTVEDT L, KEDIA B L, DATTA D K, et al. Effectiveness and efficiency of cross-border knowledge transfer: an empirical examination[J]. Journal of Management Strdies, 2008, 45(4): 714-744.

[112] PENG M W, LUO Y. Managerial ties and firm performance in a transition economy: the nature of a micro-macro link[J]. Academy of Management Journal, 2000: 486-501.

[113] PFEFFER J, SALANCIK G R. The external control of organizations: a resource dependence perspective[M]. Stanford Business Books, 1978.

[114] PHELPS C C. A Longitudinal study of the influence of alliance network structure and composition on firm exploratory innovation [J]. The Academy of Management Journal, 2010, 53 (4): 890-913.

[115] PHILLIPS R A, FREEMAN R E, WICKS A C. What stakeholder theory is not[J]. Business Ethics Quarterly, 2003, 13(4): 479-502.

[116] POPPO L, ZENGER T. Do formal contracts and relational governance function as substitutes or complements? [J]. Strategic Management Journal, 2002, 23(8): 707-725.

[117] PORTER M, KRAMER M. Creating shared value[J]. Harvard Business Review, 2011, 89(1): 62-77.

[118] POWELL W W. Neither market nor hierarchy: network forms of organization[J]. Research in Organizational Behavior, 1990, 12 (3): 295-336.

[119] PRENCIPE A. Breadth and depth of technological capabilities in CoPS: the case of the aircraft engine control system[J]. Research Policy, 2000, 29(7): 895-911.

[120] PROVAN K G, SKINNER S J. Interorganizational dependence and control as predictors of opportunism in dealer-supplier relations[J]. The Academy of Management Journal, 1989, 32 (1): 202-212.

[121] REAGANS R, MCEVILY B. Network structure and knowledge transfer: the effects of cohesion and range[J]. Administrative Science Quarterly, 2003, 48(2): 240-267.

[122] REN Y T, YEO K T. Research challenges on complex product systems (CoPS) innovation[J]. Journal of the Chinese Institute of Industrial Engineers, 2006, 23(6): 519-529.

[123] RINDFLEISCH A, MOORMAN C. The acquisition and utilization of information in new product alliances: a strength-of-ties perspective[J]. Journal of Marketing, 2001, 65(2): 1-18.

[124] ROWLEY T J. Moving beyond dyadic ties: a network theory of stakeholder influences [J]. Academy of Management Journal, 1997, 22(4): 887-910.

[125] SAVAGE G T, NIX T W, WHITEHEAD C J, et al. Strategies for assessing and managing organizational stakeholders[J]. The Executive, 1991: 61-75.

[126] SCHULTZ T W. Investment in human capital[J]. The American Economic Review, 1961: 1-17.

[127] SNOW C C, MILES R E, COLEMAN H J. Managing 21st century network organizations [J]. Organizational Dynamics,

1992，20(3)：5-20.

[128] SYTCH M，TATARYNOWICZ A. Exploring the locus of invention：the dynamics of network communities and firms' invention productivity[J]. Academy of Management Journal，2014，57(1)：249-279.

[129] TSAI W. Knowledge transfer in intra-organizational networks：effects of network position and absorptive capacity on business unit innovation and performance[J]. Academy of Management Journal，2001，44(5)：996-1004.

[130] UZZI B. The sources and consequences of embededness for the economic performance of organizations：the network effect[J]. American Sociological Review，1996：674-698.

[131] UZZI B. Social structure and competition in interfirm networks：the paradox of embeddedness [J]. Administrative Science Quarterly，1997，42(1)：35-67.

[132] VALK T V D，CHAPPIN M M H，CIJSBERS G W. Evaluating innovationnet works in emerging technologies[J]. Technological Forecasting and Social Change，2011，78(1)：25-39.

[133] VENKATASUBRAMANIAN V. Prognostic and diagnostic monitoring of complex systems for product lifecycle management：challenges and opportunities[J]. Computers & Chemical Engineering，2005，29(6)：1253-1263.

[134] WASSERMAN S，FAUST K. Social network analysis：methods and applications[M]. Cambridge：Cambridge Univercity Press，1994.

[135] WATHNE K H，HEIDE J B. Opportunism in interfirm relationships：forms，outcomes，and solutions[J]. The Journal of Marketing，2000：36-51.

[136] WERDER A. Corporate governance and stakeholder opportunism [J]. Organization Science，2011，22(5)：1345-1358.

[137] WERNERFELT B. A resource-based view of the Firm [J]. Strategic Management Journal，1984，5(2)：171-180.

[138] WILLIAMSON O E. Markets and hierarchies[M]. New York: Free Press, 1975.

[139] WILLIAMSON O E. The economic intstitutions of capitalism [M]. Simon and Schuster, 1985.

[140] YAMAGISHI T, GILLMORE M R, COOK K S. Network connections and the distribution of power in exchange networks [J]. American Journal of Sociology. 1988(93): 833-851.

[141] YIN R K. Case study research: design and methods[M]. Sage Publications, Inc, 2009, 13(5): 781-788.

[142] ZAHEER A, SODA G. Network evolution: the origins of structural holes[J]. Administrative Science Quarterly, 2009, 54 (1): 1-31.

[143] ZHOU W, CHEN J, JING J. Risk generation mechanism of complex product system[C]//2006 IEEE International Conference on Management of Innovation and Technology. IEEE, 2006(2): 723-727.

[144] 巴泽尔. 产权的经济分析[M]. 费方域, 段毅才, 译. 上海: 上海三联书店, 上海人民出版社, 1997.

[145] 蔡宁, 潘松挺. 网络关系强度与企业技术创新模式的耦合性及其协同演化——以海正药业技术创新网络为例[J]. 中国工业经济, 2008(4): 137-144.

[146] 曹智, 沈灏, 霍宝锋. 基于三元视角的供应链关系管理研究前沿探析与未来展望[J]. 外国经济与管理, 2011(8): 8-16, 40.

[147] 程聪, 谢洪明, 陈盈, 等. 网络关系、内外部社会资本与技术创新关系研究[J]. 科研管理, 2013, 34(11): 1-8.

[148] 程菲琼, 虞旭丹. 联盟关系风险生成机制研究: 以娃哈哈为例[J]. 科研管理, 2010(6): 159-166.

[149] 丛国栋. 企业 IT 外包风险评价模型与控制策略研究[D]. 武汉: 华中科技大学, 2008.

[150] 陈宏辉, 贾生华. 企业利益相关者的利益协调与公司治理的平衡原理[J]. 中国工业经济, 2005(8): 114-121.

[151] 陈宏辉. 企业剩余权的分布：基于利益相关者理论的重新思考[J]. 当代经济管理,2006,28(4):18-22.

[152] 常红锦,党兴华,史永立. 网络嵌入性与成员退出：基于创新网络的分析[J]. 研究与发展管理,2013,25(4):30-40.

[153] 陈明,林桂娟. 复杂产品研发技术风险管理研究与应用[J]. 同济大学学报(自然科学版),2009(8):1090-1095.

[154] 陈劲,黄建樟,童亮. 复杂产品系统的技术开发模式[J]. 研究与发展管理,2004,16(5):65-70.

[155] 陈劲,吴沧澜,黄建樟,等. 复杂产品系统开发网络组织及组织能力探索[J]. 研究与发展管理,2005,17(1):21-27.

[156] 陈劲,桂彬旺. 复杂产品系统模块化创新流程与管理策略[J]. 研究与发展管理,2006(3):74-79.

[157] 陈劲. 复杂产品系统创新管理[M]. 北京:科学出版社,2007.

[158] 陈劲,桂彬旺,陈钰芬. 基于模块化开发的复杂产品系统创新案例研究[J]. 科研管理,2007,27(6):1-8.

[159] 陈少丹. 权力机制对渠道双边机会主义的影响研究——基于渠道权力非对称的视角[D]. 广州:中山大学,2009.

[160] 陈晓萍,徐淑英,樊景立. 组织与管理研究的实证方法[M],北京:北京大学出版社,2012.

[161] 董彧. 人力资本产权实现方式与公司绩效内生性模型构建[J]. 商业经济,2014(7):82-83.

[162] 范黎波. 企业间网络关系对战略的影响：一个理论框架[J]. 财贸经济,2004(5):42-46.

[163] 方军雄. 信息公开、治理环境与媒体异化——基于 IPO 有偿沉默的初步发现[J]. 管理世界,2014(11):95-104.

[164] 方竹兰. 人力资本产权论[J]. 经济理论与经济管理,1999(1):36-39.

[165] 冯根福. 双重委托代理理论:上市公司治理的另一种分析框架——兼论进一步完善中国上市公司治理的新思路[J]. 经济研究,2004(12):16-25.

[166] 冯强,曾声奎,任羿,等. 复杂产品研制过程技术风险的仿真评估

[J]. 系统仿真学报,2009(16):5207-5211.

[167] 符加林. 企业声誉效应对联盟伙伴机会主义行为约束研究[D]. 杭州:浙江大学,2008.

[168] 高嵩. 非对称战略联盟网络中的机会主义研究[D]. 北京:北京邮电大学,2009.

[169] 高维和. 网络外部性、专用性投资与机会主义行为——双边锁定与关系持续[J]. 财经研究,2008(8):120-132.

[170] 龚玉环,卜琳华. 科研合作复杂网络及其创新能力分析[J]. 科技管理研究,2008,28(12):30-32.

[171] 何亚琼,秦沛,苏竣. 网络关系对中小企业创新能力影响研究[J]. 管理科学,2005,18(6):18-23.

[172] 洪勇,苏敬勤. 我国复杂产品系统自主创新研究[J]. 公共管理学报,2008,5(1):76-83.

[173] 黄乾. 人力资本产权的概念、结构与特征[J]. 经济学家,2000(5):38-45.

[174] 黄中伟,王宇露. 关于经济行为的社会嵌入理论研究述评[J]. 外国经济与管理,2008,29(12):1-8.

[175] 姜翰,杨鑫,金占明,战略模式选择对企业关系治理行为影响的实证研究——从关系强度角度出发[J]. 管理世界,2008(3):115-125.

[176] 江若尘. 企业利益相关者问题的实证研究[J]. 中国工业经济,2006(10):67-74.

[177] 杰弗里·菲佛,杰勒尔德·R.萨兰基克. 组织的外部控制——对组织资源依赖的分析[M]. 闫蕊,译. 北京:东方出版社,2006.

[178] 景劲松. 复杂产品系统创新项目风险识别、评估、动态模拟与调控研究[D].杭州:浙江大学,2005.

[179] 景秀艳. 网络权力及其影响下的企业空间行为研究[D]. 上海:华东师范大学,2007.

[180] 景秀艳. 生产网络、网络权力与企业空间行为[M]. 北京:中国经济出版社,2008.

[181] 雷昊. 供应链中的权力冲突分析[J]. 科技进步与对策,2004(11):

68-69.

[182] 黎常. 网络关系、资源获取与新企业国际化——四家企业的案例研究[J]. 管理案例研究与评论,2012,5(5):368-378.

[183] 李金华,孙东川. 创新网络的演化模型[J]. 科学学研究,2006,24(1):135-140.

[184] 李玲. 技术创新网络中企业间依赖、企业开放度对合作绩效的影响[J]. 南开管理评论,2011(4):16-24.

[185] 李煜华,陈文霞,胡瑶瑛. 基于系统动力学的复杂产品系统技术创新联盟稳定性影响因素分析[J]. 科技与管理,2010(6):25-27.

[186] 李正锋,叶金福,邹艳,等. 知识管理在航空新产品开发中的应用研究[J]. 科研管理,2008,29(4):169-174.

[187] 李忠民. 人力资本:一个理论框架及其对中国一些问题的解释[M]. 北京:经济科学出版社,1999.

[188] 兰建平,苗文斌. 嵌入性理论研究综述[J]. 技术经济,2009,28(1):104-108.

[189] 梁姝娜. 不完全契约视角下的人力资本收益权实现研究[D]. 沈阳:辽宁大学,2006.

[190] 林建宗. 组织间相互依赖的研究评述[J]. 经济师,2008(6):213-214.

[191] 林南. 社会资本——关于社会结构与行动的理论[M]. 张罗,译. 上海:上海人民出版社,2005.

[192] 林曦. 企业利益相关者管理——从个体、关系到网络[M]. 大连:东北财经大学出版社,2010.

[193] 林曦. 弗里曼利益相关者理论评述[J]. 商业研究,2010(8):66-70.

[194] 刘泰洪. 委托代理理论下地方政府机会主义行为分析[J]. 中国石油大学学报(社会科学版),2008,24(1):41-44.

[195] 刘京,杜跃平. 技术创新中资产专用性造成的转换成本问题研究[J]. 科技进步与对策,2005,22(8):113-115.

[196] 刘军. 整体网分析讲义[M]. 上海:汉语大词典出版社,2009.

[197] 刘婷,刘益. 交易专项投资对伙伴机会主义行为影响的实证研究[J]. 管理科学,2012(1):66-75.

[198] 刘小腊,李鸣. 人力资产产权特征与企业制度变迁[J]. 厦门大学
学报(哲学社会科学版),1998,(1):17-22.

[199] 刘燕. "机会主义行为"内容与表现形式的理论解析[J]. 经济问题
探索,2006(5):122-125.

[200] 刘雪峰. 网络嵌入性与差异化战略及企业绩效关系研究[D]. 杭
州:浙江大学,2007.

[201] 刘迎秋. 论人力资本投资及其对中国经济成长的意义[J]. 经济研
究参考,1997(34):30-33.

[202] 龙勇,付建伟. 资源依赖性、关系风险与联盟绩效的关系——基于
非对称竞争性战略联盟的实证研究[J]. 科研管理,2011(9):
91-99.

[203] 卢丽娟. R&D联盟企业机会主义行为的结构化原因分析[J]. 财
会月刊(综合版),2005(6):6-7.

[204] 罗志恒,葛宝山,董保宝. 网络、资源获取和中小企业绩效关系研
究:基于中国实践[J]. 软科学,2009,23(8):130-134.

[205] 马克·格兰威特,理查德·斯威德伯格. 经济生活中的社会学
[M]. 瞿铁鹏,姜志辉,译. 上海:上海人民出版社,2014.

[206] 马迎贤. 组织间关系:资源依赖视角的研究综述[J]. 管理评论,
2005(2):55-62.

[207] 曲洪敏,吴雪,韩文静. 分销商弥补性投资对专用性资产防御的实
证研究[J]. 管理评论,2008(6):25-31.

[208] R.爱德华·弗里曼. 战略管理:利益相关者方法[M]. 王彦华,梁
豪,译. 上海:上海译文出版社,2006.

[209] 任志安,毕玲. 网络关系与知识共享:社会网络视角分析[J]. 情报
杂志,2007,26(1):75-78.

[210] 盛亚,单航英. 利益相关者与企业技术创新绩效关系:基于高度平
衡型利益相关者的实证研究[J]. 科研管理,2008,29(6):30-35.

[211] 盛亚等. 企业技术创新管理:利益相关者方法[M].北京:光明日报
出版社,2009.

[212] 盛亚,王节祥,吴俊杰. 复杂产品系统创新风险生成机理研究——
利益相关者权利对称性视角[J]. 研究与发展管理,2012,24(3):

110-116.

[213] 盛亚,王节祥. 利益相关者权利非对称、机会主义行为与 CoPS 创新风险生成[J]. 科研管理,2013,34(3):31-40.

[214] 盛亚,张文静. 资产性质、权力-依赖关系对机会主义行为的影响[J]. 科技进步与对策,2014,31(23):22-27.

[215] 盛亚,彭哲. 网络核心成员的网络权力影响机制:基于 CoPS 的探索性案例研究[J]. 科技进步与对策,2015(21):1-7.

[216] 盛亚,高栋. 创新网络中专用性资产投入对机会主义行为的影响研究[M]//郝云宏. 浙商管理评论 第 2 辑. 杭州:浙江工商大学出版社,2014.

[217] 盛亚,李春友. 利益相关者显著性的整合研究框架——主观感知与主体属性[J]. 商业经济与管理,2016(1):36-42.

[218] 舒尔茨. 论人力资本投资[M]. 吴珠华,译. 北京:北京经济学院出版社,1990.

[219] 苏越良,张卫国. 基于全局的复杂产品开发项目风险协调控制方法[J]. 系统工程理论与实践,2008(5):70-76.

[220] 孙国强,朱艳玲. 模块化网络组织的风险及其评价研究——来自一汽企业集团网络的经验证据[J]. 中国工业经济,2011(8):139-148.

[221] 汪丁丁,叶航. 理性的演化——关于经济学"理性主义"的对话[J]. 社会科学战线,2004(2):49-66.

[222] 汪涛,秦红. 专用性投资对机会主义的影响——W 汽车行业 4S 专营店为例[J]. 管理科学,2006,19(2):22-32.

[223] 王伯铭. 高速动车组总体及转向架[M]. 成都:西南交通大学出版社,2008.

[224] 王发明,于志伟. 区域循环经济系统抗风险能力研究——基于网络关系的视角[J]. 科研管理,2015,36(4):101-108.

[225] 王刚,陈向东,牛欣. 基于 TRL 的航空航天产品研发项目协调机制研究[J]. 科研管理,2012(7):59-66.

[226] 王国红,邢蕊,林影. 基于社会网络嵌入性视角的产业集成创新风险研究[J]. 科技进步与对策,2011,28(2):60-63.

[227] 王娟. 网络关系对产业集群企业抗风险能力的影响研究[D]. 南京:南京航空航天大学,2008.

[228] 王节祥,盛亚,蔡宁. 合作创新中资产专用性与机会主义行为的关系[J]. 科学学研究,2015,33(8):1251-1260.

[229] 王雷,党兴华. 剩余控制权、剩余索取权与公司成长绩效——基于不完全契约理论的国有上市公司治理结构实证研究[J]. 中国软科学,2008(8):128-138.

[230] 王琴. 网络治理的权力基础:一个跨案例研究[J]. 南开管理评论,2012(6):1-10.

[231] 王树林,吴晓薇. 网络关系对企业创新能力的影响研究[C]. 中国管理科学与工程论坛,2008.

[232] 王勇. 人才资本产权实现的路径分析与制度安排[D]. 南京:河海大学,2007.

[233] 魏江,叶波. 企业集群的创新集成:集群学习与挤压效应[J]. 中国软科学,2002(12):38-42.

[234] 温忠麟,侯杰泰,张雷. 调节效应与中介效应的比较和应用[J]. 心理学报,2005(2):268-274.

[235] 吴君民,李新. 复杂产品交货期、质量和成本的关系问题研究[J]. 江苏商论,2008(32):72-74.

[236] 吴明隆. 结构方程模型——AMOS的操作与运用[M]. 重庆:重庆大学出版社,2009.

[237] 吴绍波,顾新. 知识链组织之间合作的关系强度研究[J]. 科学学与科学技术管理,2008(2):113-118.

[238] 肖灵机,戴爱明. 复杂产品模块化与供应链协同研究[M]. 北京:人民出版社,2010.

[239] 谢洪明,刘少川. 产业集群、网络关系与企业竞争力的关系研究[J]. 管理工程学报,2007,21(2):15-18.

[240] 谢科范. 技术创新风险管理[M]. 石家庄:河北科学技术出版社,1999.

[241] 谢永平,党兴华,张浩森. 核心企业与创新网络治理[J]. 经济管理,2012(3):60-67.

[242] 徐二明,徐凯. 资源互补对机会主义和战略联盟绩效的影响研究 [J]. 管理世界,2012(1):93-103.

[243] 徐和平,孙林岩,慕继丰. 产品创新网络中的信任与信任机制探讨 [J]. 管理工程学报,2004,18(2):55-59.

[244] 许景,石岿然. 专用性投资与创新绩效:关系学习的作用[J]. 科技 进步与对策,2012(21):25-30.

[245] 徐俪凤. 基于社会网络视角的网络权力研究[D]. 太原:山西财经 大学,2014.

[246] 薛佳奇,益刘,张磊楠. 竞争关系下制造商专项投资对分销商机会 主义行为的影响[J]. 管理评论,2011,23(9):76-85.

[247] 杨剑. 信息技术空间:权力、网络经济特征与财富分配[D]. 上海: 上海社会科学院,2008.

[248] 杨继国. 人力资本产权:一个挑战公司治理理论的命题[J]. 经济 科学,2002(1):19-26.

[249] 杨瑞龙,周业安. 一个关于企业所有权安排的规范性分析框架及其 理论含义[J]. 经济研究,1997(1):12-22.

[250] 杨瑞龙,周业安.论利益相关者合作逻辑下的企业共同治理机制 [J].中国工业经济,1998(1):38-45.

[251] 杨瑞龙. 企业的利益相关者理论及其应用[M]. 北京:经济科学出 版社,2000.

[252] 杨瑞龙,杨其静. 专用性、专有性与企业制度[J]. 经济研究,2001, 3(6):3-11.

[253] 杨志刚,吴贵生. 复杂产品技术能力成长的路径依赖——以我国通 信设备制造业为例[J]. 科研管理,2003,24(6):13-20.

[254] 易法敏,文晓巍. 新经济社会学中的嵌入理论研究评述[J]. 经济 学动态,2009(8): 130-134.

[255] 易明. 产业集群治理结构与网络权力关系配置[J]. 宏观经济研 究,2010(3):42-47.

[256] 易余胤,肖条军,盛昭翰. 合作研发中机会主义行为的演化博弈分 析町管理科学学化[J],2005,8(4):80-97.

[257] 伊特韦尔,等. 新帕尔格雷夫经济学大辞典:第二卷[M]. 陈岱孙,

等,译. 北京:经济科学出版社,1996.

[258] 苑泽明,严鸿雁. 技术创新专用性投资与治理机制[J]. 科学学与科学技术管理,2009(5):36-39.

[259] 曾伏娥,陈莹. 分销商网络环境及其对机会主义行为的影响[J]. 南开管理评论,2015,18(1):77-88.

[260] 曾经莲,邹树梁,王铁骊,等. 基于 AHP-FCE 模型的复杂产品系统项目风险评估研究[J]. 价值工程,2008,27(2):128-131.

[261] 张闯. 渠道依赖、权力结构与策略:社会网络视角的研究[D].大连:东北财经大学,2007.

[262] 张践明,雷志华. 论科学知识与权力的交融[J]. 求索,2007(2):153-154.

[263] 张立志,李原,余剑峰. 复杂产品系统的风险管理实现研究[J]. 航空制造技术,2009(9):94-97.

[264] 张维迎. 所有制、治理结构及委托——代理关系[J]. 经济研究,1996,9(3):3-15,53.

[265] 张炜. 新经济时代新的创新管理范畴——复杂产品系统的创新管理[J]. 经济管理,2001(16):69-75.

[266] 赵昌平,葛王华. 战略联盟中的机会主义及其防御策略[J]. 科学学与科学技术管理,2003,24(10):114-117.

[267] 庄贵军. 营销渠道中的人际关系与跨组织合作关系:概念与模型[J]. 商业经济与管理,2012(1):25-33.

[268] 周其仁. 市场里的企业:一个人力资本与非人力资本的特别合约[J]. 经济研究,1996,6(7):71-79.

附　　录

附录 1　基于利益相关者权利关系的 CoPS 创新风险生成机理访谈提纲

1.请您简单介绍一下您公司发展和产品情况。

2.请介绍一下空分设备行业的行业结构。贵公司在空分设备的市场地位如何？

3.请介绍一些贵公司完成的比较成功的项目案例？

4.贵公司是否存在这样一些项目，由于各种原因，项目成本大幅上升、工期延迟或者无法完成产品设计时的规定任务？

5.请举出一个存在上述情形的典型例子并具体谈谈。

6.在这类失败项目中，是外部环境因素还是人的行为因素影响更大？

7.在您提到的这些项目中涉及的利益相关者有哪些？ 比较重要的有哪些？

8.您认为应该从这些项目中吸取什么经验？ 在今后项目创新中注意哪些方面？

9.您认为决定一个空分设备项目成败的主要因素是什么？

10.最后请您谈一谈从事空分设备行业的一些体会。

附录 2　基于利益相关者权利关系的 CoPS 创新风险生成机理接触摘要单

接触类型：		地　　点：
接触人物：		接触日期： 填 表 人：

1. 此次接触中让你印象最深的主要议题或主题是什么？

2. 简述此次接触你拿到的(或未拿到)与研究问题有关的资料。

3. 此次接触中提示了哪些与研究问题相关的新假设、思考和预感？

4. 下次再接触时,重点应该放在哪里? 应收集哪类信息?

附录3 基于利益相关者权利关系的 CoPS 创新风险生成机理调查问卷

问卷填写说明：

1. 问卷调查的对象是复杂产品系统，复杂产品系统一般要符合以下特征：

(1)以单件或小批量定制的方式进行生产或服务，实行项目制管理；

(2)单件产品价格高(万元级)、技术复杂(有软件控制系统)，项目订单执行需要较长时间(1个月以上)才能完成。

2. 填写人员应该是直接参与复杂产品系统研发、生产或销售的管理人员。

3. 您所在企业名称：＿＿＿＿＿＿＿＿＿；

您参与的项目名称：＿＿＿＿＿＿＿＿＿

4. 对于无分包商的项目，可以将分包商理解为大型供应商。

一、项目基本情况：

(提示：请您在相应选项前的□中打"√"；电子版请将所选项改为红色)

1. 行业类型：

□机械制造　□电力化工　□建筑工程　□交通运输　□通信软件
□其他

2. 项目规模(万元)：

□小于1万元　□1万~100万元　□101万~500万元
□501万~1 000万元　□1 000万元以上

3. 外包出去的业务占整个项目多大比重？

□0%~20%　□21%~40%　□41%~60%　□61%~80%
□81%~100%

二、复杂产品系统项目风险调查

(提示：下表是关于项目创新绩效的描述，请根据您的判断在相应的数字上打"√"；电子版请将所选项改为红色)

	非常 不同意	不同意	一般	同意	非常 同意
项目研发、生产或服务成本较原计划大幅上升	1	2	3	4	5
项目研发、生产或服务工期较原计划大幅延误	1	2	3	4	5
项目功能质量较原计划大幅下降	1	2	3	4	5

三、复杂产品系统项目的利益相关者权利调查

	各项指标	非常 不同意	不同意	一般	同意	非常 同意
客户	客户在行业内属于龙头企业	1	2	3	4	5
	所在行业市场结构是买方市场(供大于求)	1	2	3	4	5
	客户项目属于行业内超大型项目	1	2	3	4	5
	客户对整个项目能够有效监督和控制	1	2	3	4	5
	客户需求在产品和服务中得到很好满足	1	2	3	4	5
	项目执行中客户意见得到充分重视	1	2	3	4	5
	该客户项目获得了贵公司额外(合同之外)服务	1	2	3	4	5
	该客户项目完成质量获奖或获得权威认可	1	2	3	4	5
员工	员工是这一项目执行成败的最关键因素	1	2	3	4	5
	员工在项目生产中得到充分授权	1	2	3	4	5
	员工在项目执行中的相关意见被充分重视	1	2	3	4	5
	员工在项目执行中享有一定决策权	1	2	3	4	5
	员工从该项目中获得业务提成	1	2	3	4	5
	员工通过项目执行提高了业务技能	1	2	3	4	5
	员工从该项目中获得职业晋升机会	1	2	3	4	5
	员工能力通过该项目执行得到行业内认可	1	2	3	4	5
分包商	分包商是行业内特定模块的最大分包商	1	2	3	4	5
	分包商在行业内具有特定优势(特殊技术等)	1	2	3	4	5
	贵公司并不是该分包商的最大买家	1	2	3	4	5

续　表

各项指标		非常不同意	不同意	一般	同意	非常同意
分包商	分包商的主业并不是向贵公司提供的产品/服务	1	2	3	4	5
	分包商通过该项目技术能力得到提升	1	2	3	4	5
	分包商通过参与项目获得了专利分享权益	1	2	3	4	5
	分包商通过项目与贵公司建立长期合作关系	1	2	3	4	5
	分包商通过该项目在行业内建立起较好声誉	1	2	3	4	5

四、复杂产品系统项目的利益相关者行为调查

各项指标		非常不同意	不同意	一般	同意	非常同意
客户	客户有时候会违背合同规定	1	2	3	4	5
	客户有时候会逃避合同规定的违约责任	1	2	3	4	5
	客户经常拒绝采纳贵公司提出的合同修改	1	2	3	4	5
	客户会根据自身需要强制要求修改合同	1	2	3	4	5
	客户会利用自身优势刻意刁难贵公司	1	2	3	4	5
	客户对贵公司的一些承诺并没有兑现	1	2	3	4	5
	客户对贵公司隐瞒一些重要信息	1	2	3	4	5
	客户在项目完成后会通过挑毛病来拖延货款	1	2	3	4	5
员工	员工在项目执行中没有遵照贵公司章程	1	2	3	4	5
	员工在项目执行中存在谋求自身利益行为	1	2	3	4	5
	员工向合作方泄露了贵公司的重要信息	1	2	3	4	5
	员工在项目执行中窃取了贵公司资源	1	2	3	4	5
	员工在该项目中存在偷懒行为	1	2	3	4	5
	员工承诺努力工作,但并没有尽力	1	2	3	4	5
	员工在项目执行中不够积极主动	1	2	3	4	5
	员工追求项目数量而不注重执行质量	1	2	3	4	5

续　表

各项指标	非常不同意	不同意	一般	同意	非常同意
分包商有时会违背合同规定	1	2	3	4	5
分包商会逃避合同规定的违约责任	1	2	3	4	5
分包商经常拒绝采纳贵公司提出的合同修改意见	1	2	3	4	5
分包商会根据自身需要强制要求修改合同	1	2	3	4	5
分包商会利用自身优势刻意刁难贵公司	1	2	3	4	5
分包商对我们的一些承诺并没有兑现	1	2	3	4	5
分包商对贵公司隐瞒一些重要信息	1	2	3	4	5
分包商会不顾一切地向贵公司催要到期货款	1	2	3	4	5

（注：左侧纵向合并单元格为"分包商"）

五、复杂产品系统创新项目合作方历史合作情况调查

1. 客户

该客户与贵公司合作关系的持续时间：

□1 年以下　□1～2 年　□3～5 年　□6～7 年　□7 年以上

该客户与贵公司以往合作的项目次数：

□1 次以下　□1～2 次　□3～5 次　□6～7 次　□7 次以上

该客户与贵公司前期合作的满意度：

□非常不满意　□不满意　□一般　□满意　□非常满意

2. 员工

参与该项目的员工与贵企业签订合同的平均持续时间：

□1 年以下　□1～2 年　□3～5 年　□6～7 年　□7 年以上

参与该项目的员工以往参与同类型项目的平均次数：

□1 次以下　□1～2 次　□3～5 次　□6～7 次　□7 次以上

参与该项目的员工以往完成同类型项目的平均满意度：

□非常不满意　□不满意　□一般　□满意　□非常满意

3. 分包商

项目分包商与贵公司合作关系的平均持续时间：

□1 年以下　□1～2 年　□3～5 年　□6～7 年　□7 年以上

项目分包商与贵公司以往合作的平均项目次数：

□1 次以下　　□1～2 次　　□3～5 次　　□6～7 次　　□7 次以上

项目分包商与公司以往合作的平均满意度：

□非常不满意　□不满意　　□一般　　　　□满意　　　　□非常满意

附录4　利益相关者的资产专用性与机会主义行为调查问卷

问卷填写说明：

1. 问卷调查对象是合作创新中的企业，该企业一般要符合以下两个特征：

(1)以技术创新(产品创新、工艺创新、商业模式创新、服务创新)活动为主，采用网络化组织形式；

(2)创新中包含大学及科研院所、政府、金融机构、中介机构、供应商、集成商、核心企业、客户、竞争对手等众多的利益相关者。

2. 填写人员应该是负责贵企业研发、生产、销售或者战略管理等领域的中高层管理人员。

3. 合作创新若不是网络化组织形式的，可以将众多利益相关者参与的以项目为基础的组织形式理解为创新网络。

4. 供应商是指为贵企业提供资源支持的组织或企业；科研机构是指为贵企业创新合作提供技术和研发支持的组织或企业，包括大学、研究院等；客户是创新成果的购买者或使用者。

一、基本情况：

(提示：请您在相应选项前的□中打"√"；电子版请将所选项改为红色)

1. 行业类型：

□机械制造　　　□电力化工　　　□建筑工程　　　□交通运输

□通信软件　　　□其他

2. 项目规模：

□100万元以下　　　　　　　□100万元以上,500万元以下

□500万元以上,1 000万元以下　□1 000万元以上

3. 贵企业的企业性质：

□国企(含有国有股份)　　　□外企(含有外资成分)

□集体所有制　　　　　　　□民营企业

4. 贵企业成立时间：

□5年及以下　　□6～10年　　□11～20年　　□20年以上

5. 贵企业在行业中的地位(排名)：

□行业第一　　　　□行业领先(第 2～第 5)

□行业中等(第 5～第 10)

□行业追随者(第 11 及以后)

6. 合作创新中参与的合作组织或企业,可选多项：

□大学及科研机构　　　□金融机构　　　□供应商

□客户　　　□承包商　　　□集成商　　　□政府

□竞争对手　　　□核心企业　　　□其他

7. 合作创新已经持续的时间：

□1 年及以下　　　□1～2 年　　　□3～5 年之间　　　□5 年及以上

提示：下面测量题项中以合作伙伴代替各利益相关者,请将相应数字写到后面的方格中。

二、专用性资产投入调查

说明：资源性资产是技术创新活动得以进行的最基本的资源形式,包括通用性人力资本、财力、物力、专利技术、知识产权等,此类资产投入受显性契约(合同)的约束。

资源性专用性资产	完全不同意↔完全同意					供应商	客户	科研机构
合作伙伴在合作中投入了资金、设备和已有专利、已有技术等	1	2	3	4	5			
合作伙伴还在合作中投入了合同约定的其他资源,如必要的时间、精力、社会关系和技术知识等	1	2	3	4	5			
为防止合作对象的负面行为,合作伙伴需要不断地投入,并持续改善已投入的资源性资产	1	2	3	4	5			
合作伙伴上述资源性资产一旦投入,会使得自己处于被动状态	1	2	3	4	5			
一旦合作关系破裂,合作伙伴投入的以上资产将很难转用于别的合作中	1	2	3	4	5			

说明：能力性资产是由于参与技术创新活动所形成的或依赖创新过

程而形成的隐性知识、相关技能、管理能力、技术能力等,此类财产不受合同约束,是依靠缔结隐性契约(关系)而获得的。

能力性专用性资产	完全不同意↔完全同意					供应商	客户	科研机构
合作伙伴学习和获得了专门的知识、技能、关系等,而且时间越长,积累越多	1	2	3	4	5			
合作伙伴还投入了特有的关系、能力、技能等资源,这些资源对合作来说非常重要	1	2	3	4	5			
为防止合作对象的负面行为,合作伙伴需要不断投入并持续改善已投入资产	1	2	3	4	5			
合作伙伴改变以上资产的投入情况,会影响到自身的权力或利益	1	2	3	4	5			
合作伙伴上述能力性资产一旦投入,会使得自己处于被动状态	1	2	3	4	5			
一旦合作关系破裂,合作伙伴投入的以上资产将很难转用于别的合作中	1	2	3	4	5			

三、利益相关者权利调查

利益相关者权利	完全不同意↔完全同意					供应商	客户	科研机构
合作伙伴投入的创新资产对创新成功的影响很大	1	2	3	4	5			
合作伙伴在创新合作中投入资产的稀缺程度高	1	2	3	4	5			
合作伙伴在其行业内的可替代性很低	1	2	3	4	5			
贵企业不是该合作伙伴最重要的客户	1	2	3	4	5			
通过合作,合作伙伴获得了丰厚的创新收益	1	2	3	4	5			
通过合作,合作伙伴持续合作的意向得到了贵企业的关注	1	2	3	4	5			
通过合作,合作伙伴在行业内得到了认可,地位得到了提升	1	2	3	4	5			
通过创新合作,合作伙伴获得了较好的声誉	1	2	3	4	5			

四、利益相关者机会主义行为调查

机会主义行为	完全不同意↔完全同意					供应商	客户	科研机构
合作伙伴有时候会公然违背合同规定	1	2	3	4	5			
合作伙伴有时候会逃避合同中明确规定的责任	1	2	3	4	5			
合作伙伴会采用强制谈判的行为以达到自己的某种目的	1	2	3	4	5			
合作伙伴为了达到自己的某种目的,会强制要求修改合同	1	2	3	4	5			
合作伙伴有时会采取中止资源供给来向贵企业施压	1	2	3	4	5			
合作伙伴为达到自己的目的,会限制部分资源对贵企业的供应	1	2	3	4	5			
合作伙伴有时会联合供应商,来抵制贵企业	1	2	3	4	5			
严重的时候,合作伙伴甚至会直接退出合作网络	1	2	3	4	5			

附录5　利益相关者机会主义行为的防御策略调查问卷

一、基本资料

　　请根据您所在企业的具体情况回答以下问题：

　　1. 企业名称：

　　2. 所属行业：

　　3. 归属地：　　　省　　　市　　　区

　　4. 贵企业的企业性质：

　　□国有（含国有控股）　□民营（含私人控股）　□外资（含外资控股）

　　5. 员工人数：

　　□10 人以下　　　□10～50 人　　　□51～100 人　　　□101～300 人

　　□301～500 人　　　　　　　□501～1 000 人

　　□1 001～2 000 人　　　　　□2 000 人以上

　　6. 您的职位：

　　□高层管理者　　□中层管理者　　□基层管理者　　□普通员工

　　7. 您所在的部门：

　　□生产　　　　　□采购　　　　　□销售　　　　　□行政

　　□财会　　　　　□人事　　　　　□其他_____

　　8. 您在该企业的工作年限：

　　□1 年以下　　　□1～3 年　　　□4～5 年　　　□5 年以上

　　请选择一个您最熟悉的合作企业回答以下问题：

　　9. 对方企业的性质：

　　□国有（含国有控股）　　　　　□民营（含私人控股）

　　□外资（含外资控股）

　　10. 对方企业的员工人数：

　　□10 人以下　　　□10～50 人　　　□51～100 人　　　□101～300 人

　　□301～500 人　　　　　　　□501～1 000 人

　　□1 001～2 000 人　　　　　□2 000 人以上

二、合作具体情况调查

11.为了与对方企业合作,贵企业做出了以下哪些专用性投资?	很不符合	不符合	一般	符合	很符合
Q1. 投资建厂或购置厂房、门店、机械、设备、工具或原材料	1	2	3	4	5
Q2. 改装原有机械设备、工具或改变原有生产运营流程	1	2	3	4	5
Q3. 安排专门的人员或团队为对方提供产品或服务	1	2	3	4	5
Q4. 对员工进行了专门培训并投入了大量的时间和精力	1	2	3	4	5
Q5. 有时会向对方企业相关人员赠送礼品或表达问候	1	2	3	4	5
12.为了更好地与贵企业合作,对方企业做出了哪些互惠性投资?	很不符合	不符合	一般	符合	很符合
Q6. 投资建厂或购置厂房、门店、机械、设备、工具或原材料	1	2	3	4	5
Q7. 改装原有机械设备、工具或改变原有生产运营流程	1	2	3	4	5
Q8. 安排专门的人员或团队为贵企业提供产品或服务	1	2	3	4	5
Q9. 对员工进行了专门培训并投入了大量的时间和精力	1	2	3	4	5
Q10. 有时会向贵企业相关人员赠送礼品或表达问候	1	2	3	4	5
13.贵企业在专用性投资基础上,又做出了哪些弥补性投资?	很不符合	不符合	一般	符合	很符合
Q11. 与购买对方企业产品的客户建立了良好的关系	1	2	3	4	5
Q12. 建立的良好关系对对方企业的产品销售有很大影响	1	2	3	4	5
Q13. 贵企业额外提供的产品/服务有助于对方企业产品/服务价值的提升	1	2	3	4	5
Q14. 贵企业额外提供的产品/服务有助于增加对方企业的客户量与销量	1	2	3	4	5
Q15. 对方企业不在乎是与贵企业还是与其他企业合作(R)(预调查后已删除)	1	2	3	4	5

14.贵企业对对方企业的依赖	很不符合	不符合	一般	符合	很符合
Q16. 对方企业为贵企业提供的资源占贵企业对该资源总需求量的较大比重	1	2	3	4	5
Q17. 对方企业为贵企业创造的利润占贵企业总利润的较大部分	1	2	3	4	5
Q18. 如果该合作突然中断,贵企业短期内很难找到合适的替代伙伴	1	2	3	4	5
Q19. 贵企业替换对方企业将付出较高的代价	1	2	3	4	5
Q20. 预计替换对方企业会使贵企业的未来收益大幅降低	1	2	3	4	5
15.对方企业对贵企业的依赖	很不符合	不符合	一般	符合	很符合
Q21. 贵企业为对方企业提供的资源占对方企业总需求量的很大部分	1	2	3	4	5
Q22. 贵企业为对方企业创造的利润占对方企业总利润的很大部分	1	2	3	4	5
Q23. 如果该合作突然中断,对方企业短期内很难找到合适的替代伙伴	1	2	3	4	5
Q24. 对方企业替换贵企业将付出较高的成本与代价	1	2	3	4	5
Q25. 预计替换贵企业会使对方企业的未来收益大幅降低	1	2	3	4	5
16.在以往合作中,对方企业曾	从不	较少	有时	较多	经常
Q26. 向我们传递不真实(夸大、隐瞒或扭曲)的信息	1	2	3	4	5
Q27. 向贵企业承诺一些事情,但实际并没有做	1	2	3	4	5
Q28. 偷懒或偷工减料,以减少投入	1	2	3	4	5
Q29. 不按照合约、协议办事或利用合约漏洞	1	2	3	4	5
Q30. 强制谈判迫使贵企业让步或修改合同	1	2	3	4	5

17. 贵企业与该企业合作关系的持续时间:

□1 年以下　　□1~3 年　　□4~5 年　　□5 年以上

18. 贵企业与该企业的合作次数:

□很少　　□较少　　□一般　　□较多　　□很多

19. 贵企业对该合作的满意程度：

□很不满意　　□不满意　　□一般　　　□满意　　　□很满意

20. 您对以上情况的了解程度：

□很不了解　　□不了解　　□一般　　　□了解　　　□很了解

附录6　人力资本产权视角下的 CoPS 创新风险生成机理调查问卷

问卷填写说明：

1. 本次问卷调查的对象是复杂产品系统。复杂产品系统一般要符合以下特征：

(1)以单件或小批量定制的方式进行生产或服务,采用项目制管理;

(2)单件产品价格高(万元级)、技术复杂(有软件控制系统),项目订单执行需要较长时间(1 个月以上)才能完成。

2. 填写人员应该是直接参与复杂产品系统研发、生产或销售的管理人员。

3. 您所在企业名称：_____;您所在的项目名称：_____

4. 企业归属地：_____省_____市_____区

一、项目基本情况：(提示：请您在相应选项前的□中打"√")

1. 行业类型

□机械制造　　　□电力化工　　　□建筑工程

□交通运输　　　□通信软件　　　□其他

2. 项目规模

□小于 1 万元　　□1 万～100 万元　　□101 万～500 万元

□501 万～1 000 万元　□1 000 万元以上

3. 员工工资等支出占项目总成本比重

□0%～20%　　□21%～40%　　□41%～60%

□61%～80%　　□81%～100%

二、复杂产品系统调查(请根据您的判断在相应的数字上打"√")

相关陈述	符合程度				
	完全不同意	基本不同意	中间立场	基本同意	完全同意
1. 项目研发、生产或服务的成本较原计划大幅上升	1	2	3	4	5
2. 项目研发、生产或服务的工期较原计划大幅延长	1	2	3	4	5

续 表

相关陈述	符合程度				
	完全不同意	基本不同意	中间立场	基本同意	完全同意
3. 项目质量较原计划大幅下降	1	2	3	4	5
4. 您需要投入自己全部的知识和技能才能完成工作	1	2	3	4	5
5. 您需要经常学习新知识、新技能才能完成工作	1	2	3	4	5
6. 您需要经常加班加点才能完成工作	1	2	3	4	5
7. 您的健康受到工作影响很大	1	2	3	4	5
8. 您对公司给予的工作报酬非常满意	1	2	3	4	5
9. 您对公司给予的各种员工福利非常满意	1	2	3	4	5
10. 您对公司给予的股票、期权奖励非常满意	1	2	3	4	5
11. 您对公司组织的各种活动和假期非常满意	1	2	3	4	5
12. 员工在项目执行中没有遵照公司章程	1	2	3	4	5
13. 员工在项目执行中存在谋求自身利益行为	1	2	3	4	5
14. 员工向合作方泄露了贵公司的重要信息	1	2	3	4	5
15. 员工在项目执行中窃取了贵公司资源	1	2	3	4	5
16. 员工在该项目中存在偷懒行为	1	2	3	4	5
17. 员工承诺努力工作,但并没有尽力	1	2	3	4	5
18. 员工在项目执行中不够积极主动	1	2	3	4	5
19. 员工追求项目数量而不注重项目质量	1	2	3	4	5
20. 贵公司会定期组织长跑、运动会等体育活动	1	2	3	4	5
21. 贵公司给参加在职专升本、研究生等正规教育的员工提供一定的报销	1	2	3	4	5
22. 贵公司会定期邀请高级专家、优秀管理技术人才等开展讲座	1	2	3	4	5
23. 贵公司会给参加各种在职培训的员工提供一定的报销	1	2	3	4	5

附录 7　网络关系强度视角下的 CoPS 创新风险生成机理调查问卷

问卷填写说明：

1. 调查对象是以生产复杂产品系统为主的企业。复杂产品系统应符合以下标准：

（1）单件产品价格高（以万元为单位），技术复杂；

（2）以小批量或单件定制方式生产，项目持续时间在 1 个月以上。

2. 填写问卷的对象是曾参与复杂产品系统项目的企业员工。

3. 数字 1 代表非常不同意，数字 2 代表不同意，数字 3 代表一般，数字 4 代表同意，数字 5 代表非常同意。

一、企业基本情况

1. 企业名称：_____

2. 您参与的项目/产品名称：_____

3. 行业类型：

□机械制造　　　□电力化工　　　□建筑工程　　　□交通运输

□通信软件　　　□其他

4. 您的职位：

□高层管理者　　□中层管理者　　□基层管理者　　□普通员工

5. 参与项目规模：

□小于 100 万元　　　　　　　□100 万～500 万元

□501 万～1 000 万元　　　　　□1 001 万～5 000 万元

□5 000 万元及以上

6. 您所在企业在该项目中所承担的角色：

□系统集成商　　□用户　　　　□分包商　　　　□合作机构

（备注：系统集成商是将大型项目拆分，分包给不同机构或企业，对项目最终成果负责任的企业）

二、项目创新风险调查

项目各阶段成本比原计划大幅增加	1	2	3	4	5
项目质量比原计划大幅下降	1	2	3	4	5
项目完工时间比原计划大幅延迟	1	2	3	4	5

三、利益相关者网络关系调查

1. 用户网络关系调查（若贵企业是系统集成商或用户，请填写本部分；若贵企业是分包商或合作机构请跳过）

投入资源	系统集成商在与用户的合作中投入了大量的人力资源	1	2	3	4	5
	系统集成商在与用户的合作中投入了大量的物质资源	1	2	3	4	5
	系统集成商在与用户的合作中投入了大量的社会资源	1	2	3	4	5
互惠性	系统集成商对于用户做的事情深表感激	1	2	3	4	5
	系统集成商在与用户进行交流的过程中，双方都避免提出严重有损于对方利益的要求	1	2	3	4	5
	系统集成商与用户是一种双赢关系	1	2	3	4	5
互动频率	系统集成商与用户的合作中正式交流非常频繁	1	2	3	4	5
	系统集成商与用户的合作中非正式交流非常频繁	1	2	3	4	5
	系统集成商与用户的合作中正式交流持续了多年	1	2	3	4	5
	系统集成商与用户合作中非正式交流持续很多年	1	2	3	4	5

2. 员工网络关系调查（若贵企业是系统集成商，请填写本部分；若贵企业是用户、分包商或合作机构请跳过）

投入资源	系统集成商在与员工的合作中投入了大量的人力资源	1	2	3	4	5
	系统集成商在与员工的合作中投入了大量的物质资源	1	2	3	4	5
	系统集成商在与员工的合作中投入了大量的社会资源	1	2	3	4	5
互惠性	系统集成商对于员工做的事情深表感激	1	2	3	4	5
	系统集成商在与员工进行交流的过程中，双方都避免提出严重有损于对方利益的要求	1	2	3	4	5
	系统集成商与员工是一种双赢关系	1	2	3	4	5

	系统集成商与员工的合作中正式交流非常频繁	1	2	3	4	5
互动频率	系统集成商与员工的合作中非正式交流非常频繁	1	2	3	4	5
	系统集成商与员工的合作中正式交流持续了多年	1	2	3	4	5
	系统集成商与员工合作中非正式交流持续很多年	1	2	3	4	5

3. 分包商网络关系调查(若贵企业是系统集成商或分包商,请填写本部分;若贵企业是用户或合作机构请跳过)

	系统集成商在与分包商的合作中投入了大量的人力资源	1	2	3	4	5
投入资源	系统集成商在与分包商的合作中投入了大量的物质资源	1	2	3	4	5
	系统集成商在与分包商的合作中投入了大量的社会资源	1	2	3	4	5
	系统集成商对于分包商做的事情深表感激	1	2	3	4	5
互惠性	系统集成商在与分包商进行交流的过程中,双方都避免提出严重有损于对方利益的要求	1	2	3	4	5
	系统集成商与分包商是一种双赢关系	1	2	3	4	5
	系统集成商与分包商的合作中正式交流非常频繁	1	2	3	4	5
互动频率	系统集成商与分包商的合作中非正式交流非常频繁	1	2	3	4	5
	系统集成商与分包商的合作中正式交流持续了多年	1	2	3	4	5
	系统集成商与分包商合作中非正式交流持续很多年	1	2	3	4	5

4. 合作机构网络关系调查(若贵企业是系统集成商或合作机构,请填写本部分;若贵企业是分包商或用户请跳过)

	系统集成商在与合作机构的合作中投入了大量的人力资源	1	2	3	4	5
投入资源	系统集成商在与合作机构的合作中投入了大量的物质资源	1	2	3	4	5
	系统集成商在与合作机构的合作中投入了大量的社会资源	1	2	3	4	5

续　表

互惠性	系统集成商对于合作机构为公司做的事情深表感激	1	2	3	4	5
	系统集成商在与合作机构进行交流的过程中，双方都避免提出严重有损于对方利益的要求	1	2	3	4	5
	系统集成商与合作机构是一种双赢关系	1	2	3	4	5
互动频率	系统集成商与合作机构的合作中正式交流非常频繁	1	2	3	4	5
	系统集成商与合作机构的合作中非正式交流非常频繁	1	2	3	4	5
	系统集成商与合作机构的合作中正式交流持续了多年	1	2	3	4	5
	系统集成商与合作机构合作中非正式交流持续很多年	1	2	3	4	5

四、机会主义行为调查

1. 用户机会主义行为调查（若贵企业是系统集成商或用户，请填写本部分；若贵企业是分包商或合作机构请跳过）

在合作中用户曾违背合同	1	2	3	4	5
在合作中用户曾逃避或不完全履行关系承诺或义务	1	2	3	4	5
在合作中用户曾强制修改合同	1	2	3	4	5
在合作中用户曾中断/限制资源供给	1	2	3	4	5
在合作中用户曾联合抵制要求退出创新网络	1	2	3	4	5

2. 员工机会主义行为调查（若贵企业是系统集成商，请填写本部分；若贵企业是用户、分包商或合作机构请跳过）

在合作中员工曾违背合同	1	2	3	4	5
在合作中员工曾逃避或不完全履行关系承诺或义务	1	2	3	4	5
在合作中员工曾强制修改合同	1	2	3	4	5
在合作中员工曾中断/限制资源供给	1	2	3	4	5
在合作中员工曾联合抵制要求退出创新网络	1	2	3	4	5

3. 分包商机会主义行为调查(若贵企业是系统集成商或分包商,请填写本部分;若贵企业是用户或合作机构请跳过)

在合作中分包商曾违背合同	1	2	3	4	5
在合作中分包商曾逃避或不完全履行关系承诺或义务	1	2	3	4	5
在合作中分包商曾强制修改合同	1	2	3	4	5
在合作中分包商曾中断/限制资源供给	1	2	3	4	5
在合作中分包商联合抵制要求退出创新网络	1	2	3	4	5

4. 合作机构机会主义行为调查(若贵企业是系统集成商或合作机构,请填写本部分;若贵企业是分包商或用户请跳过)

在合作中合作机构曾违背合同	1	2	3	4	5
在合作中合作机构曾逃避或不完全履行关系承诺或义务	1	2	3	4	5
在合作中合作机构曾强制修改合同	1	2	3	4	5
在合作中合作机构曾中断/限制资源供给	1	2	3	4	5
在合作中合作机构联合抵制要求退出创新网络	1	2	3	4	5

五、利益—权力属性调查

1. 用户利益—权力属性调查(若贵企业是系统集成商或用户,请填写本部分;若贵企业是分包商或合作机构请跳过)

关注用户需求的程度	1	2	3	4	5
用户意见和建议的采纳程度和意见渠道的完善程度	1	2	3	4	5
用户需求或要求的满足程度	1	2	3	4	5
给予用户优惠、服务等附加价值的满足程度	1	2	3	4	5

2. 员工利益—权力属性调查(若贵企业是系统集成商,请填写本部分;若贵企业是用户、分包商或合作机构请跳过)

员工在技术创新中的授权程度	1	2	3	4	5
员工在技术创新中的话语权大小	1	2	3	4	5
员工技术创新的收益分享程度	1	2	3	4	5
给予员工奖励、荣誉、晋升、培训等其他利益的水平	1	2	3	4	5

3. 分包商利益—权力属性调查（若贵企业是系统集成商或分包商，请填写本部分；若贵企业是用户或合作机构请跳过）

分包商的技术创新对贵企业技术创新的影响程度	1	2	3	4	5
分包商的稀缺程度或竞争地位高低	1	2	3	4	5
与分包商保持长期稳定的合作关系	1	2	3	4	5
为分包商的技术创新提供意见和建议	1	2	3	4	5

4. 合作机构利益—权力属性调查（若贵企业是系统集成商或合作机构，请填写本部分；若贵企业是分包商或用户请跳过）

大学、科研院所等机构的科技成果、技术专利等对贵企业技术创新的重要程度	1	2	3	4	5
大学、科研院所等机构对贵企业技术创新的合作者影响程度	1	2	3	4	5
大学、科研院所等机构的技术创新收益分享程度	1	2	3	4	5
给予大学、科研院所等机构的研究方便、学生实习、就业机会等其他利益的水平	1	2	3	4	5

附件 8　　网络嵌入性视角下的 CoPS 创新风险生成机理调查问卷

简要说明：

　　1. 本问卷调查对象为复杂产品系统，复杂产品系统需符合以下标准：生产方式为单件或小规模定制生产；单件定价高于 10 万元；生产周期超过 20 天。

　　2. 填写问卷者应为复杂产品系统生产商的研发、生产或管理人员。

一、基本详细

贵公司名称：＿＿＿＿＿＿＿＿＿＿；项目名称：＿＿＿＿＿＿＿＿＿

1. 所属行业类型：

□制造业　　　　□建筑业　　　　□采掘业　　　　□通信业

□运输业　　　　□其他

2. 项目规模：

□10 万～100 万元　　　　　　□101 万～500 万元

□501 万～1 000 万元　　　　　□1 001 万～5 000 万元

□5 000 万元以上

3. 项目周期：

□1 个月以内　　□1～6 个月　　□7～12 个月　　□超过 12 个月

　　提示：请在下面表格的数字上打"√"，1 代表非常不同意，7 代表非常同意。

二、创新风险项目调查

项目各阶段成本较原计划大幅提升	1	2	3	4	5	6	7
项目质量较原计划大打折扣	1	2	3	4	5	6	7
项目出现较严重的延误	1	2	3	4	5	6	7

三、项目合作方嵌入程度调查

项目合作方同项目中的其他企业建立大量合作关系	1	2	3	4	5	6	7
项目合作方在项目中处于非常核心的位置	1	2	3	4	5	6	7
有众多的企业依附于项目合作方	1	2	3	4	5	6	7

项目合作方拥有核心技术、人才等关键性资源	1	2	3	4	5	6	7
项目合作方能够非常方便地联系到项目中的其他企业	1	2	3	4	5	6	7
项目合作方同项目中其他企业互动合作程度很高	1	2	3	4	5	6	7
参与项目的企业数量很多	1	2	3	4	5	6	7
项目合作方的企业规模很大	1	2	3	4	5	6	7
项目合作方同项目中的其他企业联系非常频繁	1	2	3	4	5	6	7
项目合作方同项目中的其他企业互动交流时间很长	1	2	3	4	5	6	7
项目合作方同项目中的其他企业存在非业务往来	1	2	3	4	5	6	7
项目合作方同项目中的其他企业拥有共同语言	1	2	3	4	5	6	7

四、项目合作方机会主义行为调查

对于项目的变动，项目合作方总是很反感	1	2	3	4	5	6	7
对于客户要求的变动，项目合作方总是很反感	1	2	3	4	5	6	7
项目合作方会拒绝项目合同的合理修改	1	2	3	4	5	6	7
项目合作方会刻意隐瞒一些重要信息	1	2	3	4	5	6	7
项目合作方会出现消极怠工等行为	1	2	3	4	5	6	7
项目合作方经常钻合同的漏洞	1	2	3	4	5	6	7
项目合作方会凭借自身优势，有意刁难	1	2	3	4	5	6	7
项目合作方会根据自身需求，强行修改合同	1	2	3	4	5	6	7
项目合作方会经常性违背合同上的明文规定	1	2	3	4	5	6	7
项目成员企业经常变动	1	2	3	4	5	6	7
项目合作方经常以终止合作相要挟	1	2	3	4	5	6	7
项目合作方会强行终止项目合同	1	2	3	4	5	6	7

贵公司与该项目合作方的合作时间：

□1 年以上　　　　□3 年以上　　　　□5 年以上

贵公司与该项目合作方的合作次数：

□很少　　　　□较少　　　　□一般　　　　□较多

附录9　CoPS创新利益相关者的网络权力影响机制调查问卷

问卷填写说明：

1. 调查对象是复杂产品系统生产企业,复杂产品系统应符合以下标准:

(1)单件产品价格以万元为单位,技术复杂且技术融合,项目持续时间在1个月以上;

(2)以小批量或单件定制方式进行,与客户保持沟通。

2. 填写问卷的对象是参与到项目中且没有中途退出的中高层管理人员。

一、企业基本情况

1. 行业类型:

□交通运输　　□通信软件　　□电子化工　　□机械制造
□建筑工程　　□其他

2. 企业性质:

□国有企业　　□民营企业　　□外资企业　　□合资企业
□其他

3. 从业年限:

□3年以下　　□4~8年　　□9~10年　　□10年以上

4. 企业规模:

□100人以下　□101~200人　□201~500人　□501~800人
□800人以上

提示:请在下面表格的数字上打"√",1代表非常不同意,7代表非常同意。

二、企业网络位置调查

其他企业都了解贵企业的技术能力	1	2	3	4	5	6	7
其他企业与贵企业的经验和技术交流都很频繁	1	2	3	4	5	6	7
与贵企业有联系的所有企业中,关键企业所占比例很大	1	2	3	4	5	6	7
与贵企业有来往的上下游企业,都需要通过贵企业牵线才能形成往来关系	1	2	3	4	5	6	7

续　表

与贵企业有来往的同类企业,都需要通过贵企业牵线才能形成往来关系	1	2	3	4	5	6	7
在与贵企业有联系的其他企业中,扮演中介者的数量很多	1	2	3	4	5	6	7

三、企业知识价值性调查

贵企业知识资源对于网络中其他企业重要程度很高	1	2	3	4	5	6	7
贵企业和其他企业在很多领域有知识合作	1	2	3	4	5	6	7
其他企业若想获取贵企业拥有的这类知识资源就不得不依赖于贵企业	1	2	3	4	5	6	7
与其他企业合作中,知识资源是贵企业的专有技术或专有知识	1	2	3	4	5	6	7
贵企业的知识资源对其他企业的发展有很大影响	1	2	3	4	5	6	7
如果通过合作之外的方式获取贵企业的知识资源,将付出很大代价	1	2	3	4	5	6	7

四、企业所在网络密度调查

贵企业所在网络中的成员都与行业技术部门建立了紧密联系	1	2	3	4	5	6	7
贵企业所在网络中的成员都与顾客建立了紧密联系	1	2	3	4	5	6	7
贵企业所在网络中的成员都与集成商建立了紧密联系	1	2	3	4	5	6	7
贵企业所在网络中的成员都与大学科研机构建立了紧密联系	1	2	3	4	5	6	7
贵企业所在网络中的成员都与政府机构建立了紧密联系	1	2	3	4	5	6	7
贵企业所在网络中的成员都与模块分包商建立了紧密联系	1	2	3	4	5	6	7

五、企业网络权力调查

贵企业会惩罚达不到贵企业目标的企业	1	2	3	4	5	6	7
与贵企业网络创新不同步的企业盈利水平会降低	1	2	3	4	5	6	7
其他企业若不合作完成创新任务,贵企业便停止服务与帮助	1	2	3	4	5	6	7
其他企业若不同意贵企业的决定便会受到刁难	1	2	3	4	5	6	7
贵企业鼓励其他企业模仿和学习自己	1	2	3	4	5	6	7
贵企业愿意分享资源和提供技术支持	1	2	3	4	5	6	7
贵企业受到网络成员尊重	1	2	3	4	5	6	7
贵企业愿意对其他企业进行正向激励	1	2	3	4	5	6	7